Melissa Pierson
Über die Leidenschaft,
ein Motorrad zu fahren

SERIE PIPER

Zu diesem Buch

Geht es ums Motorradfahren, teilt sich die Menschheit in zwei Lager: Die einen wollten eigentlich schon immer einmal, die anderen halten es für glatten Selbstmord. Motorradfahren läßt niemanden kalt, denn Motorräder sind nicht einfach nur Maschinen, sondern sie sind Gefährten auf dem Weg zur Selbsterfahrung, Vehikel einer Sehnsucht nach Unmittelbarkeit und eine Herausforderung, die eigenen Grenzen zu erleben. Vom Motorrad zu lernen heißt, für das Leben zu lernen. Melissa Pierson zeigt, wie Motorradfahren immer auch Aufbruch ist – aus gewohnten Welten, aus festgefahrenen Liebesbeziehungen, aus Lebenskrisen. Auf einfühlsame Weise spiegelt sie die innersten Empfindungen wider und beschreibt alle wichtigen Dinge rund ums Motorradfahren. Dabei läßt sie auch prominente Biker wie Bob Dylan, Konrad Lorenz oder Charles Lindbergh zu Wort kommen.

Melissa Pierson schreibt für zahlreiche Magazine, unter anderem für »Vogue«, »Harper's« und »Village Voice«. Seit zehn Jahren ist sie eine leidenschaftliche Motorradfahrerin. Sie lebt mit ihrem Mann, dem Schriftsteller Luc Sante, in Brooklyn.

Melissa Pierson

Über die Leidenschaft, ein Motorrad zu fahren

Aus dem Amerikanischen von
Gabriele Herbst

Mit 24 Abbildungen

Piper München Zürich

Das Kapitel 8 und das Nachwort wurden von
Barbara Steckhahn übersetzt.
Die Übersetzerin dankt Conny Kanse, Ernst Guggolz
und der Gummikuh.

Ungekürzte Taschenbuchausgabe
Piper Verlag GmbH, München
Mai 1999

Titel der amerikanischen Originalausgabe:
»The Perfect Vehicle. What It Is About Motorcycles«,
W. W. Norton & Company, New York 1997

Umschlag: Büro Hamburg, Andreas Rüthemann
Foto Umschlagvorderseite: Jan Greune / LOOK
Foto Umschlagrückseite: Curis Felver
Satz: Fotosatz Amann, Aichstetten
Druck und Bindung: Clausen & Bosse, Leck
Printed in Germany ISBN 3-492-22831-3

Für Luc Sante

Vorwort

Alles in allem gibt es nur zwei Arten von Männern auf der Welt: die, die zu Hause bleiben, und die, die das nicht tun.
Rudyard Kipling

Es gibt zwei Arten von Motorradfahrern: die, die sich schon hingelegt haben, und die, die sich noch hinlegen werden.
Bikerspruch

Genau in diesem Augenblick macht sich irgendwo irgendwer bereit, aufzusteigen und loszufahren. Das Motorrad steht in der kalten, dunklen Garage, die der schwere Geruch von Benzin und Öl durchzieht. Der Fahrer nähert sich von außen, das Tor schwingt auf, ein Luftzug, ein krachendes Anschlagen. Das Licht geht an. Ein Widerschein, wie nie verlöschend, erglänzt auf einem Stück Chrom.

Der Fahrer tritt an die Maschine heran. Reißverschlüsse werden zugezogen, und lederne Ärmel schließen sich eng um die Unterarme. Für den Moment des Überstreifens löscht der Helm alles aus, dann sitzt er, und der Kinnriemen wird festgezurrt. Dieses schützende Gewicht mit seinem schwachen, aber anhaltenden Eigengeruch löst Erinnerungen an die darin zugebrachten Stunden und Tage aus. Weiche Lederhandschuhe, die Handflächen mit Nieten versehen – eine Vorkehrung gegen den Reflex, beim Sturz die Hände vor sich auszustrecken – werden zuletzt übergestreift.

Der Zündschlüssel gleitet ins Zündschloß über dem Lenkkopf. Dann schwingt der Fahrer ein Bein über die Sitzbank und läßt sich darauf nieder, hält das Gewicht jedoch auf den Fußballen. Mit einem Stoß aus den Hüften wippt der Fahrer das Motorrad nach vorn; noch einmal, holt Schwung, bis es nach vorne und vom Hauptständer herunterzufallen beginnt. In diesem Augenblick zieht der Fahrer mit dem Zeigefinger der rechten Hand einen Hebel, und die Bremsklötze schließen sich wie die Backen eines Schraubstocks um die stählerne Bremsscheibe des Vorderrades. Beim fast gleichzeitigen Loslassen der Bremse erhebt sich das Motorrad leicht aus der Teleskopgabel, die unter dem Gewicht nachgegeben hat. Nun ruhen die 220 Kilo Metall, Flüssigkeit und Kunststoff in einem labilen Gleichgewicht zwischen den Beinen des Fahrers; eine falsche Bewegung zur Seite, und die Last, die im austarierten Zustand kaum zu spüren war, würde unvermittelt einen wilden Versuch unternehmen, krachend auf den Beton aufzuschlagen. Ein Motorrad ist im Stand von Natur aus instabil; es braucht den Menschen, um zu sich selbst zu kommen. In voller Fahrt kann es so stabil wirken wie fester Boden.

Der Schlüssel dreht sich; die Kontrollämpchen leuchten auf. Ein grünes für den Leerlauf, ein rotes für die Batterie, noch ein rotes für den Öldruck. Der gedrückte Starterknopf am rechten Lenkerarm setzt unten ein Sirren in Gang. Gleichzeitiges Drehen am rechten Griff zieht an den Gaszügen, der Motor muckt, verschluckt sich, röhrt dann auf. Gezähmtes Feuer nur Zentimeter von den Knien des Fahrers entfernt. Die Zündkerzen in den beiden Zylindern, die ein rechtwinkliges V bilden, entzünden in unfaßbar schnellem Wechsel ein flüchtiges Gemisch aus Treibstoff und komprimierter Luft; die sich ausdehnenden Gase treiben die Kolben zurück; ganz leicht vibriert die Maschine hin und her.

Ein Druck auf den Lichtschalter am Lenker läßt die Unebenheiten der Garagenwände plastisch hervortreten. (Der Fahrer weiß, daß er alle Lichter überprüfen muß – Blinker, Rücklicht, Bremslichter für Hand- und Fußbremse –, und begeht doch manchmal die Sünde, sich diesen Check zu schenken.) Als nächstes zieht der Fahrer den linken Hebel am Lenker und drückt dann den linken Fuß nach unten. Mit einem hörbaren Krachen rastet der erste Gang ein.

Im perfekten Zusammenspiel, das das Motorradfahren ausmacht – den ineinandergreifenden Hinundherbewegungen, dem Gleichgewicht von Geben und Nehmen –, läßt die eine Hand den gezogenen Kupplungshebel langsam los, während die andere den Gasgriff dreht. Das Motorrad bewegt sich hinaus in eine hellere Welt; einen Moment lang blendet die Sonne die Augen des Fahrers und taucht alles in gleißendes Licht.

Draußen auf den frühmorgendlichen Straßen herrscht kaum Verkehr, wofür der Fahrer ein Dankgebet gen Himmel schickt: Für den Biker sind Autos ein Ärgernis, ihre Behäbigkeit und ihr Schneckentempo zum Wahnsinnigwerden. Beim Einbiegen von der Garageneinfahrt in die Straße schaltet der Fahrer in den zweiten Gang, diesmal mit der Stiefelspitze unter dem Schalthebel, um diesen nach oben zu drücken. Den kleinen Beschleunigungsruck vom Hinterrad spürt man im Sitz, ähnlich dem elastischen Verzögern, wenn ein Pferd im Trab sich zum Angaloppieren sammelt.

Um die Reifen aufzuwärmen, verlagert der Fahrer sein Gewicht – nur merklich für das Motorrad, das sich zur Seite neigt. Erst nach links, dann rasch wieder nach rechts, nach links, nach rechts, bis die Maschine auf der Straße eine Schlangenlinie beschreibt. Fahrer und Maschine könnten den ganzen Tag lang so tanzen, in einer eingespielten Partnerschaft, in der jeder den nächsten Schritt so sicher vorausahnt, daß nicht mehr zu unterscheiden ist, wer was tut.

Sie erreichen den Stadtrand und biegen auf eine schmale Straße ein, die zwischen Bäumen und vereinzelten, im Schatten verschwindenden Steinhäusern ansteigt. Zu gleicher Zeit beschleunigen andere Motorradfahrer ihre Maschinen auf Autobahnauffahrten, schlängeln sich im ersten Gang behutsam zwischen zwei Autoschlangen im Stau auf einer Hochstraße durch, landen nach einem Absprung von einem Erdhügel mit dem Vorderrad voran auf der Erde, versuchen ein Wohnmobil auf seiner allzu gemächlichen Fahrt in einen Nationalpark zu überholen, fühlen, wie sich eine Last vom Magen zur Brust verlagert, wenn das Motorrad sich aus der maximalen Schräglage wieder aufrichtet, folgen drei Freunden, ebenfalls auf Motorrädern, auf den Parkplatz eines Lokals, um einen Kaffee zu trinken, scheren fluchend auf den Seitenstreifen aus, weil das Kupplungsseil gerissen ist.

Heute – auf dem Weg zu einem bestimmten, langersehnten Ziel, während die Freude am raumgreifenden Rotieren der Räder eins wird mit dem Wunsch anzukommen – verschmelzen in der Reise die Erwartung ihres Endes und das Vergnügen an ihrer Fortdauer: Vereinte Gegensätze definieren das Motorradfahren.

Ein Blick auf die Zahlen: In den Vereinigten Staaten gibt es 7 Millionen Motorradfahrer und 225 Millionen Nichtmotorradfahrer. (Um den Minderheitenstatus, den diese Zahl belegt, zu illustrieren, sei hier erwähnt, daß sich etwa 20 Millionen Amerikaner als Vogelfreunde bezeichnen.*) Motorradfahrer sind einsam und zugleich zu einer kleinen Gemeinde von Auserwählten verschworen. Sie halten zusammen, wie um sich gegenseitig zu wärmen, und finden überdies noch einen seltsamen Gefallen an dieser Notwendigkeit. Das Band zwischen diesen relativ wenigen kann sehr verläßlich sein: Ein Motorradfahrer kommt durch eine Kleinstadt, wird von einem ebenfalls motorradfahrenden Einwohner erspäht und erhält – allein wegen dieser simplen Gemeinsamkeit – eine Einladung nach Hause, eine Mahlzeit und gute Ratschläge. Ein Motorradfahrer stoppt am Straßenrand, vielleicht nur auf eine Zigarette; es dauert nicht lange, und ein anderer Biker hält an und fragt ihn,

* In Deutschland ist der Minderheitenstatus nicht so ausgeprägt; hier sind etwa 2,5 Millionen Motorräder und 40,4 Millionen Pkws zugelassen, d. Ü.

ob er Hilfe brauche. Zum mindesten – sieht man einmal von internen Fehden ab, die Motorradfahrer gelegentlich dazu bringt, eine Art Nationalismus auf Rädern zu praktizieren – grüßen sie einander im Vorbeifahren. Es ist, als kämen sie alle aus derselben Kleinstadt, wo Grüßen genauso obligatorisch ist wie Kleider zu tragen.

Die Straße nimmt ständig eine andere Richtung, so daß hinter der nächsten Kurve ständig etwas Unerwartetes liegen kann – quer über die Fahrbahn verteilter Rollsplit, ein entgegenkommendes Auto über dem Mittelstrich, ein Hund, außer sich über den Lärm aus den Schalldämpfern. Der Fahrer verarbeitet den kontinuierlichen Datenstrom von der Straße und ihrer Umgebung mit einer bestimmten Art von innerer Distanz und übersetzt ihn fast genauso rasch in körperliche Reaktionen: fressen oder gefressen werden. Für müßige Gedanken ist kein Raum im Kopf (außer auf der Autobahn, wo die Gedanken in endloser Folge, in immer neuen Verknüpfungen dahinfließen). Ein Biker kann Kilometer um Kilometer dahinfahren, ohne daß ihn ein plötzlicher Gedanke aufschrecken ließe, einschließlich der Erkenntnis, daß er seit vielen Kilometern an nichts gedacht hat. Je schneller man fährt, desto enger zieht sich die Sphäre um den Fahrer zusammen, schließt alles aus bis auf diese Sekunde und die nächste, die rasend schnell ineinanderfließen. Der Fahrer hat keine Vergangenheit zu bereuen und keine Zukunft zu erwarten; er fühlt sich frei. Von der Warte dieser komprimierten, überschaubaren Welt aus betrachtet wirkt die andere mit ihrem Dreck und ihrem Chaos am Ende ebenso einfach und sauber wie diese.

Dieser merkwürdige physiologische Effekt, eine Begleiterscheinung jeder hochkonzentrierten Tätigkeit, könnte der Grund dafür sein, daß man unter Motorradfahrern so viele Menschen findet, die sich wie auf glühenden Kohlen fühlen, solange sie still sitzen. Wenn sie Motorrad fahren, scheint der Wind die Flamme zu kühlen, so daß sie die furchtbare Hitze nicht spüren. Schließlich können sie offenbar nur noch dann

Glück empfinden, wenn sie fahren; deshalb unternehmen sie immer längere oder immer mehr Touren, während ihre Familien immer unglücklicher werden. Für einige wenige – diejenigen, die Rennen fahren – ist Linderung nur noch über 260 Stundenkilometern auf einer Geraden zu haben. Damit nehmen sie ein Risiko in Kauf, das sich im schlimmsten Fall in Unfällen niederschlägt – in Ereignissen also, die von der Norm abweichen –, und leugnen es zugleich. »Norm« heißt hier jedoch sehr viel weniger als andernorts, und die Palette möglicher Unfälle ist weitaus größer. Statt nun einzugestehen, daß der Wunsch, in einer solchen Welt zu leben, einen Anflug von Irrsinn hat, nehmen sie Zuflucht zu Ausflüchten: Wenn es mich erwischt, lande ich auf den Reifen oder in den Strohballen oder auf dem Grünstreifen. Dann hebe ich die Maschine wieder auf, und wenn sie nicht allzu schwer beschädigt ist, fahre ich das Rennen zu Ende. Das ist alles, was sie zuzulassen bereit sind. Ihre einstmals farbenfrohe Lederkluft ist grau verschrammt und notdürfig mit Isolierband geflickt.

Jeder Motorradfahrer lebt ein wenig mit dieser Verleugnung; im Endeffekt hat sie auch etwas Gesundes, weil sie uns davor bewahrt, in einer Welt existieren zu müssen, die nur aus Grauen besteht. Außerdem ist sie der Eintrittspreis für einen Tag wie diesen. Wenn der Fahrer wollte, könnte er den Gasgriff so jäh aufdrehen, daß der Lenker an den Armen reißt und die Maschine mit der armseligen Kreatur obendrauf durchzugehen droht – der jetzt nichts anderes mehr übrigbleibt, als sich festzuhalten und den Ritt zu genießen.

Das Röhren der vorüberfahrenden Maschine bleibt noch etwas unter den Bäumen stehen, ähnlich dem scharfen roten Strich, den ein Rücklicht auf einer lange belichteten Nachtaufnahme zieht. Es ist der geisterhafte Rest der Schneise, die das Motorrad in die Luft geschlagen hat, und dessen, was der Fahrer als Luftwiderstand – als Resultat eines Kampfes zwischen Schwerkraft und Fliegenwollen – am Körper spürt. Die Kurven spielen ihr Spiel mit dem Fahrer, und er versinkt in der Konzentration, die man braucht, um sich mit einem beachtlichen Gegner zu messen. Wie schnell soll ich in diese Kurve hineingehen? Gerade die Tatsache, daß man sich so schmerzlich irren kann, läßt die richtige Entscheidung so süß erscheinen.

Doch nie gleicht die Angst des Motorradfahrers derjenigen, die er empfindet, wenn unmittelbar vor ihm das Objekt seiner tiefsten Zuneigung fährt. Wenn man zu zweien dahinfliegt – wie verbunden durch einen unsichtbaren Faden, der die Entfernung durch eine sich bewegende Welt hindurch überbrückt, sieht der eine den anderen wie ein Insekt, das sich an den Körper seiner panisch fliehenden Beute klammert. Beim Blick auf diesen verwandelten Menschen erkennt der Hinterherfahrende durch das Leder hindurch die verletzliche Haut, wie sie im Schlaf aussieht. Blitzartig zuckt ihm der Gedanke durch den Kopf, wie lachhaft leicht etwas passieren könnte. In diesem unheilvollen Abstand lauert die Angst: nur wenige Meter, doch ein unüberbrückbarer Abgrund. Vielleicht steckt aber auch eine Projektion dahinter – im Blick auf den anderen wird der Fahrer gewahr, wie verletzlich er selbst ist. Aber ist das nicht ohnehin das Wesen der Liebe? Zu erkennen, wie sehr man, indem man für den anderen hofft, für sich selbst hofft?

Wenn sich alles gegen ihn verschwört – Verkehrschaos, die Sonne schwindet von Minute zu Minute, Regen macht den Straßenbelag glitschig –, wird für den Motorradfahrer am deutlichsten spürbar, was ihm ansonsten verborgen bleibt: Er ist sowohl der fröhliche Passagier als auch der schwer schuftende Betreiber eines Jahrmarktskarussells. Der Fahrer ist gespalten, muß sich zwischen Vergnügen und Verantwortung hindurchlavieren.

Immer länger wird die Strecke, die der Fahrer zwischen sich und sein Zuhause legt. Nun umwirbt ihn die Straße mit angenehmen Erinnerungen. Schau, an dieser Stelle hast du einmal angehalten, einen Apfel aus dem Tankrucksack gegessen und die Stiefel ausgezogen, um das feuchte Gras unter deinen Socken zu spüren; dort hat dir dein Liebster beim Tanken einmal eine Handvoll Bonbons gekauft. Und immer besteht die Möglichkeit, daß sich das Unerwartete hinter der nächsten Straßenbiegung nicht als Gefahr entpuppt, der man ausweichen muß, sondern als Anblick oder Geruch, der das Herz in der Brust hüpfen läßt wie ein Scheck, der mit der Post kommt.

Geht der Tageskilometerzähler auf die 150 zu, gewinnt das Unterwegssein ein Eigenleben. Der Fahrer hat fast vergessen, wie es ist, einen anderen Sitz unter sich zu haben als diese Sitzbank; die Augen tasten die Straße in unbeirrbarem Rhythmus ab wie der Strahl eines Sonars. Abbremsen, in die Kurve legen, aufdrehen. Abbremsen, in die Kurve legen, aufdrehen. Immer wieder, bis man sich fühlt wie im Schaukelstuhl; hundertmal hin und her, eine Hand, die abwesend über die Haut streicht.

Der aufgemalte Mittelstrich, ein umgekehrter Fluchtpunkt, wird verschluckt von den Rädern, wie in einem Videospiel, bei dem die Landschaft vorbeirast, während das Fahrzeug feststeht. Nur der Fahrtwind auf der Brust bietet stete Vergewisserung. Jetzt wird der Fahrer anfällig für den hypnotischen Sog der weißen Linie – weniger ein Bedürfnis, ewig weiterzufahren, als vielmehr das Gefühl, alle anderen Möglichkeiten außer Fahren seien ihm verschlossen. Es ist ganz einfach: die Macht zu fahren, die Macht anzuhalten ist genauso beschränkt wie eine Metapher und liegt jetzt in einer kleinen Hand. Der Fahrer fürchtet instinktiv diesen Zustand. Und, begierig auf die Perversion, die stets tief in der Lust verborgen liegt, begehre ich – die Fahrerin – dennoch nichts heftiger.

Eins

Eine Maschine ist wie die Wüste: entweder sie fasziniert dich oder sie schreckt dich ab.
Wilfrid Noyce The Springs of Adventure

Meine Mutter brachte mir bei, mich bei allen möglichen Gelegenheiten umgehend schriftlich zu bedanken; in Mrs. Kings Tanzstundenkurs lernte ich, einen korrekten Knicks zu machen, und noch dazu – man glaubt es kaum – was ich zu tun hatte, sollte ich einmal in die Verlegenheit kommen, neben meinem Teller neun verschiedene Eßwerkzeuge vorzufinden – vermutlich bei Gastgebern, vor denen ich gerade meinen Knicks gemacht hatte. Praktisch alles andere lernte ich von Motorrädern.

In den zehn Jahren, in denen ich jetzt fahre und mich mit Motorrädern befasse, haben sie mir, metaphorisch gesprochen, jede Menge Vorträge gehalten. Ich habe viel erfahren über die Launen des Zufalls und über den Reiz der plötzlichen Veränderung. Dafür lassen sich die kuriosesten Beispiele nennen. So schwitzt du an einem Tag in einem Seminar über himmelschreiend belanglosen Aufsätzen über *Sir Gawain und der Grüne Ritter* oder irgendwas anderes von Nathaniel Hawthorne, vor deinem geistigen Auge die Aussicht auf ein Leben hinter Bibliotheksregalen und Lesepulten, angetan mit feinem Seidenschal und feiner Brille. Und am nächsten Tag bist du völlig aus all dem raus; deine Fingernägel sind schwarz vom Öl, während du dein Bike einen Hügel hinunter anschiebst, weil der Anlasser streikt. Oder du stehst am Sonntagmorgen in aller Herrgottsfrühe auf, um die siebzig Meilen zum Parkplatz einer Kneipe in Danbury, Connecticut, zu fahren, nur um den Anblick von ein paar hundert Motorrädern zu genießen, die aus demselben Motiv dort stehen. Vielleicht ist aber auch nichts von alledem seltsam, und ich bestätige nur das Urteil, das William F. Buckley jr. meiner gesamten College-Klasse zuteil werden ließ: Er bezeichnete uns als »ungebildete Wilde«, nachdem wir ihm den Auftrag, bei unserer Abschlußfeier 1980 die Ansprache zu halten, wieder entzogen hatten.

Ein Motorrad wird zu einer Erweiterung des eigenen Ichs – des eigenen Körpers, der eigenen Fähigkeiten, Hoffnungen und Macken. Nach meiner Erfahrung kann mir meine Maschine eine Lehrmeisterin sein; sie erteilte mir die Art von Lehren, deren Wahrheitsgehalt sich (manchen Psychologen zufolge) in Schmerzhaftigkeit ausdrückt. Indem mich mein Motorrad mit dem Anspruch konfrontierte, es zu warten und zu reparieren, verwandelte es sich in dem Augenblick, wo ich den Schraubenschlüssel ansetzte, in einen Spiegel; in Wirklichkeit werkelte ich also an Schrauben in mir selbst herum, und zwar sehr zu meiner Verwirrung gerade an denen, die eigentlich glatt herauskommen wollten, aber dennoch festsaßen. Sie schienen darauf zu warten, daß sie jemand, der besser war als ich, aus mir herausschraubte. Aber auch die Lehren der anderen Schrauben sind mir wertvoll – etwa derjenigen, mit denen die Bremsscheiben am Vorderrad befestigt sind. Sie rührten sich nicht, egal wie heftig oder womit ich auch darauf eindrosch. Genauso dankbar bin ich den Einstellschrauben an den Ventilen, denn ich lernte, sie perfekt einzustellen – in kleinen und kleinsten Schritten den Punkt zu treffen, an dem die Fühlerlehre ganz knapp in die Lücke zwischen Ventilstößel und

Kipphebel paßt. Diesen Punkt erreicht man durch Gefühl und sonst nichts. So etwas verschafft wahre Befriedigung.

Ich lernte auch einige allgemeine Lektionen, etwa die simple, aber leicht zu übersehende Tatsache, daß wir Menschen als einzige Wesen des Tierreichs uns vor allem durch unsere Leidenschaften auszeichnen. Die einen schwärmen für die Grateful Dead, die anderen für Gilbert und Sullivan. Die Liebhaber der alten Airstream-Wohnwagen folgen anderen Airstream-Anhängern durch das ganze Land von einem Treffen zum anderen, um sowohl das Objekt ihrer Begierde als auch die Tatsache zu feiern, daß sie einander getroffen haben. Auch gibt es die unerklärliche Besessenheit der Trainspotter, die selbst keinerlei Erklärung dafür brauchen. Nun könnte man einwenden, daß es doch offenbar Menschen ohne jegliches Hobby gibt. Doch auch die haben mit Sicherheit eines, wenn die Definition eines Hobbys darin besteht, daß es alle Freizeit, Liebe und alles unverplante Geld aufzehrt: Kinder beispielsweise. Und dann gibt es noch Motorräder, die für manche ihrer Besitzer – für den harten Kern – genau wie Kinder sind.

Ich meine damit nicht kriminelle Motorradfahrer. Eine kleine Minderheit der Biker, die extremen, selbsternannten Einprozenter (so jedenfalls schätzen sie ihren Anteil an der weniger auffälligen Mehrheit ein), haben sich aus vielleicht verständlichen Gründen ins Rampenlicht der Öffentlichkeit gedrängt. Doch wenn mir noch einmal eine Story über tätowierte Rowdies unter die Augen kommt, und wenn der Begleittext zu den Hochglanzphotos dem entsetzten, aber sensationslüsternen Amerika der braven Bürger allen Ernstes die alte Mär auftischt, diese Typen würden ihr Motorrad als »Schwein« (»hog«; zugleich die Abkürzung von »Harley Owners Group«, d. Ü.) bezeichnen – ich glaube, dann muß ich schreien.

Natürlich gibt es »Gangs«, »Rockerbanden« (sie selbst bezeichnen sich mit demselben Wort – Club – wie die meisten anderen Vereine, die mit einer Bande nicht das geringste gemein haben). Jeder, der das Emblem oder die Farben seines Clubs auf der Rückseite seiner Kutte trägt, wenn er durch das Territorium eines fremden Clubs fährt, wird gezwungen, dort nicht Flagge zu zeigen. Auch die Hell's Angels gibt es noch, obwohl sie immer noch einen verschwindend geringen Teil der Biker ausmachen und vielleicht auch nicht mehr ganz so übel sind wie die absonderlichen Schlägertypen, die Hunter S. Thompson in seinem 1966 erschienenen Roman *Hell's Angels* aufführt. Wenn man einer Meldung glauben darf, die sich auf internationale polizeiliche Ermittlungsergebnisse beruft, stellen die Hell's Angels heute eine »weltweite kriminelle Bedrohung« dar und »fahren genausogut einen 7er BMW wie ein Motorrad«. Die Fixierung der Öffentlichkeit auf diese wenigen schrägen Vögel geht mir zunehmend auf die Nerven – als ob nachts nur der Mond am Himmel stünde und nicht auch eine Milliarde Sterne. Das Phänomen mag verständlich sein, wenn man unser Verlangen bedenkt, uns Menschen alles nur Mögliche zuzutrauen; jegliches extreme Verhalten wirkt offenbar in dieser Richtung. Wenn wir jedoch die riesige Spanne zwischen den Extremen betrachten würden, fänden wir dort uns selbst. Und wenn etwas so unerforscht ist wie das Innenleben des normalen Motorradfahrers, dann gibt es mit Sicherheit Interessantes darüber zu sagen.

Eine weitere Lektion, bei der ich ein Aha-Erlebnis hatte, betraf die Loyalität gegenüber einer Gruppe. Diese Loyalität bringt etwa Soldaten dazu, der Fahne ihres Vaterlandes zu folgen und dafür zu sterben. Loyalität spielt noch bei Nebensächlichkeiten eine Rolle, wie Anhänger von Wettkampfsportarten sehr wohl wissen. Um jedoch die Gruppenzugehörigkeit eines Menschen zu bestimmen, muß man zuerst die Gruppe definieren. Menschen mit brauner Haut und glattem Haar? Menschen in dem festen Glauben, daß sie, wenn sie eine um ihren Bauch geschnallte Bombe auf einem öffentlichen Platz voller Ungläubiger zünden, als Helden in den Himmel kommen? Einen Teil der Bikerszene bewegt denn auch eine mal leise, mal erbittert geführte Debatte um die Frage: Wer ist ein »echter«

Motorradfahrer? Anders als man erwarten könnte, geht dieser Streit nicht darauf zurück, daß Motorräder (vor allem Harleys) gegenwärtig bei Leuten angesagt sind, die noch vor ein paar Jahren auch nur die Möglichkeit weit von sich gewiesen hätten, einen Blick – geschweige denn einen sehnsüchtigen – auf ein Motorrad zu werfen. In Amerika heißen diese Leute RUBs (rich urban bikers), unter anderem, weil man heutzutage für alles und jedes ein peppiges Akronym braucht. Doch schon lange vor der Ära der RUBs grenzten die Biker sich voneinander ab. Ein paar von ihnen haben sich stets geweigert, an der Debatte teilzunehmen, und bekennen sich zu einem noblen Gleichheitsdenken: Jeder, der Motorräder liebt, ist ein Biker. Doch die Leserbriefspalten der Motorradzeitschriften auf der ganzen Welt werden zu einem nicht unbeträchtlichen Teil damit bestritten, daß eine Sorte Motorradfahrer einer anderen vorwirft, keine wahren Motorradfahrer zu sein und den Ruf des Sports zugrundezurichten. Ein 1973 in Frankreich erschienenes Buch mit dem Titel *Toute La Moto* schildert den Schlagabtausch der verschiedenen Parteien:

> Motorradfahrer lassen sich in zwei Kategorien einteilen: wahre Motorradfahrer und Pseudomotorradfahrer. Das Paradebeispiel eines echten Bikers, gesehen aus dem Blickwinkel der anderen Sorte, sieht so aus: ein Rüpel in Helm und Stiefeln, unrasiert und die Hände schwarz von Schmierfett. Zusätzlich kann er noch durchnäßt und schlammbespritzt sein. Das Bild ist vollständig, wenn sein Motorrad fast auseinanderfällt, mit Draht notdürftig zusammengehalten wird, ein ums andere Mal liegenbleibt und paradoxerweise dennoch weiter läuft und von einer Kette angetrieben wird, die Gott sei Dank ständig nachgespannt werden muß, denn die Kette ist das probateste Mittel, sich die Hände dreckig zu machen.
>
> Der echte Biker zieht eine Sternfahrt von vierhundert Kilometern im Regen durch, fährt sommers wie winters, hat

O-Beine vom Fahren, redet über seine Kurventechnik und seine Stürze, und wenn er eine Kneipe betritt, reißt er die Tür mit Karacho auf und unterstreicht seine Anwesenheit durch Brüllen.

Und so sieht der echte Biker sein Gegenstück: trägt Anzug, fährt selten und dann nur auf den Champs-Elysées. Seine Maschine besteht gänzlich aus blank poliertem Chrom. Ohne Tussis, die ihn beäugen, geht bei ihm gar nichts. Sein Lenker lädt weit aus. Sein Motorrad ist ein Phallussymbol, weil er selbst voller Komplexe steckt.

Vom Brüllen in Kneipen abgesehen, vereint fast jeder Motorradfahrer, den ich kennengelernt habe, Elemente beider Kategorien in sich. (Die Franzosen legen vielleicht ohnehin zuviel Gewicht auf das Äußere und zeigen dies durch eine Aufmerksamkeit für Details, die eine Illustrierte wie *Actuel* dazu veranlaßt, eine bis ins kleinste gehende Typologie von Motorradfahrern zu veröffentlichen; dabei unterscheidet sie *les bikers* – das heißt Harley-Fans – von *les sportifs* – das sind die Fahrer japanischer Superbikes – nach bevorzugter Kleidung, bevorzugtem Lesestoff, bevorzugten Idolen und Stammlokalen.) Wenn ich selbst eine Antwort auf die Frage nach den wahren Motorradfahrern geben wollte, müßte sie etwas anders lauten: alle, denen das aufwühlende Lied eines Motorradmotors durch und durch geht; alle, die in diesem Augenblick sämtliche Autos auf einen weit abgelegenen Schrottplatz wünschen; alle, die wissen, daß eine vollkommene Straße durch Kurven, Profil und Übersichtlichkeit definiert wird; alle, die immer und überall nach Motorrädern Ausschau halten.

Der hartgesottene Motorradfan, dessen Kopf bei jedem anschwellenden Geräusch herumfährt, das ein herannahendes Motorrad ankündigen könnte, kann nicht anders. Es gibt eine eigentümliche Art »Motorradgier«, die manche Leute dazu treibt, ihre Garage mit Motorrädern und »anrestaurierten« Wracks randvoll zu füllen, und die dennoch dem nächstbesten

Schild mit der Aufschrift »Zu verkaufen«, das an einem Rahmen hängt, nicht widerstehen können. Sie gehen übers Wochenende auf Tour und kommen mit neuen Freunden zurück. Mit diesen unterhalten sie sich die halbe Nacht lang über Motorräder und Tourenziele, an denen sie wieder neue Leute kennenlernen. Von denen erfahren sie am folgenden Wochenende telefonisch von wieder anderen Zielen. Der Terminkalender füllt sich; die Saison ist viel zu kurz. Und die Brieftasche ist selten dick genug, denn Motorräder sind, ähnlich wie Boote, schwarze Löcher im Universum des Geldes.

Motorradfahren geht oft mit einem Wechselbad von Gefühlen einher – Freude, dem Gefühl von Macht, innerem Frieden, Angst, Verletzlichkeit und wieder Freude, und unter Umständen alles auf denselben zehn Kilometern. Das Leben verdichtet sich und gibt selbst die Antwort auf die Frage »Warum?«

»Warum?« fragen alle, die nicht fahren. Diejenigen, die fahren, können nicht einmal die Frage verstehen. Fahren ist toll, erwidern sie – es ist einfach ein verdammt gutes Gefühl. Doch ich meine, es ist mehr; wie sich stets mehr unter der Oberfläche des Offensichtlichen verbirgt – und darunter wieder noch ein wenig mehr. Die großen, vielschichtigen Geheimnisse menschlicher Motive sind seltsam buntscheckig und uniform zugleich. Und sie zeigen sich in den vielen verschiedenen Gründen – genauso wie in dem einen einfachen –, warum Menschen Motorrad fahren.

Bei Motorrädern sind Sein und Schein identisch. Motorräder sind etwas zutiefst Sinnliches – wrooam, wrooam – (und vielleicht ein bißchen urtümlich), dabei furchteinflößend und von einer seltsamen, untergründigen Schönheit. Man braucht nur diesen völlig bloßliegenden Motor und diese zwei einfachen Räder zu betrachten: Könnte sich der Sinn dieses Fahrzeugs noch unverhohlener darstellen? Es ist sicher kein Zufall, daß nach dem Zweiten Weltkrieg ein paar Veteranen, die sich mit der Nachkriegsgesellschaft nicht anfreunden konnten, sich gerade auf diese Maschinen schwangen und als zornige junge Männer umherfuhren, womit der Mythos und die Realität von Rockergangs wie den Hell's Angels geboren war. Ebensowenig war es bedeutungslos, daß T. E. Lawrence, der nach seinem Abschied von der Armee eine Farm gekauft hatte, unterwegs vom Postamt dorthin auf einer seiner geliebten Brough Superiors – den späteren Ermittlungen zufolge mit durchaus nicht unvernünftiger Geschwindigkeit – in sein Verderben fuhr.

Colin Wilson zählt Lawrence in seinem Buch *Outsiders* zu den exemplarischen »Außenseitern« und erklärt das zentrale Motiv des Abenteurers folgendermaßen: »Sein klarsichtiger Intellekt war außerstande, moralische Freiheit ohne physische Freiheit zu denken; Schmerz war ein unschätzbares Instrument bei systematischen Versuchen, das Ausmaß seiner moralischen Freiheit zu bestimmen.« Motorradfahrer verstehen dies intuitiv, auch dann, wenn sie es nicht ausdrücken können. Ebenso könnten sie sich mit Lawrences inniger Beziehung zu seiner schönen Maschine identifizieren. Er taufte sie auf den biblischen Beinamen der Apostel Johannes und Jakobus »Boanerges« – »Donnerskind«. Auf freier Strecke pflegte er sie voll auszufahren und zögerte nicht, sich bisweilen ein Rennen mit einem über ihn hinwegfliegenden Kampfflugzeug zu liefern. »Ein ungebärdiges Motorrad mit einem Hauch Blut in sich ist besser als alle Reittiere auf Erden, wegen seiner logischen Erweiterung unserer Fähigkeiten und wegen der Gelegenheit, ja der Provokation, zum Exzeß, die seine honigsüße, nie ermüdende, glatt dahinfließende Bewegung mit sich bringt«, schrieb er. »Weil Boa mich liebt, gibt er mir fünf Meilen mehr, als ein Fremder aus ihm herausholen würde.«

Motorradfahrer verstehen das, denn das Empfinden, das einem Motorräder vermitteln, ist in der Tat das eines erweiterten Selbst – eines besseren Ichs, eines verbesserbaren, reparierbaren Ichs, eines bedenklich mächtigen Ichs. Und genauso wirken sie auch auf den zuweilen eingeschüchterten Zuschauer, der wie ein Indianer, der zum ersten Mal einen weißen

Mann zu Pferd erblickt, glauben mag, eine neuartige, nur halb menschliche Kreatur zu sehen.

Auf eingefleischte Motorradfreaks übt gewöhnlich ein ganz bestimmter Aspekt der Maschine stärkeren Reiz aus als alle anderen. Das kann die optische Komposition der Bauteile sein, das Zusammenspiel von Winkeln, Linienführung und Anordnung – ein Design, das den Eindruck gefrorener Schnelligkeit erweckt. Das kann die Ausstrahlung von Bösartigkeit, einladendem Entgegenkommen oder zukünftigen Freuden sein – sogar in der Neonbeleuchtung des Verkaufsraums. Bei mir läßt der Sound das Herz höher schlagen. Die Melodie der Töpfe bestimmter Maschinen wirkt auf mich wie eine Arie, wie das schmerzlich-schöne Klagelied an den Stellen einer Oper, wo sämtliche Gefühle durch die Mangel gedreht werden.

Jedes Modell hat seine charakteristische Melodie, und wer sein Motorrad liebt, liebt vielleicht einfach nur seinen Ton. (Harley-Davidson bemüht sich gegenwärtig darum, den Klang seiner Motoren als Warenzeichen schützen zu lassen, damit niemand versucht, den Klang des 45-Grad-V-Twins mit einem einzigen Kurbelwellenzapfen nachzuahmen.) Der Sound italienischer Motorräder, insbesondere der von Moto Guzzi und Ducati, ist in meinen Ohren eine derart süße Musik, daß ich den Klang anderer Maschinen nur noch anerkennend zur Kenntnis nehmen kann. Und damit stehe ich ganz gewiß nicht allein: Der schwedische Ducati-Club hat eine CD mit dem Titel *Ducati Passions* produziert; darauf ist ein Dutzend verschiedener Modelle der berühmten Maschinen aus Bologna in allen Gängen zu hören, angefangen von einer 55/e von 1958 bis hin zu einer M 900 Monster von 1993. Das Booklet enthält Informationen über die Auspuffanlage jedes Motorrads und warnt überschwengliche Hörer davor, den Lautstärkeregler zu weit aufzudrehen – die Lautsprechermembranen könnten reißen.

Meine Freundin Erica, die sich in unserer Kinderzeit mit einer Leidenschaft für Pferde begeisterte, die sie jetzt nur noch Motorrädern entgegenbringt, besitzt eine Moto Guzzi und eine Ducati. Erica ist bekannt dafür, daß sie förmlich in Verzückung gerät, wenn sie auf der Straße oder der Rennstrecke eine Maschine aus »ihrem« Stall heranröhren hört, aber sie ist keineswegs taub für die anderen großen Stimmen der Motorradwelt. Als einmal eine historische britische BSA Gold Star vorüberfuhr, gingen ihr die Augen fast über, und schließlich brach es mit kindlichem Erstaunen aus ihr hervor: »Das ist ja, wie wenn der Himmel sich geöffnet hätte!« Ein britischer Autor – die Briten haben ein besonders feines Gespür für die Poesie der von Menschen geschaffenen Dinge – fand folgendes Bild für den Sound einer Yamaha-Enduro: »ein Laden voller Pauken, auf die es Murmeln regnet«.

Ich würde den Klang einer großen Guzzi im Schlaf erkennen. Die Schallenergie konzentriert sich im oberen Brustkorb, läßt die Knochen vibrieren. Der Sound gleicht nicht dem fetten Ballern einer Harley – dem Heavy Metal der Auspuffmusik –, das häufig trommelfellgefährdend laut aus nachgerüsteten, nicht zugelassenen Töpfen bläst. Er hat auch keine Ähnlichkeit mit dem durchdringenden Heulen einer hochdrehenden japanischen Rennröhre. Er ist vielmehr der Klang der Freude, ebenso wie beispielsweise die Baßmelodie einer Ducati 851, die mit weit über 160 Stundenkilometern auf der Geraden einer Rennstrecke zum Greifen nahe an dir vorüberdonnert. Man sieht sie aus dieser Nähe nur als roten Strich, doch der ansteigende und, wenn sie vorüber ist, absteigende Ton geht bis ins Mark und haut dich ungespitzt in den Boden.

In dem ehrwürdigen, alten Vorort von Akron in Ohio, wo ich aufgewachsen bin, war die warme Jahreszeit von leisen Zischlauten erfüllt: zirpende Grillen, Falter, die gegen Fliegengitter sausten, das *scht, scht* der Rasensprenger in der Abenddämmerung. In diesen von Villen im Tudorstil gesäumten Straßen, deren Garagen im Tudorstil große Kombis und Lincoln Continentals bargen, zerriß nur ganz selten einmal ein Motorrad die sommerliche Stille. Es konnte sich nur verfahren haben. In meiner kleinen, aber schon standesbewußten, selbstgerechten

Seele regte sich jäh Unmut; wie sonderbar, was für ein unerwartetes Geschenk, als Erwachsene eines Tages durch eine nicht gekennzeichnete Tür zu treten und mich im Alternativuniversum der Motorräder und Motorradfahrer wiederzufinden, in dem man mir freundlich und mit einer Geduld, die ich kaum verdiente, vor Augen führen sollte, welchem Irrtum ich aufgesessen war.

Ich fahre Motorrad. Ich gebe zwar zu, daß ich nicht zu den »normalen« Motorradfahrern gehöre, aber ich erwarte nicht, überhaupt jemals einem solchen persönlich zu begegnen. Ich weiß nur, daß mir im Lauf der Jahre gelegentlich bewußt wurde, wie seltsam es doch ist, daß Motorräder die Herrschaft über das gesamte persönliche Leben an sich reißen können und darüber verfügen, als ob es das ihre wäre. Ich kann mit Sicherheit sagen, daß es in meinem Leben vorher nichts gab – und schon gar nichts im Leben meiner Eltern, deren Interessen um Kammermusik, Bücher, Gartenarbeit, Kunst und Cocktailparties kreisen –, das die Weichen dafür gestellt hätte, daß ich mich in Motorräder verliebte. Ich durchlief Schule, College, Universität, ohne auch nur zu wissen, daß es Motorräder gab. Die Jahre waren erfüllt von einander ablösenden oder nebeneinander bestehenden Leidenschaften: für Pferde, den amerikanischen Bürgerkrieg, Hunde, Fahrradfahren, Photographie, Lyrik, den Traum vom wahren Sozialismus, Literaturtheorie und zwei Dutzend Jungs. Bis zu einem gewissen Grad interessiert mich all dies immer noch – außer den Jungs, deren Namen ich weitgehend vergessen habe –, doch die Passion für Motorräder verdrängte alles, auch wenn ich immer noch von einem Pferd träume.

Von all den Dingen, die jenem Mädchen später hätten widerfahren können, stehen Motorräder auf der Liste des Vorstellbaren ziemlich weit unten. Doch heute kann ich es mir gar nicht anders vorstellen. Die ganze Sache erinnert mich an eine Geschichte, die mein Vater manchmal erzählt: Sein Onkel überreichte ihm einmal ein unbeholfen eingepacktes Geschenk; oben aus dem Paket ragte eine metallene Spitze heraus. Mit herausforderner Großspurigkeit meinte Onkel Harold: »Wetten, daß du nicht rätst, was das ist!«

Da dies in der Tat völlig unmöglich war, kam meinem Vater die Idee, die absurdeste Vermutung zu äußern, die ihm einfiel. »Na, eine Statue von Don Quijote, und das ist seine Lanze!« verkündete er.

Onkel Harold fiel der Kiefer herunter. »Woher hast du das gewußt?« fragte er argwöhnisch und sackte in sich zusammen.

Zwei

Dieses Buch ist gewidmet allen Männern,
die mich irgendwann
einmal betrogen haben, in der Hoffnung,
daß sie von ihren Motorrädern fallen
und sich das Genick brechen.
Diane Wakoski, Widmung zu The Motorcycle Betrayal Poems

Nennen wir ihn Tad und mich bereit. Er war Bildhauer oder vielleicht auch Komponist, und er fuhr Motorrad. Sein Lachen war umwerfend, und er stieg mir derart hartnäckig nach, daß ich mich nur der Form halber kurz sträubte, bevor ich mich kampflos ergab. Aus seinem Verhalten ging klar hervor, daß ich begehrenswert war; ich selbst war davon zwar nicht überzeugt, wollte es aber gern sein. Und deshalb schien wiederum er mir begehrenswert, dieser Mann, der so unbeirrbar daran glaubte, daß seine Kunst, seine Ideen und sein Geschmack Gewicht hatten, und der sich mit solcher Leichtigkeit und Lebensfreude durch die Welt bewegte. Er war unkompliziert, lebte einfach sein Leben und wurde nur selten wütend. Er ging in seiner Kunst auf und strebte ehrgeizig nach Erfolg. Er liebte gutes Essen und gute Musik auf guten Stereoanlagen. Wenn er sich wieder einmal ein Kätzchen zulegte, sagte er: »Schau dir das an!« und warf es in die Luft, so daß es trudelnd auf die andere Seite seines geräumigen Lofts flog. Er behauptete, das gefalle dem Tier, und es ist schon möglich, daß das stimmte.

Sein üblicher Tagesablauf sah so aus: vormittags auf der Baustelle, mittags nach Hause ins Loft zum Essen, ein Telefongespräch mit mir, während er es sich auf der Couch bequem machte. Sie stand neben einem Kohleofen, der an einem Ort wie New York, wo man im Winter seinen Atem sieht, zwar notwendig, aber gesetzeswidrig war. Den ganzen Nachmittag und frühen Abend verbrachte er im Atelier, wo er hochfliegende Ideen mit Hilfe von ein wenig Jack Daniel's in den Staub rang. Dann kam ich herüber, und wir stiegen auf eine niedrige, schwarze Ducati 350, heizten über die Manhattan Bridge und stiegen vor der Bar Lui oder vor El Internacional ab. Man konnte darauf rechnen, daß ein Passant stehenblieb, um zuzugucken, oder daß jemand vom Tisch eines Straßencafés aufstand und herankam, um Fragen zu dem kleinen Motorrad mit dem einladenden Aussehen und dem dazu passenden Sound zu stellen. Das ist eine Dreifünfziger? Neunzehnhundertachtundsechzig? Im Ernst – eine Desmo? Ist sie schwer einzustellen? Et cetera, et cetera. Tad beantwortete die Fragen über sein seltenes, altes Motorrad, während ich still in den Bürgersteig versank.

Das ist das Schicksal einer Frau ohne Motorrad in Begleitung eines Mannes, der eines besitzt – ganz zu schweigen von dreien, alles italienische, von denen eines mit desmodromischer Ventilsteuerung ausgestattet ist. Doch nichts bleibt, wie es ist.

Eines Nachmittags lag Tad auf eben derselben Couch und las in einer Ausgabe von *Cycle World*, einem jener Druckerzeugnisse, die mit geringfügigen Variationen Fans von Hifi-Anlagen, Autos, Bogenschießen oder selbstgetöpferter Keramik in dem bestätigen, wovon sie sowieso schon überzeugt sind. Er setzte sich auf und warf mir das Heft in den Schoß. Auf Seite dreiundvierzig steht ein Artikel, der dich interessieren könnte, meinte er und ging Kaffee kochen.

Was für eine unschuldige Geste – wie unschuldig sie doch immer sind. Ich las den Artikel durch; er berichtete über Kurse für angehende Motorradfahrer, abgehalten von Lehrern der Motorcycle Safety Foundation. Nur Minuten später hatte ich die abgedruckte 800er Nummer gewählt und sprach mit jemandem, der meine Postleitzahl wissen wollte und mir daraufhin mitteilte, Trama's Auto School in Queens böte einen Kurs an, der an zwei aufeinanderfolgenden Sommerwochenenden stattfinden sollte.

Ich kam mir vor, als hätte ich eine Glühbirne über jemandes Kopf aufleuchten sehen. Nur war der Kopf mein eigener und die Glühbirne ein kunstvoll ausgeführter, blinkender Neonschriftzug: WARUM BIST DU DARAUF NICHT SCHON FRÜHER GEKOMMEN? Auf meinem Gesicht muß sich die seltsame Mischung aus ungläubiger Überraschung und purem Glück gemalt haben, die man über die Züge vieler Frauen huschen sieht, die zum ersten Mal eine andere Frau Motorad fahren sehen: *Natürlich!* Es geht also, jetzt habe ich es schließlich selbst gesehen.

Was sind Motorräder? Ein Freund von mir, der es wissen muß – denn in seiner Garage stehen sie dicht an dicht –, hat es präzise auf den Begriff gebracht: Motorräder sind charismatische Objekte. Kaum jemand kann diesem Thema gegenüber neutral bleiben, weder diejenigen, für die Motorräder eine Art zweites Herz darstellen, noch diejenigen, die in ihnen ein Werkzeug des Unheils sehen. Das griechische Wort *charisma* bedeutet »Gnadengeschenk, Gabe«, und mein Wörterbuch fügt den bezeichnenden Querverweis auf »to yearn« (sich sehnen) an, das mit dem griechischen *charis* (Freude, Lust, Schönheit, Gnade) zu tun hat.

Selbst jetzt noch, nach so vielen auf dem Motorrad verbrachten Tagen, Wochen, Monaten, nach so vielen Kilometern, Anblicken, Erinnerungen, die ineinanderfließen und vom Duft des Traumhaften umweht sind, denke ich selten ohne Sehnsucht an Motorräder. Sie sind der Inbegriff von Bewegung, und Menschen sehnen sich, wie ich glaube, nach Bewegung – dies ist tief in unserem Fleisch, in unserem Verlangen verwurzelt. Wir beruhigen unsere Kinder mit zyklischen Bewegungen, und wir beruhigen uns selbst, indem wir gehen.

Schon vor dem Augenblick der Erleuchtung, als ich das Heft von *Cycle World* in Händen hielt, verfügte ich, ohne es zu wissen, über die nötigen Voraussetzungen: die Liebe zur Geschwindigkeit um ihrer selbst willen, das Bedürfnis nach ständiger Bewegung und den Wunsch, anders zu sein oder zumindest so gesehen zu werden – vielleicht überhaupt erst gesehen zu werden. Man fährt nicht Motorrad, wenn man unsichtbar bleiben möchte.

So fängt es an. Du lernst das ABC des Fahrens, machst Fehler – nicht zu gravierende, wenn du Glück hast –, lernst noch ein bißchen mehr, nichts Halbes und nichts Ganzes. Kaufst schließlich ein Motorrad und lernst, es zu reparieren. Neben dem Gewinn an Unabhängigkeit, den du daraus ziehst, liegt in der Schrauberei ein Teil der Faszination von Motorrädern, weil die Welt selbst sich immer weniger beeinflussen oder reparieren läßt. Unternimmst viele Fahrten, allein, mit guten Freunden, gelegentlich mit fast Fremden, und noch einige allein. Wartest die ganze Woche auf das Wochenende. Liebst das Fahren schließlich so sehr, daß dich das Gefühl beschleicht, du könntest nur noch dann Ruhe und Frieden finden, wenn du irgendwohin unterwegs bist. Baust dir eine Welt aus Landkarten und aus Träumen, sie alle zu benutzen. Beginnst vielleicht, die Menschheit zu hassen, weil sie sich mit solch stupider Gedankenlosigkeit vermehrt und dadurch täglich Aussichtspunkte für Einkaufszentren und Neubausiedlungen opfert; weil sie kurvenreiche, baumgesäumte Landsträßchen zu schnurgeraden, in der Sonne brütenden Betonpisten macht; weil sie an den Rand dieser Betonpisten Läden klotzt, die noch mehr Massenprodukte an Konsumentenmassen verhökern, die sinnlos in ihren Autos herumhocken und dir den Weg versperren, den Weg weg von hier, nur weg von hier.

Du wirst Mitglied einer Gemeinschaft, fühlst dich verbunden mit allen, die Motorrad fahren; wenn dir ein anderer Biker begegnet, nimmst du die linke Hand vom Lenker und grüßt, drehst vielleicht sogar den Daumen nach oben, wenn der Tag oder die Straße besonders herrlich ist. Dann beginnen dir allmählich die Unterschiede zwischen den Angehörigen dieser Gemeinschaft aufzufallen, denn du bist ein Mensch, und Menschen gehören zu einer Gattung, für die sich von anderen zu unterscheiden den Rang eines primären Triebes hat – wie der Sexualtrieb oder der Hunger oder das Bauen niedriger Steinmauern bei den Farmern im Neu-England des vergangenen Jahrhunderts. Du führst selbst noch feinere Unterscheidungen ein, wenn es sie noch nicht gibt. Fahrer von Harley-Davidsons – im Augenblick die populärste Motorradmarke der Welt – haben praktisch nur füreinander Augen; es gab einmal eine Anzeige mit dem Bild des auf einen Bizeps tätowierten Harley-Adlers und der rhetorischen Frage, welcher andere Name wohl eine ähnliche Loyalität für sich verbuchen könne. Japanische Sportbikes gibt es vielleicht zu massenhaft, um so etwas wie Nähe unter deren Fahrern entstehen zu lassen; außerdem sind diese meist zu eifrig damit beschäftigt, sich in Kurven zu werfen oder zu neu beim angesagten Nervenkitzel der Woche, um die Vor- und Nachteile zu erkennen, die damit verbunden sind, einer Minderheit (in den Vereinigten Staaten von drei Prozent) anzugehören. Die Piloten der großen Highway-Dickschiffe, etwa der Honda Gold Wing, klüngeln mit anderen »Wingern«, fahren gemeinsam zu ihren »Wingdings« (Sause) genannten Treffen, sind aber anderen Zweiradfahrern gegenüber meist aufgeschlossen und gesprächig. (Gold Wings bieten Teilen der Szene eine ausladende Zielscheibe mehr oder minder schonungslosen Spotts – »Lead Wings«, »Küchenkredenz« –, denn sie sind gewissermaßen die Luxusdampfer unter den Motorrädern: fast 400 Kilo, sechs Zylinder, 1500 Kubik, 100 PS, elektrischer Rückwärtsgang, Schräglagenanzeige, Tempomat, ganz in Gold und Chrom gehalten, durchgeheftete und garnierte Kunstledersitzgruppe, für die Sozia Rückenlehne und Armstützen und Stereoanlage.)

Von einigen bemerkenswerten Ausnahmen abgesehen kommen Fans von alten britischen Maschinen wie Triumphs oder Nortons mit ihren streit- und streiklustigen Untersätzen selten weit, doch wenn an ihrer improvisierten Werkstatt auf dem Bürgersteig eine andere coole Maschine vorüberfährt, nicken sie deren Fahrer anerkennend zu. Von den BMW-Besitzern, die schon im allgemeinen ziemlich stolz und manchmal schlichtweg verrückt sind (was die Deutschen sicher nicht besonders positiv beurteilen würden), tragen manche die Nase dermaßen hoch, daß sie sich von der anderen Hälfte der BMW-Fahrer abgespalten und den Vereinigten Staaten zwei nationale Organisationen von BMW-Begeisterten beschert haben. Für die einen ist Motorradfahren ein Weg, zur Party zu kommen, für die anderen ist Motorradfahren die Party – doch immer tragen sie angemessene Schutzkleidung. Nicht von ungefähr ziehen Besitzer von BMWs und Moto Guzzis gern mit gutmütigen Frotzeleien über die Zuverlässigkeit ihrer Maschinen übereinander her: Beide setzen ihre Motorräder, die sich in vielen Tugenden gleichen, gern in Tagesetappen von fünfhundert Meilen ein, und beide haben denselben Sinn sowohl für gut aussehende technische Spielereien als auch für die karge Ästhetik bloßer Zweckmäßigkeit. Häufig vereinigen sich beide in ein und derselben Person.

Auf dem Motorrad wirkt die Welt manchmal klein und manchmal nicht. Ich habe grade eine Fahrt von mehr als vierhundert Meilen hinter mir, auf der ich nicht einem einzigen anderen Motorradfahrer begegnet bin. Auf der Interstate 80 durch Pennsylvania starrten Autoinsassen von der Nebenspur zu mir herüber; Kinder zeigten mit dem Finger auf mich; junge Männer machten bei meinem Anblick ein Gesicht, als ob sie gerade eine Erscheinung gehabt hätten. Wenn mir doch noch ein anderer Biker begegnet wäre und meinen Gruß nicht erwidert hätte – was manchmal vorkommt –, dann hätte ich mich gefühlt wie eine Ausgestoßene.

Es gab Zeiten, da kam mir das Visier vor wie eine Mauer aus Plexiglas; ich spürte ständig den Drang, allen laut zuzurufen: *Ich bin es doch! Ich bin immer noch derselbe Mensch,* auch wenn ich diese schwarze Kluft trage; außerdem weiß ich (und bitte dafür um Verzeihung), daß meine Maschine besonders empfindliche Autoalarmanlagen auslösen kann. Dennoch erlebe ich immer wieder, daß allein die simple Tatsache meiner Lederkombi mich quasi verdächtig macht. Das liegt nicht nur an Leuten, die Vorurteile haben oder mich diskriminieren, obwohl mir diese am nachhaltigsten in Erinnerung bleiben. Ich weiß noch, wie ich an einem Sommertag hinauf zum Skulpturenpark des Storm King Art Centers bei West Point fuhr und ein Wächter, der offensichtlich nicht glauben konnte, daß ich das wagte, mich verächtlich abwies. Ein paar Jahre zuvor war ich lächelnd durchgewunken worden; ich saß im Auto und hatte neben einem Picknickkorb einige Freunde dabei, die aussahen wie ein Literaturprofessor, ein Finanzfachmann und eine Ballettänzerin, weil sie nämlich genau das waren. *Ich bin immer noch derselbe Mensch!* hätte ich dem Wärter gern ins Gesicht gerufen, während ich ihn geschickt austrickste. Ich weiß noch, wie ich an das College fuhr, auf dem ich vier Jahre verbracht hatte. Mir war bekannt, daß man tagsüber einfach durch das akademisch-gotische Tor und hinauf zum Hauptgebäude fahren konnte. Doch als ich dies versuchte, sprang der Wachposten plötzlich aus seinem Häuschen heraus und schrie: »He! Halt! Wo wollen Sie hin?« Einen Besuch machen, erwiderte ich; er verstellte mir weiter den Weg. Ich sei eine ehemalige Studentin, fuhr ich fort, und er blickte einen Augenblick verblüfft drein und erklärte mir dann, Motorräder seien auf dem Campus nicht erlaubt. Ich müsse gleich hinter der Einfahrt parken, neben der Tür, die ich an drei Tagen in der Woche morgens geöffnet hatte, um Dias der großen Kunstwerke der Welt vor mir aufleuchten zu sehen. Ich erinnere mich noch und immer noch mit Wut im Bauch, wie ich einmal spät abends – es war schon sehr kühl – in North Carolina von einem Zimmervermieter abgewiesen wurde, obwohl nur wenige Autos auf dem Parkplatz standen; die nächste Übernachtungsmöglichkeit war meilenweit entfernt und ich so müde, daß ich mich am liebsten auf den Rasen gesetzt und geweint hätte. *Ich bin immer noch derselbe Mensch!* hätte ich gern gesagt. Bin ich es wirklich?

Seit dem Augenblick, wo sich das Tor zur Welt der Motorräder für mich geöffnet hat, versuche ich zu verstehen, was wir Motorradfahrer eigentlich tun und warum. Ich bekomme oft zu hören, ich würde zuviel denken. Aber ich glaube nicht, daß es überhaupt möglich ist, zuviel zu denken – außer natürlich mitten im Sex oder am Scheitelpunkt einer sehr schnellen Kurve. Wie jede Gemeinschaft, die einen besonderen Jargon, besondere Schwärmereien, besonderen Zeitvertreib entwickelt, bietet die Motorradsubkultur eine auf den ersten Blick paradoxe Möglichkeit, die Kultur im allgemeinen zu verstehen: Man analysiert die Art und Weise, wie sich diese Subkultur von der herrschenden Kultur absetzt, in die sie eingebettet ist. Mit derselben Methode könnte man untersuchen, wie aus einer einheitlichen Religion, etwa dem Christentum, so viele seltsame Sekten hervorgehen konnten.

Obwohl es etwas Grundlegendes gibt, das alle Motorradfahrer miteinander verbindet, gibt es genauso viele verschiedene Gründe für das Motorradfahren wie es Motorradfahrer gibt. Bei genauerem Hinsehen teilt sich daher dieses eine gemeinsame Band in viele Motive auf: das Vergnügen daran, sich durch die Luft zu bewegen und sich frei zu fühlen; der Wunsch, irgendwo dazu zu gehören, um zu wissen, wer man ist, und um sich ein identitätsstiftendes Etikett zulegen zu können; das Bedürfnis, allein zu sein, und das Bedürfnis, mit anderen zusammenzukommen, und beides miteinander gemischt.

Unser erster Fahrunterricht fand unter einer glühenden Sonne statt, die sich mit bleiernem Gewicht auf den leeren Parkplatz in Floyd Bennett Field legte, ohne daß uns ein Hauch von der

Jamaica Bay etwas Kühlung gewährt hätte. Unser Fahrlehrer mußte früher bei den Marines gewesen sein; jedenfalls war seine Unterrichtsmethode danach. Wenn man sich einen Fehler leistete, schwoll ihm zuerst der Hals, dann lief sein Gesicht puterrot an, und schließlich bellte er durch seinen Lautsprecher. Diese pädagogische Methode ist äußerst effektiv, und ich habe nie mehr vergessen, beim Anhalten den Kupplungshebel zu ziehen.

Immer im Kreis herum ging es: Erst wurden wir mit abgestelltem Motor geschoben, um zu spüren, in welcher Position das Gewicht von mehreren hundert Pfund zwischen unseren Beinen sich im Gleichgewicht befindet; dann suchten und fanden wir glücklich den Punkt, an dem die Kupplung kommt und die Maschine anrollt. Das war für uns zwanzig angstbibbernde Anfänger – selbst bei einer Geschwindigkeit von fünfzehn Meilen pro Stunde auf einem Parkplatz – ein unglaubliches Gefühl. Während uns an diesem Tag, den man eigentlich nur am Strand zubringen konnte, der Schweiß in Bächen unter Helm, Jacke und Handschuhen hervorrann, erfuhren wir im wahrsten Sinn des Wortes, daß ein Motorrad nicht gelenkt werden kann, sondern sich nur dazu herbeiläßt, dir willig zu folgen.

Als das Wochenende vorüber war, kam ich zurück in Tads Loft, von der Sonne weichgekocht und vor Müdigkeit völlig überdreht. Ich erklärte ihm, ich wolle mich sofort nach einem Motorrad umsehen. Er warf mir einen überraschten, skeptischen Blick zu. Ob ich nicht besser das nächste Wochenende abwarten wolle, um sicher zu gehen, daß es mir auch wirklich Spaß mache? Spaß machen? Machst du Witze? lachte ich. Es ärgerte mich, daß er nicht gleich Feuer und Flamme war.

Trotzdem kletterten wir diese Woche in seinen International-Dreiganglaster mit dem rostlochbelüfteten Boden und fuhren raus nach Long Island zu Ghost Motorcycles. Ich hatte nicht die geringste Vorstellung, was ich eigentlich suchte. Doch ich war mir sicher, daß ich es wissen würde, wenn ich das richtige gefunden hatte. Was ich dann fand, war ein bewußt einfaches Motorrad, eine 500er V2-Moto Guzzi, rot-schwarz, ein Arbeitspferd. Ich fand sie schön. Sie war auch schön – schön in dem Sinn, wie ein dunkelhäutiger Dorfbewohner vom Mittelmeer in seinem schlecht sitzenden Polyesterpullover und seinen Jerseyshorts manchmal unbeschreiblich stattlich wirkt. Sie stand draußen in einer Reihe ähnlicher Waisenkinder. Tad erzählte mir, sein Vater habe seine Moto Guzzi geliebt; sie sei eine zuverlässige Maschine und leicht zu warten. So lenkte mich derselbe Einfluß wie die meisten anderen angehenden Motorradfahrer, wohin sie später auch eine andere Strömung treiben mag: Papa stand immer auf Harleys, also tut es der Junior auch; er sieht seinen Kumpel auf einer Sportmaschine und findet sie stark; sie kauft sich dasselbe Motorrad wie ihr Freund. Am Tag zuvor hatte ich mir eine gebrauchte Honda in Topzustand für die Hälfte angesehen, doch ich ging nach Hause und träumte von der Italienerin; wir fuhren auf einer kurvigen Straße durch Nebel, schweigend, schnell. Daß auf dem Scheck mit der Abfindung, die ich beim Auslaufen meines Teilzeitjobs als Korrekturleserin erhalten hatte, eine runde Tausend stand, nahm ich als sicheres Zeichen: Das war exakt die Zahl auf dem Preisschild, das vom Lenker der V50 baumelte. Ich drückte Tad den Scheck in die Hand, und er trug ihn am nächsten Tag nach Long Island.

Als nächste Reflexhandlung folgte der Beitritt zum Moto Guzzi National Owners Club. Dessen Zweck schien auf den ersten Blick hauptsächlich in der Produktion eines monatlichen Nachrichtenblatts Marke Eigenbau zu bestehen, das in Kansas erschien. Es enthielt Tips der Art »Wie man die serienmäßige Airbox einer Guzzi durch widerstandsärmere Luftfilter ersetzt«, Berichte und Schnappschüsse von Sternfahrten zu Picknickplätzen in texanischen Wüstenstrichen, Nachdrucke von fünf Jahre alten Testberichten aus australischen Magazinen und auf der Titelseite stets einen sinnigen Spruch (»Takt ist die Kunst, dafür zu sorgen, daß sich Gäste ganz wie zu Hause fühlen, wenn man sich wünscht, sie wären eben dort.«) Mit seinen Zuschriften, Dankesbriefen und Artikeln von Lesern, die mit beinahe astreiner Grammatik ihre Urlaubstouren und all ihre Abenteuer unterwegs schilderten, hatte und hat dieses Heft etwas unerklärlich Anrührendes für mich, obwohl ich weiß, daß es nur eines von Tausenden mit einem besonderen Code ist, der über weite Entfernungen diejenigen zusammenschweißt, die ihn zu entschüsseln wissen.

Am Abend zuvor hatten Tad und ich uns in einem griechischen Restaurant in Astoria in Queens mit einigen Freunden zum Abendessen getroffen. In Astoria gibt es die größte griechische Gemeinde außerhalb Griechenlands. Ich bin teilweise griechischer Abstammung, und es macht mich immer glücklich, hier unter Griechen zu sein. Mir war danach, die Atmosphäre in mich hineinzutrinken und mich für ein paar Sekunden lang in eine entfernte Vergangenheit zurückzuversetzen.

Das taten wir dann alle. Eine bodenlose Flasche Retsina. Ein Liter Ouzo, der uns von einem anderen Tisch herübergeschickt wurde, an dem Kollegen eines unserer Freunde aus der Baubranche saßen. Hinaus auf den Bürgersteig in eine laue Frühlingsnacht stolpern, Abschied mit Gutenachtwünschen, glücklich sein. Tad und ich stiegen auf die 350er und stürzten uns auf den Brooklyn-Queens-Expressway, hinein in einen Samstagabendverkehr, der uns genauso lustig erschien wie wir selbst; wenn Autos lachen könnten, hätte sich die Blechlawine für unsere Ohren wohl angehört wie von hysterischen Lachkrämpfen geschüttelt. Ich spürte das Tempo am ganzen Körper; der Wind pfiff um den geborgten Helm, der mir zu groß war, und zerrte an meiner dünnen Kleidung.

Tad überwand routiniert den Bordstein vor dem Gebäude mit dem Loft und stellte den Motor ab. Oh, wir sind schon da. Ich schwang mein Bein über die Maschine und verfehlte den Bürgerstein; fast hätte ich mir die Knie auf dem Boden aufgeschrammt. Dabei schoß mir der seltsam von mir getrennte Gedanke durch den Kopf, daß ich sturzbetrunken war. Und wenn ich blau war, dann weilte Tad schon nicht mehr unter den Lebenden. Später sollte mir dieser Moment in einem anderen Licht erscheinen – als der Punkt, an dem das wahre Wesen unserer Beziehung zutage trat, auch wenn ich das in jenem Augenblick nicht wahrhaben wollte: Ich hatte gerade bei der Inszenierung eines Todeswunsches mitgemacht. Es spricht nicht gerade für Liebe, eine Frau zu sich aufs Motorrad steigen zu lassen, wenn sie keinerlei wirksame Schutzkleidung trägt, und besoffen mit 130 Stundenkilometern über die Autobahn zu brettern. Andererseits zeigt es, welch geringe Selbstachtung die Frau hat, wieviel sie bereit ist, aufs Spiel zu setzen, nur um durch die Dunkelheit nach Hause zu kommen, sich anklammernd an einen Mann.

Meine erste Fahrt auf der V50 fand an einem schwülen Sommerabend auf den West Village Piers statt. Ich hopste unsicher auf der für mich noch großen Maschine herum, wie die Lichter auf der Wasseroberfläche des Hudson neben mir. Einige Tage später fuhr ich sie von Brooklyn zu meiner Wohnung nach Hoboken. Die Tour mitten durch New York war mehr als spannend. Während ich mich noch voll auf die Koordination der nötigen Handgriffe konzentrieren mußte, versuchte ich, zu vermeiden, daß mich ein von hinten heranrauschendes Taxi von der Maschine holte, und Fußgängern auszuweichen, die warteten, bis sie das Weiße in meinen Augen sahen, und dann fröhlich über die Bordsteinkante marschierten. Das Schicksal verschonte mich wohl für den Abend einige Wochen später, an dem ich Tads Ducati 860 unter meinem Fenster heranfahren hörte.

Er schlug einen Besuch in unserem Lieblingsrestaurant vor, einem Italiener im Keller eines Hauses im West Village. Ich hatte an diesem Abend nicht mit Tad gerechnet, freute mich aber so über die Überraschung, daß ich einwilligte und schon den Geschmack der Spezialität des Hauses – ein Eintopf mit Meeresfrüchten – auf der Zunge spürte. Als ich die erste Muschel zum Munde führte, eröffnete mir Tad, daß er mich nicht mehr treffen wolle. Ich ließ die Gabel sinken. Die Leute an den Nachbartischen versuchten so zu tun, als sähen sie nicht herüber zu der Person, deren Tränen in die Suppe tropften.

Heute, aus dem sicheren Abstand der mittlerweile verflossenen Jahre weiß ich eines mit Sicherheit: Das Geschenk des Motorradfahrens, das Tad mir hinterlassen hat, liebe ich nach wie vor; Tad jedoch liebte ich nicht mehr als er mich. Ich muß aber trotzdem zugeben, daß ich damals nicht wollte, daß er ging.

Drei

Er rauchte im Dunkeln.
Rauchen bedeutete ihm jetzt, wo er wußte,
was es ihm antat, sehr viel mehr.
Thomas McGuane Keep the Change

Wenn man sich auf die Suche nach einer Erklärung für das Unerklärliche macht, sollte man für Unterstützung sorgen. Im Lauf des Winters hatte ich die Geduld meines gesamten Freundeskreises erschöpft. Auch meine Verwandten waren abgegrast, bis hin nach Salt Lake City. Die einzige Zerstreuung, die mir noch geblieben war, bestand darin, mir einen Ezra Brooks Bourbon einzugießen, zu warten, bis der Zeiger der Uhr auf eine Minute nach elf rückte, und in der Dunkelheit zu einem stundenlangen Ferngespräch mit einer meiner Schwestern oder meiner Tante anzusetzen. Von ihnen, denen ich die letztmögliche Rechnung präsentierte – die der Blutsbande –, ließ mich keine im Stich. Ich wollte jeden Augenblick des Zusammenbruchs meiner Beziehung Revue passieren lassen und das aus jedem nur möglichen Blickwinkel. Außerdem wollte ich, daß sie mir dabei halfen, endlich zu verstehen, was passiert war und warum. Wenn ich das begriff, so glaubte ich, würde ich mich wieder in den Griff kriegen und dadurch irgendwie auch die Vergangenheit.

Nach einer Anstandsfrist bedeuteten mir meine Freundinnen, daß ich sie mit meiner überlangen Trauer allmählich in Ruhe lassen sollte. Eine von ihnen erklärte mir kategorisch, ich *müsse* mir einfach eine Katze zulegen. Also legte ich mir eine Katze zu. Ich mag Katzen nicht besonders, und in diesem Fall beruhte das offenbar auf Gegenseitigkeit. Bills Vorstellung vom Trostspenden erschöpfte sich darin, daß er auf einem Stapel Zeitschriften saß und sich zuerst das eine und dann das andere ausgestreckte Hinterbein leckte.

Die V50 wartete den ganzen Winter bis in den Frühling hinein in einer Garage um die Ecke und in einem Winkel meines Hinterkopfs, wo sie gleichermaßen schimpfte und lockte. Daß ich über die lähmend zwiespältige Einstellung zu meiner Maschine nicht hinauskam, hing mit der Erkenntnis zusammen, daß ich allein die Verantwortung für mein Motorrad übernehmen mußte – und damit für mich selbst. Wenn ich mich jedoch dazu durchrang, würde ich Tad endgültig verlieren – und ohne ihn war ich, wie ich mir eingeredet hatte, auf immer und ewig verloren. Ich hatte ihn den ganzen Winter lang mit jeder Faser meines Ichs in mir festgehalten, wo er eins wurde mit meinem Kummer. Schließlich war es gar nicht mehr er, den ich vermißte.

Was sollte ich nun mit diesen zweihundert Kilo Metall anfangen, die ich weder technisch noch fahrerisch beherrschte? Mir waren die Risiken einer solchen Situation durchaus bewußt; allerdings verharrte ich lieber in meiner Lähmung, weil ich keine Antwort auf diese Frage wußte und mich auch nicht gedrängt fühlte, möglichst bald eine zu finden. Gute Tourentage kamen und gingen, während ich herumhockte und mich quälte. Nicht zuletzt quälte mich das Wissen, daß ich wegen etwas litt, das dieses Leiden nicht lohnte.

Mit glasigen Augen blätterte ich in den Motorradmagazinen und fragte mich, warum sie mich nicht so fesselten wie Tad. Es dauerte nicht lange, bis ich dahinterkam: Artikel über Vergaser zu lesen, wenn man nicht weiß, wie sie funktionieren oder welchem Zweck sie dienen, ist eines der wirksamsten natürlichen Schlafmittel der Welt.

Schließlich schickte ich eine kurze Notiz an den Moto Guzzi National Owners Club (MGNOC), die in dem besagten Newsletter unter der Rubrik »Hilfe« abgedruckt werden sollte. Diese Spalte vermittelt Kontakte zwischen Leuten, die alles mögliche suchen, von einem schwer aufzutreibenden Ersatzteilkatalog oder einem bestimmten Benzintank bis hin zu Gastgebern, die bereit sind, ein guzzifahrendes polnisches Pärchen während ihres ersten Besuchs in den Vereinigten Staaten bei sich aufzunehmen (ach ja, und sich an der Finanzierung des Fluges zu beteiligen und für die Dauer des Aufenthalts ein Motorrad zur Verfügung zu stellen; die Clubmitglieder zogen »das polnische Projekt« übrigens erfolgreich durch). Ich suchte jemanden in der Region New York/New Jersey, der mir die grundlegenden Wartungsarbeiten beibringen konnte und vielleicht mit mir fahren wollte. Als erster meldete sich ein gewisser Armen Amirian. Er wohnte im nahe gelegenen Clifton und war zufällig Ausbilder für Motorradmechaniker. Was die Motorradwartung angeht, steht er auf einem einsichtigen Standpunkt: Wenn man nicht gerade beabsichtigt, einen Mechaniker dafür zu bezahlen, daß er einem das Motorrad verpfuscht, wenn man das selber genausogut umsonst machen kann, dann sollte man nicht nur wissen, wie die Maschine funktioniert, der man sein Leben anvertraut, sondern sich auch relativ sicher sein, daß sie nicht gerade am Scheitelpunkt einer schnellen Kurve eine entscheidende Schraube verliert.

Armen, Gründungsmitglied der von ihm so genannten Hell's Vegetarians, ist immer noch geprägt durch die Moral und die Aufmüpfigkeit der Jugend der Sechziger, obwohl er damals noch ein Kleinkind war. Er wirkt damit in seiner Zeit gewissermaßen fehl am Platz, genauso wie man bei jemandem wie ihm kaum vermuten würde, daß er fest in einem der Mittelklassevororte Jerseys verwurzelt ist und mit dem, was er in der Bühnenwerkstatt der Metropolitan Opera in New York verdient, Frau und Kind ernährt.

Wir trafen uns regelmäßig, gewöhnlich wenn er gerade an einem fremden Motorrad schraubte oder, was seltener vorkam, in seiner Garageneinfahrt an seinem eigenen, sorgfältig herausgeputzten BMW-Boxer. Wenn mein Motorrad so streikte, daß an Fahren nicht zu denken war, kam er noch nach der Arbeit nach Hoboken und legte im Schatten der hereinbrechenden Dämmerung sein Werkzeug auf der Straße aus. Ich hockte mich neben ihn, sah verwirrt zu, wie er die Innereien meines Motorrads bloßlegte, und lauschte hingerissen seinen Worten. Wenn etwas Armens Mechanikertalent gleichkommt oder es sogar übertrifft, dann ist es seine rhetorische Begabung. Alle möglichen Situationen können einen raschen Wortschwall auslösen. Ein Abendessen in der Spaghetteria um die Ecke pflegt eine Wetterfront spöttischer Kommentare über Italoamerikaner zu provozieren, doch wenn Armen austeilt, herrscht Chancengleichheit. Armenier, Deutsche und Männer im allgemeinen bekommen stets gleichermaßen ihr Fett weg. Seine besten Sprüche jedoch drehen sich um Motorräder. Er würde beispielsweise nie von einer »untermotorisierten Maschine« sprechen, wenn er statt dessen sagen kann: »Diese Maschine zieht dir nicht mal die Unterwäsche glatt.« (Er verkündete einmal, die Elektrik der Guzzis sei gegenüber der Motorradelektrik jener längst vergangenen Zeit, »als Männer noch Männer waren und Kabelbäume noch Feuer fingen«, kaum verbessert worden.)

Als ich ihn kennenlernte, startete er gerade eine zweite, erbärmlich schlecht bezahlte Karriere als Motorradjournalist und verfiel auf eine Story, bei deren Recherche ich ihn nur allzu gern unterstützte: einen Bericht über das Aufmotzen einer zehn Jahre alten Gebrauchtmaschine – wie meiner. Mit dem Argument des Werbeeffekts überredete er mehrere Hersteller von Tuningteilen zu Sachspenden, und so bekam mein hübsches, aber hausbackenes Reittier seine schimmernden Stahlflexbremsleitungen, neue Federbeine hinten und sportliche, einstellbare, geklemmte Lenkerstummel. Im Dunstkreis von Armen fühlte ich mich sicher, und ich konnte ihn praktisch jederzeit spät abends in seiner Kellerwerkstatt anrufen, wo er bei Dylan-Musik vom Kassettenrecorder an irgendeinem entscheidenden Organ einer Liebhabermaschine herumschraubte, die in zig Millionen Teile zerlegt und in Kartons verstaut auf die Wiedergeburt unter seinen Händen wartete. Meine Fragen beantwortete er stets mit derselben Selbstsicherheit, und immer fand er irgendwie einen Weg, die Wörter *Nonne* und *Bikini* in einen Satz zu packen, wenn er von Scheibenbremsen sprach.

Ich fragte ihn auch nach guten Strecken, wenn ich mal eine kleine Tour machen wollte. Er riet mir, nach Laconia in New Hampshire zu fahren, zu den jährlichen Motorradrennen und Bikertreffen Mitte Juni. Auf die Bitte, mehr davon zu erzählen, versiegten plötzlich die Armenismen. Der Gedanke an New Hampshire verschlug anscheinend sogar ihm die Sprache. Er schüttelte den Kopf und wiederholte nur noch: »Es ist wild. Echt wild.« Er bot mir an, mich mit einem seiner Schüler zusammenzuklinken, der hinfahren wollte.

Er hieß Bob alias Lefty. Die Bedeutung dieses Spitznamens wurde mir erst klar, als ich das Hard Rock Café betrat und auf die Theke zusteuerte, hinter der er arbeitete. An Bob fallen drei Dinge zuerst ins Auge: seine südländische, attraktive Erscheinung, ein wissendes Lächeln und eine mit einem Greifer versehene Prothese anstelle des linken Unterarms. Manche Leute, die ihn Motorrad fahren sehen, stellen dann so ihre Vermutungen an. Dagegen ist Bob ziemlich allergisch, denn seiner Meinung nach geht sein Arm nicht allzu viele Leute etwas an. Je nachdem, wie er gelaunt ist, erklärt er, nein, er sei schon so geboren worden – aber was berechtigt Sie zu Ihrer Frage?

Mir gefielen Bobs Auftreten und seine Sicherheit. Da ich so sehr unter Selbstzweifeln litt, daß mich sogar die Wahl einer Zahnpasta in Zwiespalt stürzte, mußte ich zwangsläufig einen

Menschen bewundern, der sich einfach hinstellte und sagte: »Zum Teufel mit dem, was andere über mich und das, was ich kann und was ich nicht kann, denken – ich tue, was ich für richtig halte.« Bob, dessen Geduld mit Nervenbündeln wie mir sich in Grenzen hält, platzt gelegentlich der Kragen, und dann knurrt er mich entnervt an: »He, ganz *locker*, ja?« Aber genau da lag der Hase im Pfeffer: Ich *wollte* ja ganz verzweifelt locker werden, *wollte* eben das spüren, was sich mir unaufhörlich entzog. Unterdessen sah ich Menschen wie Bob beim Fahren zu – mit einer Neugier, als ob sie eine fremde Lebensform wären. Liebend gern wäre ich fähig gewesen, ein Problem, das sich mir stellte, als interessante Herausforderung zu sehen, etwa folgendermaßen: Wenn ich nur eine Hand habe, wie baue ich dann die Maschine so um, daß ich alle Hebel und Schalter mit dieser Hand oder mit den Füßen bedienen kann? Statt dessen empfand ich nur dieses verrückte Gefühl, als ob mir die Luft zu dünn zum Atmen würde. Ab und an packte mich eine solche Wut auf dieses absurde Wesen, das sich seit neuestem in mir eingenistet hatte, daß ich es innerlich anschrie: »Du verdammtes Miststück, verflucht nochmal, zur Hölle mit dir!«, den Schlüssel ins Zündschloß steckte und ihn voller Haß und Groll herumdrehte, während meine Füße auf dem Asphalt unkontrollierbar zitterten. Ich konnte keinem erzählen, wie ich mich fühlte, denn wie soll man an einem vollkommenen, wolkenlosen Tag sagen: »Ich habe Angst«, wenn man nicht einmal sagen kann wovor.

Auf dem Weg zum Nordufer von Long Island, zur Fähre nach Connecticut, ging mir das Benzin aus, und mein Motorrad streikte, obwohl ich die Benzinhähne auf Reserve stellte, was mir eigentlich noch weitere zwanzig Meilen hätte bringen müssen. Obwohl Bob riskierte, nicht nur die Fähre zu verpassen, sondern auch seine Freunde, die er dort treffen wollte, saugte er geduldig Benzin aus seinem Tank an und ließ es in meinen laufen. Er kannte mich gerade einen Tag.

Wir erreichten die Fähre Minuten, bevor sie ablegte, und

trafen dort José mit seinen Transporter und seinem kostbaren Kawasaki-Renner darauf. José hatte Tom mitgebracht, der mürrisch in dem Transporter sitzenblieb, bis dieser auf das Schiff verladen war. Dann ging er hinkend, sein linkes Bein steif zur Seite ausgestreckt und im Halbkreis vorwärts schwingend, zum Oberdeck. Er legte sich auf eine Bank und bedeckte die Augen mit dem rechten Arm, während sein linker, eine Prothese wie die von Bob, wie ein herrenloses Gepäckstück neben seinem Körper lag.

Bob und ich reihten uns in die lange Schlange vor der Snackbar an Bord ein. Dort gewährte er mir den ersten Blick auf ein weiteres seiner unwiderstehlichen Talente: Er konnte einer Bedienung innerhalb von längstens fünf Minuten ihre Telefonnummer entlocken. (Dabei wandte er dieselbe seidenglatte Stimme an, die er auch Telefonistinnen gegenüber einsetzte, wenn sie in eintrainierter falscher Freundlichkeit ihren Namen genannt hatten: »Hallo Amy. Was Sie für mich tun können, Amy, ist, dieses Gespräch über meine Kreditkarte abzurechnen. Danke Amy.«) Dann bezogen wir Posten an der Reling, schauten hinaus auf die Meerenge und unterhielten uns über alles mögliche außer uns selbst. Ein Thema war Tom.

Vor ein paar Jahren war Tom, frisch verheiratet, allein mit dem Motorrad zu einer Party in einem nahe gelegenen Nachbarort auf Long Island gefahren. Ich konnte mir lebhaft vorstellen, was für eine Art von Party das gewesen sein mochte; ich brauchte nur an die niedrigen Ranchhäuser mit den hübschen roten und weißen Geranien zu denken, in denen einige der tolleren Kids wohnten, die auf die öffentliche High School in Akron gingen – sturmfreie Bude und jede Menge Trans Ams unter den Straßenlaternen vor dem Haus. Auf der Party hatte Tom die Schlaftabletten, die er schon intus hatte, mit reichlich Alkohol begossen. Schließlich war er dermaßen zugedröhnt und müde, daß er nur noch in sein Bett wollte. Fatalerweise verhinderte jetzt allerdings sein Zustand die Einsicht, daß er in seiner Verfassung dieses Ziel unmöglich aus eigener Kraft erreichen konnte. Er fuhr also auf den Long Island Expressway, wo ihm bei achtzig Meilen pro Stunde die Augen zufielen.

Die Downer, die er zuvor eingeworfen hatte, führten zwar zu dem Unfall, verhinderten jedoch auch, daß er tödlich ausging. Tom war zu ruhiggestellt, um einen Schock zu erleiden, zu locker, um bei dem Aufprall völlig zerfetzt zu werden. Es gelang den Ärzten, die restliche Haut des linken Beines um eine gerade Metallstange, die den Knochen ersetzte, herumzulegen; seinen linken Arm verlor er jedoch. Als er zu sich kam und sah, was aus ihm geworden war, wünschte er sich, er wäre umgekommen. Er konnte seinen Beruf nicht mehr ausüben und sah vor sich nur noch die lange Reihe der ihm noch verbleibenden Jahre, in denen nichts so werden würde, wie er es sich vorgestellt hatte. So zog er sich in einen verdunkelten Raum zurück und lag den ganzen Tag vor dem Fernseher. Seine Frau ließ ihn eine Zeitlang gewähren und versuchte dann, ihn aus seiner Lethargie aufzurütteln. Doch er blieb wie erstarrt, und schließlich verließ sie ihn. Der einzige Lichtblick in seinem Leben waren Gelegenheiten, wo er sich in der Nähe von Motorrädern aufhalten konnte. Anders als Bob, der nie einen Arm gehabt hatte und ihn daher auch nicht so schrecklich vermißte, daß er nachts davon träumte, sah Tom seine Situation nicht als einen der Schicksalsschläge, mit denen man eben irgendwie fertigwerden muß. Sie war eine Last, und sie war zu schwer. Er kam nach New Hampshire, um zu vergessen, doch wie er das inmitten Tausender Motorräder schaffen wollte, konnte sich niemand denken.

Nach unserer Ankunft im New Hampshire Highway Hotel, einem Haus, das seinem Namen alle Ehre machte, stellte Bob als Ortskundiger zuerst den alles entscheidenden Biernachschub sicher. Unsere nächste Mission bestand darin, auf der vorderen Veranda herumzusitzen und auf Steve aus Massachussetts zu warten. Eine Stunde verstrich; das Knacken aufgerissener Bierdosen ging unter im unablässigen weißen Rauschen des Highways gleich jenseits des Parkplatzes. Ich fühlte den inneren Frieden eines Pilgers, der alles in die Hände eines Gottes gelegt hat, welcher die wahrhaft Gläubigen niemals im Stich läßt. An diesem Abend genoß ich zum ersten Mal die einmalige, eigentümliche Befriedigung, die man nur spürt, wenn man vor einem Motel auf dem Bordstein sitzt, das Motorrad nur Zentimeter entfernt und alle Habseligkeiten, die man braucht, ebenfalls in Sichtweite auf dem unberührten Bett im offenstehenden Zimmer im Rücken.

Kurz nach Einbruch der Dunkelheit traf Steve ein. Auf seinem Pickup stand eine Ducati, ein wunderschön restaurierter, goldener Eiscaférenner. Sie war erst kürzlich wieder zusammengesetzt worden, nachdem Steve sie auf dem Pflaster zerlegt hatte. Er brannte darauf, wieder in den Sattel zu steigen. Während wir unser Verdauungsbier tranken – ich mochte Bier noch nie sonderlich, doch als Pilger nimmt man Gaben bereitwillig als Zeichen an –, schmiedeten wir unsere Pläne für den nächsten Morgen, den ersten Renntag. Wir beschlossen, früh zur Rennstrecke zu kommen, wollten aber vorher noch eine Spritztour unternehmen, um den Winter auszutreiben.

In dieser Nacht schliefen wir den Schlaf der Gerechten. Die Fenster standen offen, und die kühle Luft linderte die ungewöhnlich früh einsetzende Hitze des Tages; die leichte Brise trug das Schlaflied des Motorradfahrers herein – das Brummen naher und ferner Motoren, die sich durch die Dunkelheit bewegten.

Am Morgen lud José die Kawa ab, während Steve und Bob die Ducati über die Rampe des Pickups hinunterrollten. Nach wenigen Minuten saßen wir in voller Montur auf unseren warmlaufenden Maschinen und blickten uns an, auf das Startzeichen wartend. In einer durchsichtigen Außentasche meines Tankrucksacks steckte eine Landkarte, damit ich den Weg zur Rennstrecke allein fand, falls ich zurückfiele. Dies war zu erwarten, so wie es den anderen in der Gashand zu jucken schien. Innerhalb einer Meile nach der ersten Einmündung in eine Landstraße verschwanden ihre Rücklichter vor mir. Ich ließ sie gern ziehen, denn ich hatte auf dieser kurzen Strecke schon einmal dieses bizarre Gefühl verspürt, wenn man sich aufspaltet, zum Zuschauer seiner selbst wird und emotionslos beobachtet, wie das Vorderrad in einer besonders schlecht genommenen Kurve halb auf der Straße, halb auf dem Randstreifen dahinschlingert. Ich fuhr wieder mein eigenes Tempo. Wenn die Straße gerade verlief und die Bäume weniger dicht standen, konnte ich vor mir sehen, wie die Jungs ein gutes Stück voraus Katz und Maus miteinander spielten, kleine Gestalten in stummer Kurvenhatz. Dann machte die Straße erneut eine Biegung, zwischen uns schob sich ein Wäldchen, und ich war wieder allein.

In den sehr strengen Wintern dieser Region leiden die Straßen; Frostbeulen machen die Fahrbahn zu einem Waschbrett, Kies und Sand lauern in fast jeder Ecke. An einem Tag wie diesem verbünden sich die Morgensonne und die leere Straße mit ihrem Schlaraffenland von Kurven – manche lang und mit hohem Tempo zu nehmen, manche eng und nur durch entschlossenes Herunterbremsen und tiefe Schräglage zu bewältigen – und verleiten den Fahrer dazu, immer stärker auf die Tube zu drücken. Wir fuhren zum Rennen und fuhren unterwegs unser eigenes.

Mir blieb kaum Zeit, das Motorrad aufzurichten, bevor ich mit allem, was ich hatte, in die Eisen stieg. Unmittelbar nach der Kurve kroch eine Kreatur auf allen vieren langsam zur linken Seite des Mittelstrichs, mit gesenktem Kopf und schwankend wie unter einer unermeßlichen Last. Es war Steve. Im Vorüberschießen erfaßte ich ein goldenes Blitzen fünfzehn Meter vor dem gestürzten Fahrer im Gebüsch auf der Gegenseite der Straße.

Als ich die Guzzi an den Straßenrand und auf den Hauptständer gebracht hatte, kamen Bob und José aus der anderen Richtung zurück und hielten an. Wir alle erreichten Steve im Laufschritt.

Bob bettete ihn ins Gras. Nachdem er kein Blut an Steves

Kopf fand, erklärte er, daß wir ihm den Helm gefahrlos abnehmen konnten. Dann warteten wir, bis Steve wieder seine fünf Sinne beieinander hatte. Anfangs brachte er nicht mehr als ein Kopfschütteln zustande, als ob er nicht ganz glauben könne, daß er hier so unerklärlich still lag, statt die Straße entlangzufliegen. Bob ging ein Stück zurück und hinüber zu der Ducati und las dabei die Spuren auf dem Asphalt. Ein abradierter weißer Strich, der sich zweieinhalb Meter lang über die Straßendecke zog, erklärte das klaffende Loch in Steves Helm, und die unglaublichen schwarzen Krakel dort mußten Reifenspuren sein. Unmittelbar dahinter lag ein Stück besonders übler Buckelpiste.

Schließlich konnte Steve beschreiben, was passiert war. Am Kurvenausgang versuchte er, mit den beiden anderen auf ihren neueren Maschinen mit besserem Fahrwerk mitzuhalten und drehte noch mehr auf, als es ihm plötzlich den Lenker aus den Händen riß. Sofort begann der Lenker in rascher Folge hin und her zu schlagen – zack, zack, zack, Lenkerflattern im Extrem. Schließlich gab es nichts mehr, woran er sich festhalten konnte. Bob fragte ihn etwas, und er sagte: »Etwa neunzig, glaube ich.«

Es hatte zweifelsohne sein Gutes, daß die Ducati so hinüber war, daß man sie unmöglich noch fahren konnte. José und Bob schoben sie zurück ins Unterholz, um sie später mit Steves Lieferwagen zu holen. Sie boten Steve an, ihn ins Krankenhaus zu bringen, doch er bestand eisern darauf, mit zur Rennstrecke zu kommen. Über seine Unterarme zogen sich Abschürfungen, wo der Asphalt seine Jacke hochgeschoben hatte, und durch den Riß über dem Knie in einem Hosenbein war Blut zu sehen, doch gebrochen hatte er sich wie durch ein Wunder nichts.

An der Rennstrecke ging Steve zum Sanitäterzelt, wo man ihm einen Verband anlegte und ihm dringend riet, ein Krankenhaus aufzusuchen, um die Gehirnerschütterung behandeln zu lassen. Doch als ob Ignorieren alles hätte ungeschehen machen können, sagte Steve keinem etwas davon.

Die Sonne brannte erbarmungslos an diesem Samstag; es

wurde drückend heiß. Gegen Abend hatte ich einen Sonnenbrand, war ausgetrocknet und erschöpft, nachdem ich den ganzen Tag lang innerlich auf Höchsttouren gelaufen war, erfüllt von einer freudigen Erregung, wie ich sie zum letzten Mal als Sechsjährige an Weihnachten erlebt hatte. Ich fühlte mich benebelt, und meine Füße waren gefährlich weit weg von mir. Jetzt eine Lederjacke und Handschuhe über die verschwitzte, gerötete Haut zu streifen und einen Integralhelm aufzusetzen – das war die Hölle. Doch ich richtete all meine Gedanken auf den winzigen, von Sprüngen durchzogenen Pool mit kaltem Wasser hinter dem Hotel – und auf die unauslöschliche Vorstellung, wie Steve jetzt aussehen würde, wäre er mit neunzig Meilen ohne seine Schutzkleidung über den Asphalt gerutscht.

Eine halbe Stunde später standen wir im flachen Teil des Pools und tranken Sprudel – alle außer Steve, der in einem Liegestuhl lag, breitbeinig, schlaff. Seine Augen waren unter der Krempe eines lässigen australischen Buschhuts verborgen, der sich mit jedem seiner Atemzüge hob und senkte. Die Wirkung der Schmerzmittel ließ nach, und die Wunden an seinen Armen brannten, als ob man sie mit Salz und Zitronensaft eingerieben hätte. Er entschuldigte sich und ging.

Vor dem Essen fanden wir ihn oben auf dem Zimmer, wo er auf dem Bett saß und klarzukommen versuchte. Doch er glitt immer wieder in einen Zustand zwischen Bewußtsein und Ohnmacht, war bei sich und doch wieder nicht, als ob er sich durch Fernsehkanäle zappen würde. Medikamente. Er brauchte Medikamente. Es dauerte so furchtbar lange, einen Joint zu drehen, die Finger zum Gehorchen zu bringen. Doch wenn er es langsam, ganz langsam und methodisch machte, würde es gehen, ganz sicher.

Steve war nicht nach Abendessen zumute, doch uns waren das Chlor und die Ferien zu Kopf gestiegen. Sogar Tom zeigte so etwas wie Unternehmungsgeist. Gerade wollten wir den Verletzten, immer noch mit Hut, dem Trost der Chenillebettdecke überlassen, als das Telefon klingelte.

Der Anrufer wollte Bob sprechen. Noch ein Job für Josés Laster, erklärte Bob nach dem Auflegen. An der Rennstrecke war ihm ein anderer Teilnehmer aus Armens Kurs über den Weg gelaufen, und er hatte zufällig erwähnt, wo wir uns einquartiert hatten. Deshalb konnte Rick jetzt jemanden bitten, ihn im Krankenhaus aufzugabeln, statt sich an die Route 3 stellen und den Daumen raushalten zu müssen. Wenigstens in einer Hinsicht hatte er Glück gehabt: Der Unfall war ihm an einem Wochenende zugestoßen, an dem die Gegend fest in der Hand der Motorradfahrer war, und Motorradfahrer helfen einander im allgemeinen, aus Solidarität und ohne eine Gegenleistung zu erwarten – aus schlichter, altmodischer Selbstlosigkeit und der gesunden Einsicht heraus, daß man das nächste Mal selbst dran sein könnte. José grummelte, gab jedoch rasch nach.

Wir warteten gute zehn Minuten vor der Notaufnahme, die die übliche Wochenendparade interessanter Verletzungen abnahm. Daneben wurden einige Fälle eingeliefert, die schon jenseits aller ärztlichen Kunst waren. Dieses Jahr gab es sieben davon, darunter die Opfer eines Frontalzusammenstoßes zweier Motorräder. Nach solchen Ereignissen stehen die Transplantationsmediziner in den Startlöchern.

Endlich erschien Bob wieder in der automatischen Tür. Er stützte eine mitleiderregende Gestalt, die sich gebeugt und langsam vorwärtsbewegte. Rick erklomm ganz behutsam die Ladefläche des Lieferwagens und ließ sich so vorsichtig auf einem Ersatzreifen nieder, als ob er fürchtete, dieser könnte jeden Moment explodieren. Hin und wieder fiel ihm der Kopf mit der Baseballmütze vornüber, die Wirkung des Betäubungsmittels Demerol. Doch die würde bald nachlassen, und dann würde Rick die Folgen eines Augenblicks der Unachtsamkeit zu spüren bekommen. Man zahlt einen hohen Preis, wenn man die Sicherheitsregel mißachtet, die man in Fahrschulen wie Trama's eingetrichtert bekommt: Sei gefaßt auf das Unerwartete, denn das bringt dich zu Fall. Es war nicht einmal etwas übermäßig Unerwartetes gewesen – Sand in einer Kurve.

Wenn er den Kopf hob, konnte man in der Dunkelheit einen weißen Verband unter seinem Auge aufblitzen sehen. Er erzählte, daß sich seine Ray Ban in den Wangenknochen gebohrt hatte, als er mit dem Helm auf der Straße aufschlug. (»Sie war auch noch brandneu«, fügte er mit einem Lächeln an, das gleich wieder verging.) Zum zweiten Mal an diesen Tag hatte ein Helm einen Motorradfahrer vor dem Tod bewahrt.

Die Welt zerfällt zuverlässig in zwei saubere Hälften, wenn man sie entlang bestimmter Achsen teilt: die, die es tun, und die, die es nicht tun; die, die es gerne täten, und die, denen es nicht im Traum einfiele. Man braucht nur die Probe aufs Exempel zu machen, wie rasch sich die beiden Hälften trennen und auseinanderfallen, wenn man erwähnt, daß man Motorrad fährt. Die eine Hälfte: Wirklich? Ach, ich würde auch gerne fahren! Die andere Hälfte: Wirklich? Es ist doch so *gefährlich*.

Manchmal bekommt man warnende Worte zu hören, als ob man selbst nie auf den Gedanken gekommen wäre, daß es gefährlich ist, durch belebte Großstadtstraßen zu steuern, während die Taxis sich kamikazeartig auf jede erhobene Hand stürzen, oder wenn die Landschaft mit hundert Stundenkilometern am Visier vorüberfliegt und Asphalt nur Zentimeter unter den Stiefeln. Als ob jemand, der noch nie gefahren ist, einem erklären müßte, was man da tut.

Doch es stimmt: Das Element, in dem sich ein Motorrad bewegt, heißt tatsächlich Gefahr. Manchmal fährt man lange Zeit, ohne sie zu spüren – Stunden, Tage, Wochen nur Routine und Genuß – und dann sucht sie sich einen Augenblick, in dem sie sich in Erinnerung bringt, und zwar mit aller Wucht.

Das war knapp, sagt eine Stimme im Kopf. Es gibt so etwas wie eine geistige Datei, in der ein Verzeichnis von Gefahren abgelegt ist. Risiken, die für den Autofahrer bedeutungslos, für den Motorradfahrer jedoch Sirenengesänge sind: nasses Laub, Rollsplitt, Sand, sich verengende Kurven, aufgemalte Linien, Teerplacken, die in der Sonne weich werden, Frostschutzmittel, Öllachen an Tankstellen oder Mauthäuschen,

Metallplatten, Gullydeckel und Straßenbahnschienen, die bei Regen zu tödlichen Fallen werden, ein Balken, der von der Ladefläche eines Lasters rutscht, starker Seitenwind auf einer Brücke. Und eine noch größere Gefahr als diese, die in aller Unschuld darauf wartet, ein Hinterrad dreckspritzend seitlich wegrutschen zu lassen: Pferdeäpfel.

Zuweilen versuchen Biker, die Gefahr vor sich selbst zu verleugnen, etwa wenn sie sich in Shorts oder ohne Helm auf die Maschine setzen, als ob eigens für sie ein Schutzengel mit einem undurchdringlichen Schild bereitstünde. Manche behaupten auch, beim Fahren niemals Angst, immer nur Spaß gehabt zu haben; sie reagieren äußerst gereizt, einige zumindest, wenn man nur das Wort »Angst« in den Mund nimmt, als ob sie herbeikäme, wenn sie beim Namen genannt wird.

Doch irgendwo wissen alle Bescheid. Und sie wissen auch, daß gerade die Gefahr zu den Gründen gehört, weshalb sie Motorrad fahren: Sie wollen die Gefahr meistern oder das Gefühl haben, sie zu meistern.

Gibt es denn wirklich ein Vergnügen, das nicht zumindest den Gedanken an Gefahr in uns weckt? Gibt es denn überhaupt etwas, das uns das Gefühl vermittelt, vor Leben zu sprühen, ohne uns zugleich an den Tod zu erinnern? Motorrad fahren glückt und beglückt gerade dann am meisten, wenn man die Gefahren, mit denen es untrennbar verknüpft ist, aus ihm herauslöst. Deswegen gehört es folgerichtig zu den Beschäftigungen, die immer dann am reizvollsten sind, wenn man damit aufhört.

Die Schwarzmaler, die unablässig auf dem Risiko herumreiten, sollte man vielleicht mehr fürchten als alles, wovor sie warnen. Die amerikanische Nation wird gegenwärtig von einer Flutwelle kollektiver Angst überrollt. In unserer zwanghaften Fixierung auf die Angst verstricken wir uns erst recht darin. Wir reden uns ein, wir könnten Ruhe finden, wenn alle Arten von Risiken – ob durch Produkte, die nicht in mehrschichtiges, manipulationssicheres Plastik verpackt sind, durch Leitersprossen oder die Grippe – erkannt und ein für allemal gebannt sind. Doch ich könnte ein Lied davon singen, wie Angst die Ruhe raubt, wie überaus erfindungsreich sie ist, wie sie zuvor unbesetzte Bereiche erobert, wieviel Energie sie vergeudet, besonders nachts. Und bald wird ihr auch der Tag gehören.

Vor zwanzig Jahren war das begehrteste Gerät auf dem Spielplatz die Drehscheibe mit den eisernen Haltegriffen; weil jedoch immer die stärksten und größten Kinder das Kommando über sie führten, erteilte sie den schwächeren und kleineren die erste Lektion in Sachen Überlebenskampf. Die Scheibe rotierte schnell, schwindelnd, ohne Halt, so daß es schwierig wurde, wenn sich schließlich der Wunsch abzusteigen meldete. Es ging herum und wieder herum, während man versuchte, sich zu sammeln und einen sicheren Punkt für den Abstieg auszugucken. Doch es kam keiner. Also schloß man die Augen und sprang. Der Sand bäumte sich einem entgegen und riß einen mit dumpfem Anprall an sich, biß in Knie und Ellbogen. Doch man lernte sich abzurollen. Heute sind diese Dinger meist verboten. Man könnte den Eindruck gewinnen, daß alle Kinder in Watte gepackt werden sollen; wenn jemand eine praktikable Möglichkeit dazu findet, wird das bestimmt auch gemacht. Trotzdem gibt es einige, die in dieser immer stärker abgesicherten Welt eifersüchtiger über ihre kostbaren Gefahren wachen denn je.

Die Panikmacher lehren die Motorradfahrer gegenwärtig regelrecht das Fürchten. In der Szene geht sogar die Besorgnis um, die Regierung könnte die Daumenschrauben empfindlich anziehen – mit verbreiteten Streckensperrungen oder sogar einem vollständigen Verbot von Motorrädern. Die jüngste Zielscheibe einschränkender Maßnahmen – in den Vereinigten Staaten wie in Teilen Europas – sind Motoren mit mehr als 100 PS. (In Deutschland gibt es eine Selbstverpflichtung der Hersteller und Importeure, keine Maschinen über 100 PS anzubieten, d. Ü.) In der Vergangenheit zielten die einschlägigen Vorstöße darauf, die Versicherungsbedingungen immer restriktiver zu fassen, wobei der Katalog sich an Äußerlichkeiten orientierte – letztlich daran, daß ein Motorrad schneller »aussieht« als das andere. Zudem wurden »Sicherheits«auflagen vorgeschrieben, die sich nur jemand ausdenken konnte, der keinen blassen Dunst von den mechanischen Kräften hat, die die Fahrstabilität (oder Instabilität) eines Zweirads bestimmen.

Auch in den Herstellerkreisen gehen Ängste um, etwa vor Emissionsschutzauflagen, obwohl Motorräder bereits weit weniger Smog pro Passagier erzeugen, die Umwelt weniger belasten (mit Ausnahme von Off-Road-Maschinen) und aufgrund ihrer geringeren Größe weniger Straßenschäden verursachen als Autos. Ihr Kraftstoffverbrauch ist geringer (vier bis sieben Liter sind nicht ungewöhnlich), und weil sie überall leichter durchschlüpfen können, laufen sie weniger im Leerlauf. Angesichts dessen kann ich mir nicht vorstellen, daß eine ganze, bei den Konsumenten begehrte Produktkategorie durch Emissionsschutzgesetze vom Markt gefegt wird – und wenn wir uns bemühen, den Ausstoß des tödlichem Mists, den wir in die Luft blasen, zu reduzieren, dann überleben vielleicht auch mehr Konsumenten, die Produkte zu schätzen wissen, deren Vorzüge das höhere Preisschild durchaus aufwiegen. (Der Verbrauch von Motorrädern fällt gegenüber dem weit höheren Spritverbrauch amerikanischer Autos natürlich mehr ins Gewicht als hierzulande. Zur hiesigen Situation soll kritisch angemerkt werden, daß das Angebot an Katalysatoren für Motorräder noch sehr zu wünschen übrigläßt, d. Ü.)

Nicht wenige amerikanische Motorradfahrer sehen in der Helmpflicht den ersten Schritt zur Ausrottung von Motorrädern. Wenn man uns die Freiheit nehmen kann, unbehütet zu fahren, welche ist dann als nächste fällig? fragen sie. Doch in Staaten, in denen die Helmpflicht gilt, sieht man auf den Straßen nicht weniger Motorräder. Außerdem täten die Motorradfahrer in den Vereinigten Staaten – wo das Wort »Freiheit« oft als Totschlägerparole eingesetzt wird, um weitere Diskussionen abzuwürgen – gut daran, sich vor Augen zu halten, was in Wirklichkeit auf dem Spiel steht.

Die periodischen Kreuzzüge Amerikas gegen Gefahren aller Art haben einen Schönheitsfehler: Wir neigen dazu, uns einen einzelnen Feind herauszupicken und diesen bis aufs Messer zu bekämpfen, dabei aber ganze Schlachtreihen von ähnlichen Gefahren zu ignorieren, die an allen Fronten vorrücken. So gehen wir neuerdings mit dem Rauchen um wie mit einer Woodoo-Puppe: Wir hoffen, wenn wir sie mit Nadeln durchbohren, sind damit alle Gefährdungen unseres Lebens gebannt. So kann man beobachten, daß jemand einen anderen lauthals auffordert, doch um der Gesundheit willen die Zigarette auszumachen – aber andererseits stellt er sich ohne jeden Protest neben ein Auto mit laufendem Motor, das genausoviel Karzinogene wie zehn Schachteln Zigaretten ausstößt, oder er verzehrt eine beliebte Knabberei, die hauptsächlich aus Chemie besteht. Das in meinen Augen schlimmstmögliche Ergebnis dieses Krieges gegen die Gefahr mag sich vielleicht seltsam pervers ausnehmen, und meine Einschätzung deckt sich mit Sicherheit nicht mit der der juristischen Sprecher der National Coalition of Motorcyclists: Wenn man in dem vollen Bewußtsein, daß man dabei ums Leben kommen kann, weiter Motorrad fährt, dann verbirgt sich dahinter kein Todeswunsch, sondern der Wunsch nach Unsterblichkeit. Wer Motorrad fährt, hat das ewige Leben. Und wer kein Motorrad mehr hat? Wer genau das verliert, was ihm Sicherheit bietet, wäre seiner Zauberwehr beraubt und bliebe dem Heulen und Zähneklappern der Sterblichen überlassen.

In einem Buch mit dem Titel *The Dangerous Edge: The Psychology of Excitement* (deutsch: *Im Rausch der Gefahr. Warum immer mehr Menschen den Nervenkitzel suchen*) finde ich Antworten für diejenigen unter ihren Verächtern, die fragen, warum Motorradfahrer das Risiko auf sich nehmen. Eingangs weist der Autor Michael J. Apter darauf hin, daß riskantes Verhalten überall auf der Welt ein vertrautes Phänomen ist und immer war; wenn dieses Verhalten für das Weiterbestehen unserer Spezies kontraproduktiv wäre, hätte es die Evolution schon längst durch natürliche Auslese getilgt. Es hat also seinen Sinn und Zweck, auch wenn er sich nicht unmittelbar erschließt.

Im Individuum, so fährt er fort, gehen Angst und (positive) Aufregung auf dieselbe physiologische Reaktion zurück. Bei der Angst verbindet sich mit der Erregung der Wunsch, die Ursache der Angst zu meiden oder vor ihr zu fliehen. Bei der Aufregung jedoch verwandelt sich die »Bedrohung« in etwas Angenehmes. Wieso wird derselbe Reiz dermaßen unterschiedlich interpretiert? Der entscheidende Faktor liegt in der Wahrnehmung. Wir verärmeln uns quasi selber, indem wir uns eine oftmals illusorische Pufferzone der Sicherheit schaffen. An der geöffneten Tür eines Flugzeugs empfindet eine Person ohne Fallschirm blankes Entsetzen. Doch kaum hat sie ein wenig Stoff und Leine umgeschnallt, möchte sie sich hinausstürzen. Der Wunsch entspringt der manchmal irrtümlichen Überzeugung, das Paket auf ihrem Rücken werde Angst in Freude verwandeln. Der Wunsch entspringt außerdem – irgendwo ganz tief unten in einer vergessenen Drüse – dem Nervenkitzel des Kampfes mit der unterdrückten Furcht, das Paket werde es nicht.

Wenn wir der Gefahr ins Antlitz blicken und uns bewußt hineinbegeben, geht es laut Apter um

> die *Überwindung* (oder zumindest die scheinbare Überwindung) *unserer grundlegenden physischen Begrenzungen* … Bei vielen Hobbys und kleineren Vergnügungen geht es … um die Beschäftigung mit Objekten, die – zumindest bis zu einem gewissen Grade – der Schwerkraft entkommen … Und in all diesen Fällen … beruht die aufgeregte Freude nicht nur auf der Intensität der Empfindungen und den nicht völlig auszuschließenden Risiken, sondern auch auf dem Gefühl, etwas zu tun, das physisch eigentlich unmöglich ist (Hrvh. d. A.).

Wenn diese Antwort den nicht motorradfahrenden Fragesteller keineswegs befriedigt, bleibt mir noch, ihn daran zu erinnern, daß alles relativ ist, und die Aufschrift auf dem neuesten T-Shirt zu zitieren: *Erinnern Sie sich noch an die Zeiten, als Sex sicher war und Motorradfahren gefährlich?*

1979 erschienen die Ergebnisse einer Forschungsgruppe um Dr. Harry Hurt an der Universität von Südkalifornien. Der 174seitige *Bericht zum Stand der Unfallforschung: Ursachenfaktoren von Motorradunfällen und Bestimmung von Gegenmaßnahmen* stellte die Schlußfolgerungen aus 3622 Motorradunfallberichten sowie detaillierte Berichte von 899 vor Ort untersuchten Unfällen zusammen. Die Ergebnisse bildeten geraume Zeit lang das gesamte Datenmaterial, über das die Motorradfachpresse diskutieren konnte, und sie wurden noch 16 Jahre später zitiert. Die Motorcycle Safety Foundation benutzt die Daten in ihren Fahrkursen, um nicht nur Anfänger, sondern auch Fortgeschrittene zum Nachdenken zu bringen. Fast jeden überraschen die wichtigsten Fakten:

Die durchschnittliche Aufprallgeschwindigkeit beträgt 20 Meilen pro Stunde.

Der Zeitraum zwischen Abfahrt und Unfallzeitpunkt beträgt im Mittel weniger als sechs Minuten.

In mehr als 40 Prozent der Unfälle ist ein Fahrfehler die Hauptursache.

Von den in Motorradunfälle verwickelten Fahrern besaßen fast 55 Prozent keinen Motorradführerschein, mehr als 10 Prozent überhaupt keinen Führerschein, und 2 Prozent fuhren trotz Führerscheinentzugs. 92 Prozent hatten kein Fahr- oder Sicherheitstraining absolviert.

Die häufigste Unfallsituation war die, daß ein anderes Fahrzeug das Vorfahrtsrecht des Motorradfahrers verletzte, in der Regel beim Linksabbiegen über oder in die Fahrspur des Motorradfahrers; die meisten dieser Fahrzeuglenker behaupteten, das Motorrad nicht gesehen zu haben, obwohl es sich in ganz geringer Entfernung befand. An den 899 näher untersuchten Unfällen waren nur *zwei* Motorradfahrer beteiligt, die gut sichtbare Kleidung, etwa eine gelbe Jacke, trugen – und einer dieser beiden war betrunken. (Nach Mitteilung des statistischen Bundesamtes verunglückten 1996 in Deutschland 36842 Motorradfahrer und Beifahrer. Dabei wurden 864 getötet. Mitte 1996 waren 2,5 Millionen Motorräder zugelassen.

6931 Motorradunfälle mit Personenschaden geschahen ohne Beteiligung anderer Verkehrsteilnehmer; dies betraf 21 Prozent der verunglückten und 29 Prozent der getöteten Motorradbenutzer. Pkw waren an 20584 Motorradunfällen mitbeteiligt und standen damit an erster Stelle. Infolge dieser Unfälle kamen 2127 Pkw-Insassen (9 Prozent) und 21874 Motorradbenutzer (91 Prozent) zu Schaden. Dabei trugen Motorradfahrer zu 29 Prozent die Hauptschuld an diesen Unfällen. Bei Unfällen mit Güterkraftfahrzeugen waren Motorradfahrer zu 32 Prozent Hauptverursacher, bei Unfällen mit Bussen sowie mit Fahrradfahrern jeweils zu 42 Prozent und bei Unfällen mit Fußgängern zu 48 Prozent. Insgesamt galten 44 Prozent aller unfallbeteiligten Motorradfahrer als Hauptverursacher eines Unfalls mit Personenschaden.

Die häufigste Unfallursache, die die Polizei den Fahrern von Motorrädern anlastet, war die »nicht angepaßte Geschwindigkeit«. Nach Feststellungen der Polizei fuhr jeder fünfte unfallbeteiligte Motorradfahrer (20 Prozent) zu schnell. Mit weitem Abstand folgten die Fehler beim Überholen, die 6,9 Prozent der unfallbeteiligten Motorradfahrer zur Last gelegt wurden. Die weiteren Ursachen waren »Abstandsfehler« (5,6 Prozent), »falsche Straßenbenutzung« (4,0 Prozent), »Alkoholeinfluß« (3,5 Prozent) und »Vorfahrt-/Vorrangfehler« (3,2 Prozent).

Keine Frage, Motorrad fahren ist gefährlich, doch andererseits ist das Spektrum der Gefahren breit, und manche Risiken lassen sich um ein Gutteil verringern, wenn man sein Hirn benutzt. (Gaspar Trama, unser Lehrer in Queens, erzählte uns, er fahre jetzt seit mehr als dreißig Jahren unfallfrei Motorrad, während es manche Fahrer anscheinend kaum bis zur nächsten Woche schaffen.)

In England, Japan, Deutschland und anderen Ländern muß man ein umfassendes Fahrtraining absolvieren, sich strengen Prüfungen unterziehen und darf anfangs nur Motorräder mit Leistungsbegrenzung fahren. Erst nach einer bestimmten Altersgrenze und dem Nachweis einer ausreichenden Fahrpraxis darf man sich auf stärkere Maschinen setzen. In den Vereinigten Staaten dagegen kann jeder Siebzehnjährige – ein Alter, das sich im allgemeinen nicht gerade durch ausgewogenes Urteilsvermögen auszeichnet – einen Führerschein erwerben, der ihn dazu berechtigt, Motorräder zu fahren, die Ähnlichkeit mit einer Rakete haben; er braucht dazu nur eine Prüfung abzulegen, bei der er gerade mal wissen muß, wo die Blinker sitzen. Die Feuerstühle, die er dann fahren darf, schaffen locker 240 km/h – Wheelies natürlich auch – und sind praktisch identisch mit den Maschinen, die in nationalen Rennen eingesetzt werden. Der Stadtpilot jedoch trägt nicht allzu selten Shorts und Turnschuhe und hat keine Ahnung, daß man zum plötzlichen Abstoppen die Vorderradbremse benutzt (intuitiv tut man das nämlich nicht, es sei denn, man hat sehr lange über die physikalischen Gesetzmäßigkeiten nachgedacht, die in modernen Fahrwerken zum Tragen kommen), denn die vorderen Bremsen liefern 70 Prozent der Bremsleistung – im Gegensatz zu dem verbreiteten Irrglauben, die Vorderradbremse würde den Fahrer kopfüber über den Lenker katapultieren. Diese Meinung ist buchstäblich Selbstmord.

Die Statistiken lassen kaum andere Schlußfolgerungen als die folgenden zu: Gehe nie davon aus, daß es eine Fahrt gibt, auf der du keinen Unfall haben »kannst«; nimm an Sicherheitskursen teil; gehe immer davon aus, daß der Penner da in dem Ford nach links in deine Fahrspur abbiegt, ohne zu blinken; trage Kleidung, die gut zu sehen ist. Und jeder, der jemals Rennen gefahren oder gestürzt ist oder auch nur einen Funken Verstand besitzt, wird immer wieder darauf hinweisen, wie wichtig Helm, Handschuhe, Lederkombi und feste Stiefel sind. (Hurt erklärte nach Erscheinen seiner Studie in einem Interview: »Wenn auf einen Helm 1000 g [1000fache Erdbeschleunigung, d.Ü.] einwirken, so reduziert er diese auf 150 g – bei 400 g erleidet man eine leichte Gehirnerschütterung.«) Sogar aus einem der eher bizarren Unfälle der Studie läßt sich unbestreitbar eine Lehre ziehen: Bei der Farm Festival Parade in Fairmont in North Carolina stellten zwei Teilnehmer des örtlichen Historienvereins ihr Gespann mit laufendem Motor vor der Gouverneurstribüne ab. Die Maschine fuhr ohne sie los und kam erst nach fünfzehn Metern krachend am Bordstein zum Stehen, nachdem sie mehrere Zuschauer angefahren hatte.

Dann bleibt nur noch, auf das Unfaßliche gefaßt zu sein.

Das Hauptrennereignis fand zwei Tage nach unserer Ankunft in New Hampshire statt. Gleichgültig wie früh man an diesem Sonntag aufbrach, Zehntausende anderer Leute hatten dieselbe Idee. Schon ein gutes Stück vor dem Eingang verknäulten sich Autos und Motorräder hoffnungslos ineinander. Nichts ging mehr. Die aufsteigende Motorhitze kochte einen von unten, die Sonne brannte von oben. Ich blickte mich um und sah Bob den Kopf schütteln. Das bedeutete, daß sein ohnehin kurzer Geduldsfaden zum Zerreißen gespannt war und er gleich zu einem Befreiungsschlag ausholen würde. Er öffnete den Kinnriemen, nahm seinen Helm ab und hängte ihn an den Lenker. Wir kamen ohnehin nicht einmal im Schrittempo voran.

Ich suchte ebenfalls nach einer Möglichkeit, unsere Lage erträglicher zu machen, und suchte sehnsüchtig die Standspur ab – leider vergeblich, denn alle paar Meter stand ein Polizeiposten. Einer von ihnen faßte Bob ins Auge, zweifelsohne aufgrund seiner auffälligen Erscheinung. Man sah dem Beamten förmlich an, wie er im Geist sein Gesetzbuch durchblätterte.

Schließlich fand er, was er suchte: In New Hampshire ist zwar kein Helm vorgeschrieben – nach dem Motto »Freier Tod für freie Bürger« –, wohl aber ein Augenschutz. Da Bobs Augenschutz in den Helm integriert war, hatte er gerade ein Gesetz übertreten.

Der Bulle deutete mit dem Finger erst auf Bob und dann brüsk auf seine Füße. Verblüfft gehorchte Bob. Der Mann in Blau ließ seinen Gesetzesbrecher nicht aus den Augen, damit dieser nicht eine noch abscheulichere Tat beging. Dabei übersah er die dreihundert Kilo Harley, die auf der gesperrten Spur heranrollten, geradewegs auf ihn zu. Der Kreuzungspunkt zwischen der Harley und Bob lag exakt einen Meter zwanzig vor dem Gesetzeshüter, so daß er das nun folgende Schauspiel eines wunderschönen Zusammenpralls knirschenden Metalls und dumpf aufschlagenden Fleisches in Zeitlupe aus der ersten Reihe verfolgen konnte. Als alles vorüber war, blieb den drei Kontrahenten nur, sich wie vom Donner gerührt und unverhohlen feindselig anzustarren. Der Polizist unternahm als erster etwas: Er begab sich nach nunmehr vollbrachter Tat von hinnen. Sein Blick ruhte auf allem möglichen, nur nicht auf dem Kuddelmuddel aus Menschen und Maschinen zu seinen Füßen. Immerhin hinderte seine Anwesenheit die drei Freunde des Harleyfahrers, die das Riesengerät bald wieder aufgerichtet hatten, sich an Bob zu vergreifen.

Auf der Heimfahrt über die bergigen Straßen des südlichen Vermont und hinein nach New York stieß Bobs silberblaue Honda CB 750 F immer größere schwarze Rauchwolken aus. Sie mußte bald nach unserer Ankunft von ihrem Leiden erlöst werden. Dennoch schien sich Bob unerklärlicherweise damit abzufinden. Auf meine Frage, wieso er das so locker wegstecke, meinte er: »Weißt du, irgendwo hat es mir auch eine gewisse Genugtuung gegeben. Meine Maschine ist zwar hinüber, aber das ist längst nicht so bitter oder so teuer wie der ganze Chromklimbim an der Harley dieses Idioten, der zum Teufel gegangen ist.«

Ich bin grundsätzlich skeptisch, wenn es um Unfälle jedweder Art geht, und ich glaube, daß das Unbewußte hier zu erstaunlichen, ja unglaublichen Meisterleistungen in der Lage ist. Außerdem kenne ich das menschliche Geschick in der Wahl unserer Sündenböcke; nichts bietet sich für diese Rolle so gut an wie Motorräder, insbesondere, wenn man eines besitzt. Steve hatte also einen »Unfall«? Wie sich herausstellt, hatte er danach mit dem Gedanken gespielt, ganz mit dem Motorradfahren aufzuhören. Er war gerade zum zweiten Mal Vater geworden, ein Ereignis, das in Motorradfahrern häufig Zweifel an ihrem Tun weckt. Nach dem Zwischenfall in New Hampshire schien Steve entschlossen, der Duc den Laufpaß zu geben. Eine solche Konsequenz leuchtete seinen Freunden weit eher ein, als wenn er einfach so »grundlos« aufgehört hätte.

Einige Jahre später, auf einer Tour in Deutschland, deutete ein Freund auf einen jungen Mann, der auf der anderen Seite des Lagerfeuers saß, und vertraute mir in väterlich-belehrendem Ton an: »Er ist einer der besten Gespannfahrer, die ich kenne. Enorm erfahren und fähig. Doch letztes Jahr hatte er einen wirklich fürchterlichen Unfall. Das sollte uns allen eine Lehre sein.« Nicht unbedingt, wie ich herausfand, als ich mich selbst mit ihm unterhielt. In einer bierseligen Rede, in der er das Ereignis aus jedem Blickwinkel beleuchtete, erwähnte er schließlich beiläufig einen geringfügigen Umstand: »Ich ärgerte mich natürlich doppelt, daß mir der Unfall gerade zu diesem Zeitpunkt passiert war, weil meine Freundin am Tag zuvor mit mir Schluß gemacht hatte.«

Um auf Rick zurückzukommen: der arme Rick zog Unfälle an wie ein Magnet. Ein Faktor, der dabei eine Rolle spielte, bestand wohl in seiner Vorliebe für Motorräder, die weit jenseits seines fahrerischen Könnens lagen (um nicht ungerecht zu sein: jenseits des Könnens der meisten Freizeitfahrer). Eine dieser Maschinen war die Suzuki GSX-R 1100. Bei ihrer Markteinführung war sie eines der schnellsten Serienmotorräder und zielte auf eine Klientel, deren Bedürfnis nach Geschwindigkeit unersättlich zu sein schien. Rick hatte nie einen Fahrkurs absolviert. Viele Männer stehen offenbar auf dem Standpunkt, sie hätten das nicht nötig; Frauen nehmen fünfmal häufiger an einschlägigen Lehrgängen teil als Männer.

Rick fuhr oft dann in sein Verderben, wenn er weit weg von zu Hause und allem Anschein nach glücklich und zufrieden allein auf Tour war; möglicherweise jedoch fühlte er sich unterschwellig einsam und wünschte sich gerettet zu werden. Einige Jahre nach seinem Unfall in New Hampshire beschloß er, den ganzen amerikanischen Kontinent zu durchqueren. Irgendwo im mittleren Westen stoppte er an einer roten Ampel, und prompt fuhr ein Autofahrer auf ihn auf, der behauptete – welche Überraschung –, ihn absolut nicht gesehen zu haben. Natürlich traf Rick keine Schuld. Doch schon in Trama's Fahrschule hörten wir, daß sich folgender Spruch auf dem Grabstein immer sehr gut macht: Hier ruht der Motorradfahrer XY. Er hatte die Vorfahrt.

Ein Wasserkessel, den man beobachtet, kocht nie, und Gefahren kommen selten aus der Richtung, in die man so gespannt Ausschau hält. Zur Illustration sei die Geschichte eines Motorradfahrers erzählt, der von einem Auto umgefahren und schwer verletzt wurde. Die Chirurgen vollbrachten eines der Wunder, das ihnen gelegentlich gelingt, und flickten ihn in einigen Marathonoperationen zusammen. Schließlich gaben sie nach einem langwierigen Genesungsprozeß Entwarnung. Dann stellte sich heraus, daß ihm auf dem Operationstisch HIV-verseuchtes Blut übertragen worden war.

Immer mehr Geschichten, immer mehr Träume. Ich versuche, die Angst durch den Gedanken zu bannen, wie schön das Fahren sein kann. Wenn das nicht klappt, versuche ich, mich selbst zu beschämen, indem ich bei anderen Fahrern vorfühle: Habt ihr manchmal, äh, Angst? Eisiges Schweigen. Energischer Protest. Empörte Blicke. Ein Artikel über einen Augenblick der Panik während einer Fahrt, den ich für eine Motorradzeitschrift schreibe, löst mehr Leserzuschriften aus als jeder andere Artikel zuvor. Die meisten davon sind Schmähbriefe. Ich werde als krank, als Verräterin bezeichnet.

Ich will mein Motorrad nicht verkaufen – ein weiterer freundlicher Vorschlag, den man mir machte. Ich liebe das Motorradfahren – und obwohl ich nicht behaupten kann, daß ich es liebe, dieser verdammten Angst ins Gesicht zu schauen, erkenne ich durchaus die Möglichkeit, an ihr zu wachsen. Das Motorrad ist nur zum Kristallisationskern der frei flottierenden Angst geworden, die in mir sitzt, und wenn ich kein Motorrad hätte, würde sie sich an etwas anderes heften. Ich könnte vielleicht keinen Laden mehr betreten oder nicht telefonieren oder zur Arbeit gehen. Ich will nicht, daß sich meine Welt noch weiter verengt; sie muß sich im Gegenteil weiter öffnen, und nichts kann ein Motorrad besser, als dich hinaus in die Welt zu treiben. Vor einigen Jahren begann ich, die Abteilung Reise- und Abenteuerberichte der Bibliothek nach Büchern von Menschen zu durchforsten, die Gefährliches gewagt hatten, möglichst wiederholt. Immer finde ich darin, wonach ich suche. Die Autobiographien enthalten unweigerlich eine Variation der Aussage von Sir Edmund Hillary, Erstbesteiger des Mount Everest: »Angst ist ein wichtiger Bestandteil jeder Herausforderung. Wenn man Angst verspürt und sie dann überwindet, fühlt man eine ganz eigentümliche Erregung.« Ich fühlte jedesmal eine eigentümliche Erregung, wenn ich zu einer Spritztour aufbrach.

Ich hoffte, es zu derselben inneren Ruhe zu bringen, wie sie exemplarisch der Tiefseeforscher Hans Hass schildert: »Mir wurde deutlich bewußt, wie sehr jemand, der die Gefahr in jeder Form leugnet, der Gnade des Zufalls ausgeliefert ist. Doch sollte man wirklich eine Konsequenz daraus ziehen? Sollte man sich der Gefahr und dem Zufall um so weniger aussetzen? Ein Leben in der ständigen Angst, es zu verlieren, wäre wohl überhaupt kein Leben.« Ich lese diese Sätze regelmäßig wieder, als ob ich sie zum Leben bräuchte wie die Luft zum Atmen.

Manchmal kommt die Angst erst im nachhinein. Unterwegs spüre ich sie nicht, doch wenn ich wieder zu Hause bin, spät nachts oder am nächsten Morgen beim Aufwachen, überfällt mich eine zu einem Alptraum verdichtete Hektik – die Hektik des Verkehrs, durch den ich am Abend zuvor gefahren bin. Wie habe ich es nur geschafft, diesen Autos auszuweichen, schießt es mir durch den Kopf, wo sie mir doch immer nur Zentimeter auf den Fersen waren? Mit nachträglicher Panik sehe ich vor meinem geistigen Auge, wie mein Vorderrad nur um Haaresbreite vor dem hinteren Nummernschild eines Buick zum Stehen kommt, obwohl mir mein Gedächtnis sagt, daß mehrere Meter Abstand dazwischen lagen.

Oder ich träume von bizarren Pannen und Störungen, fahre eine Maschine, die sowohl die meine als auch entsetzlich fremd ist, an der plötzlich Griffe und Hebel verschwinden, deren Sitzbank zu unmöglicher Größe anschwillt und deren Scheinwerfer sich im Dunkeln ausschalten. Eines Nachts träume ich, daß ich im Verband mit Hunderten anderer Motorradfahrer fröhlich die Auffahrt zu einer Hängebrücke hinaufbrause, doch unvermittelt wird meine Maschine immer langsamer, bis die Steigung sie ausrollen und anhalten läßt, während alle an mir vorüberfahren und mich zurücklassen. Tief innen fürchte ich mich vor nichts so sehr wie vor dem Liegenbleiben, obwohl mir mein Verstand sagt, daß das bei Motorrädern ein alltägliches Ereignis ist und keine eigens gegen mich gerichtete Attacke. Sonst gäbe es nicht die unübersehbare Fülle der »Jetzt-helfe-ich-mir-selbst«-Bücher und ähnlicher Reparaturanleitungen oder den neunzigseitigen Katalog mit Guzzi-Ersatzteilen, den ich jedes Jahr von einem Laden namens Parts is Parts zugeschickt bekomme. Dieser Katalog ist garniert mit schwarzhumorigen Bissigkeiten, die die Vermutung belegen sollen, daß bestimmte Teile dieser Motorräder wohl von hochgradig Schwachsinnigen entwickelt worden seien. Trotzdem kann ich die Träume nicht abstellen.

Cervantes fand ein plastisches Bild für dieses untergründige

Nagen: »Die Angst hat viele Augen und sieht das, was unter dem Boden verborgen ist.«

Zum Leben gehören beide Sphären: die unter dem Boden und die darüber. Mein Denken und Fühlen will nur die eine Seite wahrhaben; Leute, die sich angewidert abwenden, wenn jemand seiner Angst Ausdruck gibt, wollen nur die andere gelten lassen. Doch es kommt auf beide an, genau wie beim Motorradfahren. Gewiß, es macht großen Spaß, die Hand am Gasgriff zu haben, scheinbar ungebunden durch Licht und Schatten zu gleiten, doch es gibt auch andere, untergründigere Motive für die Motorradleidenschaft.

Motorräder zerren zuweilen die Angst ans Licht, rufen sie aus ihrem dunklen Schlupfwinkel. Sie zwingen uns, mit ihr schattenzuboxen, und geben ihr dann den kathartischen Laufpaß. Und sie rufen uns in Erinnerung, daß alles vergeht und vergänglich ist. Dieses Geschenk ist zwiespältig, enthält jedoch eine tiefe Wahrheit. Das Wissen, daß das Leben mit einem Mal weggewischt sein kann, liefert den zwingendsten Grund, sich mit aller Kraft daran zu klammern. Das Wissen, daß wir uns daran klammern können, liefert uns den wichtigsten Grund, uns tief in die erstbeste Kurve zu legen, die wir erblicken.

Fallgeschichten

Ein Paar fährt durch einen Wald im Norden des Staates New York. Plötzlich knallt etwas mitten auf den Benzintank. Das Motorrad stürzt sofort um, die Sozia erleidet einen Beinbruch, der Fahrer zieht sich schwere Prellungen zu. Ein Reh war ihnen voll in die Maschine gesprungen.

Nachdem ein junger Deutscher wochenlang am Motorrad seiner Freundin herumgeschraubt hat, fährt er es zum Säubern zu einer Waschanlage, keine drei Kilometer von seinem Wohnort entfernt. Der Tag ist sonnig und warm. Die Straße, die er mit mäßiger Geschwindigkeit entlangfährt, führt nach Westen gegen die schräg einfallenden Strahlen der Nachmittagssonne. Seine Sonnenbrille liegt zu Hause in der Garage, gleich neben der Zange. Das nächste, was er weiß, ist, daß er mitten auf der Straße sitzt und das Motorrad wie weggeworfener Abfall am Straßenrand liegt. Er schaut sich um und entdeckt eine perfekt ausgeleuchtete Kühlmittelspur auf der Straße. Am selben Abend schwillt die Prellung an seinem Oberschenkel auf Fußballgröße an.

Vor kurzem arbeitslos geworden, muß ein Texaner seine 850er acht Monate lang in einer Werkstatt in Forth Worth stehen lassen, bevor er es sich leisten kann, sie wieder zu holen. Zumindest läuft sie wie eine Eins, als es soweit ist. Kaum eine Woche später bremst er vor einer Linkskurve ab. Da taucht plötzlich eine Dieselllache auf der Fahrbahn auf; das Motorrad rutscht seitwärts weg, der Fahrer fliegt in die andere Richtung. Passanten helfen ihm, die Maschine aufzurichten, und er fährt heim.

Mit einer komplizierten Beinfraktur. Er erleidet einen Schock und verliert für sechseinhalb Stunden das Bewußtsein. Die nächsten beiden Wochen verbringt er im Krankenhaus, wo die Knochentrümmer mit Stahlplatten verschraubt werden.

Beim Anhalten vor einer roten Ampel auf dem West Side Highway von New York beobachtet ein Motorradfahrer ein anderes Motorrad, das auf der Nachbarspur an den Autos vorbei auf die Haltelinie zurollt. Als die Ampel auf Grün springt, läßt der Nachzügler die Kupplung los, als ob er einen Pfeil von der Sehne schnellen ließe. Der Gegenverkehr wird durch eine hüfthohe Betonwand abgegrenzt; voraus liegt eine Kurve mit sich verringerndem Radius. Der erste Fahrer, der jetzt zurückliegt, sieht die Ereignisse wie in Zeitlupe ablaufen. Das andere Motorrad scheint auf die Wand zuzugleiten; es sieht aus, als ob es mit dem Vorderrad die Betonwand erklimmen wollte. Dann legt es sich auf die Seite. Der Fahrer prallt einmal auf und liegt dann still.

In einer mittelgroßen Stadt im Osten der Vereinigten Staaten fährt ein Motorradfahrer an einer grünen Ampel vorbei; es ist unklar, ob er auf Querverkehr achtet oder nicht. Möglicherweise hat er den alten, grünen Lieferwagen gesehen, der sich mit hohem Tempo von rechts nähert, so schnell, daß er nicht mehr bremsen kann. Er hatte ersichtlich auch nie diese Absicht. Die vordere Stoßstange wirkt wie der Räumschild einer Lokomotive und wirft das Motorrad in die Luft, so daß es in hohem Bogen über die gesamte Kreuzung fliegt. Der Fahrer landet vor seiner Maschine auf dem Boden. Er ist kaum bei Bewußtsein. Vielleicht wacht er für einen Moment auf, als der Autofahrer, der aus seinem Wagen gesprungen ist, mit einem Baseballschläger auf ihn einzudreschen beginnt.

VIER

»Es scheint alles in Ordnung zu sein,« bemerkte Tom,
»aber noch zwei Zentimeter, und er wäre mit mir zusammengestoßen.
Wer das wohl war? Ich wünschte, ich hätte so eine Maschine.
Ich könnte viel schneller vorankommen als mit meinem Fahrrad.
Vielleicht kriege ich ja eines Tages eine.
Na, jetzt kann ich erst mal weiterfahren.«
Victor Appleton Tom Swift and His Motorcycle *(1910)*

Es gab die Douglas Dragonfly, die Scott Flying Squirrel, die Matchless Silver Arrow, die BSA Rocket Gold Star, verschiedene Sunbeams (»Das Motorrad des Gentlemans«), die Triumph Speed Twins, die Norton Commando, die Vincent Black Shadow, die Velocette Venom, die Ariel Red Hunter, die Royal Enfield Bullet (»gemacht wie ein Gewehr«). Es gab die Indian Scout, die Excelsior DeLuxe, die Cleveland Century, die Henderson Ace, die Harley-Davidson Electra Glide. Es gab die Benelli Tornado, die Morini Settebello, die Gilera Saturno, die Mondial Constellation, die Laverda Jota, die Moto Guzzi Falcone. Es gab die Honda Hawk, die Kawasaki Ninja. Sie wurden zusammengeschustert in Hinterhofschuppen oder konstruiert in Entwicklungabteilungen, nicht nur in Großbritannien, Amerika, Italien, Deutschland und Japan, sondern auch in der Tschechoslowakei, Indien, Spanien, Skandinavien, Belgien, China. Andere kamen in einer Art zweiter Geburt durch Pfropfen zustande; ein Rahmen von Norton und ein Motor von Triumph ergibt eine Triton; ein Rahmen von Norton und ein

Motor von Vincent ergibt eine Norvin; ein von Hand gebauter Rahmen um ein Harley-Triebwerk herum ergibt eine Buell; ein italienisches Chassis und eine japanische Kraftmaschine ergibt eine Bimota. In den Vereinigten Staaten, in denen heute nur noch eine Marke existiert, fertigten früher hundert Hersteller.

Die Namen dieser wilden Mischung sollen häufig die Assoziationen Flug, Angriff und Wendigkeit wecken oder Respekt einflößen; sie schmecken nach Aufschneiderei oder nach der eigentümlichen Möchtegern-Verwegenheit der Werbung. Doch das Getue ist nicht nur Schaumschlägerei. Diese menschlichen Schöpfungen grenzen oft genug so nah ans Wunderbare, daß sie uns ausreichend Grund zur Großspurigkeit geben; auf ihnen können wir die Trauer darüber vergessen, keine so mächtigen oder so schnellen oder so unbesiegbaren Wesen zu sein. Sie verleihen uns Flügel – und doch sind wir es letztlich, die sie gemacht haben.

Das Automobil hat in dem Jahrhundert seiner Existenz die menschliche Gesellschaft, Kultur und Wirtschaft tiefgreifender umgewälzt – vom Gesicht der Erdoberfläche und sogar dem Klima ganz zu schweigen – als jede andere Erfindung. Die potentiellen Auswirkungen der Atombombe sind schlimmer, doch bislang blieb deren Realisierung begrenzt auf Hiroshima und Nagasaki, auf Öko- und Immunsysteme im Umkreis von Testgebieten und auf Eigennutz und Brieftaschen von Politikern und Waffenproduzenten. Der Einfluß des Autos jedoch wirkt sich sehr viel heimtückischer und durchgreifender aus, da er fast das gesamte Leben auf unserem Planeten berührt.

Das Motorrad, der Zeitgenosse des Autos, hat die Welt dagegen nur wenig verändert. Doch seine Tragweite zu ermessen, verlangt einen anderen Maßstab – einen Maßstab auf persönlicher Ebene, einen Maßstab, der von der unmittelbaren Erfahrung ausgeht. Manchmal und mancherorts dienten Motorräder ausschließlich praktischen Zwecken. Doch in fast jeder Phase ihrer Existenz und überall, wo das Automobil dominiert, schulden sie ihr Vorhandensein dem aktiven Einsatz ihrer Fürsprecher. Zuweilen einem äußerst aktiven.

Das erste Motorrad sieht aus wie ein Folterinstrument. Das Fahrzeug, 1885 von Gottlieb Daimler unter Mitarbeit von Wilhelm Maybach konstruiert, reiht sich ein in die Tradition seiner holpernden, klapprigen, mit Muskelkraft betriebenen Ahnen: ein Holzrahmen ohne jegliche Federung und zwei eisenbereifte, hölzerne Kutschenräder. Angetrieben wird das Vehikel von einem Einzylinder-Benzinmotor, einer Weiterentwicklung des ersten Viertakt-Gasverbrennungsmotors, den Nikolaus Otto 1876 konstruiert hatte. 1885 gelingt Daimler der Bau eines schnellaufenden, mobilen Motors, den er mit Petroleum betreibt. Daimlers Sohn Paul fährt mit dem Fahrzeug von Cannstatt nach Untertürkheim und zurück, insgesamt eine Strecke von etwa acht Kilometern. Die Jungfernfahrt ist ein voller Erfolg, sieht man einmal davon ab, daß der Ledersattel Feuer fängt. Und dabei blieb es, was den »Reitwagen« anging; Daimler wandte sich wieder seinem ursprünglichen Ziel zu, einem vierrädrigen, motorisierten Fahrzeug. Vielleicht war diese persönliche Entscheidung weise: Daimler-Benz ist heute der zehntgrößte Industriekonzern der Welt, und Daimler ist ungewollt der Erfinder des Motorrads. Sein hölzernes Fahrzeug rückte in der Geschichte des Motorrads an die Position, die die »erste« Photographie – 1826 von dem Franzosen Joseph Nicéphore Niepce aufgenommen – in den Annalen der Photographie einnimmt. Dennoch waren sowohl der Photographie als auch dem Motorrad so viele Entwicklungsversuche vorausgegangen – und so viele nahezu gleichzeitig auftauchende Varianten derselben Entwicklung mit nur geringfügigen Unterschieden folgten kurz darauf –, daß die Zuschreibung der »Erstgeburt« etwas Willkürliches oder zumindest äußerst Zufälliges an sich hat.

So hatten sich schon andere vor Daimler mit mehr Interesse, aber weniger Erfolg mit dem Problem befaßt, Velozipeds – wie man die damaligen Zwei- oder Dreiräder nannte – mit einem Motorantrieb zu versehen. Eine sehr frühe Darstellung von 1818, angeblich im Jardin du Luxembourg, zeigt eine furchterregende Apparatur, die von den Beinen des Fahrers im Gleichgewicht gehalten und von einer Dampfmaschine angetrieben wird. Hinter dem Fahrer thront bedrohlich ein riesiger Kessel, den zwei schwitzende, hinterherlaufende Gestalten ständig mit Kohle befeuern. Falls eine solche »Vélocipédraisiavaporianna« tatsächlich existiert hat, dann dürfte die Schwierigkeit, ihren Namen auszusprechen, gleich nach dem Problem rangiert haben, sie zum Fahren zu bringen.

Ein Monsieur Huret aus Paris verfiel auf eine ganz andere neuartige Idee, das »Cynophère«, das 1875 in den Vereinigten Staaten patentiert wurde. Den Antrieb bildeten zwei Hunde in Tretmühlen, welche als Räder dienten. Eine offizielle Billigung der französischen Tierschutzvereinigung sollte Befürchtungen beschwichtigen, der »Hundemotor« könne Schaden nehmen, und stolz präsentierte der Erfinder seine Schöpfung einer Nation, die, wie er hoffte, nur darauf gewartet hatte: »Für Freizeit und Vergnügen ist das Fahrzeug unübertroffen, und wenn es sich in der amerikanischen Öffentlichkeit erst einmal durchgesetzt hat, wird es eine weit größere Popularität als das Veloziped erringen, wobei die mäßigen Kosten es für jedermann erschwinglich machen.« Huret spekulierte geschickt darauf, daß jedermann für ein Schnäppchen empfänglich ist, rechnete jedoch nicht mit der Tierliebe der potentiellen Käufer; überdies beachtete er nicht ausreichend, daß er eine Erfindung aus einem Land, in dem Pferdefleisch gegessen wird, in eines zu übertragen gedachte, das sich bei dieser Vorstellung vor Grausen schüttelte.

Bis etwa 1902 beherrschten dreirädrige Fahrzeuge das Bild, dann wurden die Zweiräder aufgrund neuer technischer Entwicklungen schneller und daher attraktiver. (Während sich die Vorteile einer höheren Geschwindigkeit im Transportwesen meist wirtschaftlich auswirken, ist Geschwindigkeit für Motorräder, die in erster Linie Freizeitfahrzeuge sind, ein Ziel an und für sich.)

Um die Jahrhundertwende hatten Tüftler und selbsternannte Erfinder aller Art Hochkonjunktur; zweifelsohne wurden sie beflügelt von einem Fortschrittsglauben Jules Vernescher Prägung, dem zufolge die Technik im heraufdämmernden neuen Jahrhundert eine neue Welt schaffen würde. Der Verbrennungsmotor eröffnete ihnen die Aussicht auf neue Lösungsansätze für eine Fülle von Problemen, ohne daß ihnen irgendwelche Vorgänger auf die Finger schauten. Vor ihnen lag ein weites Feld, und jeder, der sich traute, in der Küche Kolben zu gießen, sich draußen im Geräteschuppen die Nächte um die Ohren zu hauen und eine potentiell explosive Probefahrt zu unternehmen, konnte in das Geschäft einsteigen. Alles, was es noch brauchte, war ein vager Plan und genügend Farbe, um den »Firmen«namen auf eine Holztür zu pinseln.

Während sich einige verstiegene Schöpfungen behaupten konnten, gingen andere, aussichtsreichere den Bach hinunter. Das »Petrol-Cycle« des 25jährigen englischen Erfinders Edward Butler von 1887 brachte solche Fortschritte wie den ersten Nadelvergaser (mit Schwimmerkammer). (Butler schreibt man auch die Erfindung der Abkürzung »petrol« zu, die im Englischen zur Bezeichnung für Benzin wurde.) Seine Förderer zogen jedoch ihre Unterstützung zurück, als sie erfuhren, daß die Locomotive Acts – ein Gesetzesrelikt aus dem Dampfmaschinenzeitalter, wonach jedes mechanische Fahrzeug mit drei Mann Besatzung ausgestattet sein mußte, von denen einer mit einer Warnflagge vor der Maschine herzulaufen hatte – wahrscheinlich auch auf Butlers benzinbetriebene Erfindung anzuwenden seien. In den 1860er Jahren wurde in England eine Geschwindigkeitsbeschränkung von vier Meilen pro Stunde auf Landstraßen eingeführt; 1929 durfte man dann höchstens zwanzig Meilen fahren, obwohl die »ton« (hundert Meilen pro Stunde) zu dieser Zeit längst von einem Motorrad geknackt worden war. Im selben Jahr setzte Ernst Henne mit einer BMW auf einer der neuen deutschen Autobahnen einen neuen Weltrekord: 216,75 Stundenkilometer. Nichtsdestotrotz war und blieb die Motorradbegeisterung der Briten ungebrochen, und vielleicht lag einer der Gründe dafür in der Kampfansage an törichte Gesetze.

Es gab kaum etwas, das man in jenen Jahren des Herumexperimentierens nicht ausprobierte. Dabei kamen auch Verbesserungen wie der elektrischen Starter heraus (1914 bei einer Indian), der wieder verschwand, nur um Jahrzehnte später als »neu« wieder aufzutauchen. Bei den Motoren wurde allem Anschein nach fast jede erdenkliche Konfiguration der Bauteile versucht, angefangen von Lage und Zahl der Zylinder bis hin zur Anordnung von Ventilen und Nocken. Einigen Exemplaren, so skurril sie auch waren, muß man immerhin Bewunderung wegen der eleganten, akrobatischen Problemlösung zollen. Das Wolseley Gyrocar beispielsweise bestand aus einer ausgewachsenen Autokarosserie auf zwei Rädern; es kippte beim Halten nicht um, weil es einen großen Kreisel enthielt. Sehr viel vernünftiger war das Neracar des New Yorker Erfinders C. A. Neracher (es kam in der Tat »near a car«, an ein Auto heran) mit tiefem Schwerpunkt und stuhlartigem Sitz, auf dem man mit nach vorn gestreckten Beinen saß. Es wurde von 1921 bis 1926 hergestellt und fand insbesondere Anklang bei Frauen.

Die Verwendungszwecke, für die Zubehör angeboten wurde, blieben in der gesamten Geschichte des Motorrads im wesentlichen dieselben. 1903 wurde bei der Stanley Club Motor and Cycle Show in London eine umfassende Palette von Accessoires ausgestellt, darunter auch die in optimistischer Zuversicht so genannten Bobby Finders – primitive »Polizistendetektoren«, die nichts anders waren als Brillen mit integrierten Vergrößerungslinsen.

Gelegentlich war die Werbung der noch jungen Firmen dynamischer als die Motoren ihrer Produkte. So zeigt ein entzückender Stahlstich aus dem 19. Jahrhundert eine Pennington, deren Motor auf einer Halterung hinter dem Hinterrad montiert war; sie fliegt gerade über einen Kanal und die Köpfe entsetzter Zuschauer hinweg. In Wirklichkeit funktionierten die Maschinen aus E. J. Penningtons Werkstatt in Cleveland, die den sinnreichen Namen Motor Cycle Company trug, nur mit Müh' und Not, und gaben dem Erfinder nicht selten Anlaß, sein Heil in eiliger Flucht zu suchen. Dennoch hielt dies einen britischen Finanzier nicht davon ab, für die wertlosen Muster und Patente 100000 Pfund Sterling – im damaligen Wert – lockerzumachen.

In den Augen der selbstgestrickten Erfinder und der Geldgeber, die sich hatten beschwatzen lassen, schien alles möglich; vielfach war es das auch tatsächlich. Harley-Davidson, der einzige verbliebene U.S.amerikanische Hersteller, heute in seiner Sparte mit einem Marktanteil von 30 Prozent, erblickte 1903 in einem fünfzehn Quadratmeter großen Schuppen in Milwaukee das Licht der Welt. Anfangs bauten die Davidson-Brüder – einer war angehender Konstruktionszeicher, der andere Modellbauer in einer örtlichen Fabrik – gemeinsam mit ihrem Nachbarn Fahrräder um; sie nahmen vorgefertige Rahmen und befestigten einen Motor daran (solche Bastelsätze wurden zum Do-it-your-self-Zusammenbau angeboten, Ende der Vierziger, Anfang der Fünfziger tauchten sie in Form der geliebten Whizzer wieder auf). Doch bald machten sie sich an eine komplette Neukonstruktion; alle Bauteile waren Originalentwicklungen, auch wenn – glaubt man der Legende – der Vergaser des Prototyps aus einer Tomatenbüchse entstand.

Der Überschwang des Entdeckens mag all diese jungen Dr. Frankensteins beflügelt haben, doch ihre Aufregung dürfte um Größenordnungen hinter der Aufregung derjenigen zurückgeblieben sein, die die monströsen Ergebnisse der Erfinderwut fuhren. Von Anbeginn an meldeten sich Kritiker, die das baldige Dahinscheiden des Motorrads voraussagten; die Widrigkeiten wogen auch schwer genug. Die starren Rahmen machten die Fahrt auf holprigen Straßen zur Qual – und holprig waren die

Straßen damals ausnahmslos, außer es hatte kurz zuvor geregnet; dann verwandelten sie sich in unpassierbaren Morast. Die Pedale waren nicht nur Überbleibsel vom Vorläufer Fahrrad, sondern dienten dazu, den Motor anzuwerfen; das Treten war jedoch Knochenarbeit und an Steigungen, wenn der Motor schneller drehte, als die Füße treten konnten, weitgehend nutzlos. Dann war es nötig, während der Fahrt abzuspringen und neben dem Motorrad herzulaufen, bis die Straße wieder eben verlief. Die Riemen aus Gerb- oder Rohleder, die vor der Kette zur Kraftübertragung auf das Hinterrad dienten, rissen sehr oft und rutschten bei Nässe fürchterlich durch. Bis zur Erfindung der ersten Gangschaltung 1907 konnte »Schalten« bedeuten, daß man anhalten mußte, um den Riemenantrieb zu wechseln. Die luftgefüllten Gummireifen, die ab 1895 die Vollgummireifen ersetzten, waren noch sehr anfällig für Plattfüße. Dem Fahrer oblag es, den Motor unterwegs manuell richtig zu schmieren, und dabei brauchte er (oder sie) ein gefühlvolles Händchen, denn wenn er die Ölpumpe zu üppig einsetzte, mußte er bald die Kolben und Verbrennungsräume von Kohlenstoffablagerungen reinigen, während er bei einem zu zögerlichen Gebrauch einen heißgelaufenen Motor riskierte. Treibstoff war draußen auf dem platten Land nur selten zu bekommen. Die Acetylenlampen stellten eher dekoratives Beiwerk dar als eine Hilfe bei Fahrten nach Einbruch der Dunkelheit.

Eine 1913 im Magazin *Collier's* veröffentlichte Satire über den neuen Zeitvertreib war illustriert mit der Zeichnung eines Mannes, der auf einem Sägebock sitzt, vor sich einen Ventilator. Die Bildunterschrift lautete folgendermaßen: »Wissen Sie nicht, daß Sie dasselbe Gefühl erzielen können, wenn Sie sich Feuerwerkskörper an die Beine binden und sich rittlings auf einen Ofen setzen?« Die Motorradfahrer brauchten in diesem Artikel für Spott wahrhaftig nicht zu sorgen:

> Sie brauchen nur in die Pedale zu treten, bis die Maschine anspringt; dann müssen Sie nur noch die Straße entlang len-

> ken, wobei Sie Fuhrwerken, Straßenbahnen und kleinen Häusern solange wie möglich ausweichen sollten. Sie beschleunigen, indem Sie den einen Griff drehen, mit dem anderen stellen Sie den Zündzeitpunkt ein. Sie bremsen mit der rechten Hand, bedienen die Kupplung mit der linken, und Öl, Benzin und Elektrizität kontrollieren Sie mit Ihren restlichen Händen.

Doch allen Unkenrufen zum Trotz wurden die ersten serienmäßigen Motorräder begeistert begrüßt, auch wenn ihre Adepten oft genug nur aufgrund eines bloße Willensaktes an ihre Vorzüge glaubten. Die allererste, aus jenem Holzschuppen verkaufte Harley legte unter drei aufeinanderfolgenden Besitzern 100 000 Meilen zurück, eine Tatsache, die den aufblühenden Werbeaktivitäten der Firma nicht verborgen blieb. Außerdem konnte man 1908 mit Benzin für 25 Cents auf einem Motorrad mehr als 300 Kilometer zurücklegen.

Unter den Motorradfahrern der zwanziger und dreißiger Jahre waren Arbeiter, Vertreter, kleine Angestellte, Handwerker und Mechaniker sowie hie und da die Harvard-Absolventin und fesche Debütantin, um die die Zeitungen erwartungsgemäß unverhältnismäßig viel Aufhebens machten. Die Situation im Hinblick auf die demographischen Fakten und das Medieninteresse ist heute noch unverändert dieselbe. Doch im Unterschied zu heute führten die damaligen Befürworter Ärzte ins Feld, um den Sport in ein schmeichelhaftes Licht zu rücken. (Uns fehlen im Augenblick jegliche Fürsprecher.) Eine Lobrede von 1912 zitierte nicht nur einen, sondern gleich zwei Vertreter dieser Zunft. Der erste war ein Arzt aus North Dakota,

> der ein Einzylinder-Motorrad mit dreieinhalb Pferdestärken statt Pferd und Wagen benutzte. Im Verlauf eines Jahres fuhr er mehr als 2000 Meilen und hatte dabei Kosten von weniger als einem Cent pro Meile und Reparaturaufwen-

> dungen von nur 1,85 Dollar. Ein anderer Arzt draußen im Westen schwört auf eine Zweizylinder-sechs-PS-Maschine. Seine Kosten belaufen sich auf etwa denselben Betrag, und seinen Angaben zufolge ist für seine Maschine noch kein Sand zu tief und kein Hügel zu steil gewesen.

Das war nicht das Ende der Fahnenstange. Ein weiterer Bericht wartete stolz mit einem Arzt aus Wisconsin auf, der sein Motorrad 1927 mit Skiauslegern versah, damit er auch im Winter seine Patientenrunde drehen konnte.

In den Zeiten, als es außerhalb der Städte wirklich noch frische Luft gab, wurde das Motorradfahren als gesundheitsförderlich gepriesen, da es besonders viel Sauerstoff in die Lungen presse; bei Fahrerinnen führte es angeblich ein blühendes Aussehen herbei. Doch die gesundheitlichen Auswirkungen gaben bei den meisten wahrscheinlich nicht den Ausschlag; das tun sie überhaupt selten, so sehr dieses ehrenwerte Motiv auch der Werbung zupaß kommen mag. Was dem Kundenkreis, der vorwiegend den arbeitenden Klassen zuzurechnen war, eher entgegenkam, war der Ruf des Motorrads als »Auto des kleinen Mannes«. Zugkräftiger als jedes Sparsamkeitsargument wirkte jedoch wahrscheinlich der Kick, den es praktisch als kostenlose Draufgabe bot: das Gefühl, durch die Luft zu fliegen.

Der erste dokumentierte Motorradunfall ereignete sich 1899. Dabei wurde ein Mann in Exeter von seinem Dreirad getötet. Er blieb jedoch nicht der letzte, der öffentliche Beachtung fand. Gemeinsam mit dem Motorrad betrat auch die Ansicht die Bühne, daß Motorradfahren ein gefährliches Unterfangen sei. Dazu äußert sich der Autor eines Artikels in *Harper's Weekly* 1909 wie folgt:

> Ein weiteres irriges Argument, das diesem Sport dem Wind aus den Segeln nehmen soll, ist die Behauptung, das Motorrad bilde häufig die Ursache von Unfällen; ließe man jedoch

einen unvoreingenommenen Betrachter die Statistiken von Unfällen mit Motorradbeteiligung analysieren, so würde er feststellen, daß diese Ereignisse in Wirklichkeit sehr selten eintreten, im Vergleich zu Unfällen mit allen anderen Arten von Fahrzeugen einschließlich der scheinbar harmlosen Pferdekutsche sogar in verschwindend geringer Anzahl.

Abgesehen davon, daß es so etwas wie einen unvoreingenommenen Betrachter nicht gibt, lassen sich mit den Ergebnissen von unvoreingenommenen Analysen keine Zeitungen verkaufen. Das Motorradfahren bot von seinen Anfängen an eine geeignete Zielscheibe für die Art übertriebener Debatten, die die Volksseele hochkochen lassen. Da können hundert Motorradfahrer vorbeifahren, ohne daß jemand Notiz von ihnen nimmt; der nächste, der eine Schau abzieht, provoziert eine Woge höhnischer Verachtung. Doch gerade die Inbrunst, mit der die Anwürfe vorgetragen werden, macht sie auch ein wenig suspekt. Könnte es sein, daß es den Kommentatoren weniger um Leib und Leben der Fahrer zu tun ist als vielmehr darum, ihr Fahrzeug zu verdammen? Wie üblich ist »Gefahr« ein Schlüsselwort, das mehr über die Ängste des Predigers aussagt, als es letztlich zum Schutz seines Predigtgegenstandes beiträgt. Das Erscheinungsbild der Fahrer und der Lärm, den ihre Maschinen verbreiten, bildet häufiger den Stein des Anstoßes als die Besorgnis, sie könnten sich selbst Schaden zufügen.

Die Motorradparteigänger in *Harper's Weekly* räumten ein, es habe einige Personen gegeben, »die zu glauben scheinen, daß es ihrer äußeren Erscheinung beim Motorradfahren dienlich sei, ihre älteste, fast auseinanderfallende Garderobe anzuziehen.« Dagegen legten die meisten Fahrer zu Beginn dieses Jahrhunderts Wert darauf, stets in Tweedjacket und Krawatte in die Stadt zu fahren – ein damals nicht unüblicher Aufzug, denn wie ein Photo von meinem Urgroßvater, einem Zimmermann, belegt, trugen sogar die Arbeiter beim Fegen oder Sägen trotz aufgekrempelter Hemdsärmel Hut und Krawatte. Bald jedoch begannen einige Fahrer, die für Modetrends im Guten wie im Schlechten besonders empfänglich waren, in der Kleidung ihren Helden der Rennstrecke nachzueifern. Dieser Trend hält bis heute an. Es galt als ausgemacht, daß Rennen »die Zucht fördern«, also die Fertigungstechnik verbesserten. Die Rennkluften verbesserten allerdings auch Fahrstil und Sicherheit der Fahrer. Und wenn viele Fahrer der damaligen Zeit die Lederjodhpurs, Schnürstiefel und Schutzhandschuhe etwa der italienischen Rennfahrer der dreißiger Jahre nachahmten, so tat dies der Verwegenheit, die sie demonstrieren wollten, sicher keinen Abbruch.

Eine Rolle spielte dabei auch das Phänomen, daß zweckmäßige Kleidung plötzlich einen ganz eigenen Reiz bekommt, wenn sie ihren ursprünglichen Kontext abstreift. Zu verschiedenen Zeiten waren Bomberjacken, Fliegermützen und Cowboy- oder Arbeitsstiefel modern; losgelöst von ihren eigentlichen Verwendungszwecken, die mit schweißtreibender Plackerei, mit Gefahren oder mit der Arbeiterklasse zu tun hatten, wurden sie aufgeladen mit symbolischer Subversivität. Die leise Regung von Furcht, die solche Symbole beim Normalbürger wecken, beruht auf dem Gedanken, die niederen Schichten könnten aufbegehren und sich weigern, dort zu bleiben, wo sie hingehören. Die bedrohliche Symbolik von schwarzer, lederner Motorradkleidung erklärt sich nur teilweise durch die Assoziation der sexuellen Perversion; den Rest macht das Schreckgespenst Amok laufender Proleten aus.

Doch welche unterschwelligen emotionalen Ursachen auch immer hinter den lautstarken, moralisch begründeten Protesten gegen das Motorradfahren gestanden haben mochten, das Argument der Belästigung war manchmal durchaus nicht aus der Luft gegriffen. Was an den Motorradfahrern viel unmittelbarer störte als ihre abwegige Aufmachung, war, wie auch der Verfasser in *Harper's* mißbilligend bemerkt, ihre Neigung, »mit abmontierten Schalldämpfern durch die Stadt oder über

Land zu fahren, in zahlreichen Fällen sogar gänzlich ohne jede schalldämpfende Vorrichtung.«

Das aktuelle *Motorcycle Basics Manual* umschreibt das Problem sehr vornehm so: »Angesicht der explosiven Natur der Vorgänge innerhalb der Brennkammer pflegen die entstehenden Abgase ziemlich geräuschvoll in die Außenwelt zu entweichen und müssen daher etwas gedämpft werden.« Etwas, in der Tat. Doch wie einige der Besitzer trommelfellzerfetzender Harleys und stets bis zum Anschlag aufgedrehter japanischer Superbikes, die heute die Gemüter erregen, wollten die Fahrer, die in der guten, alten Zeit ausgeräumte oder offene Töpfe montierten, nicht nur die Leistung steigern (was ein weniger stark dämpfender Auspuff tut) –, sie drehten damit auch einer Gesellschaft eine lange Nase, von der sie sich bereits ausgestoßen sahen. Der allzu kühn herumposaunte Spruch »loud pipes save lives« (etwa: Laute Töpfe können lebensrettend sein; ein beliebtes »Argument« gegen Anhänger des »laut ist out«, d. Ü.) ist so trügerisch wie eh und je – wer sich darauf verläßt, daß ihm der Lärm, den er verbeitet, Probleme vom Leib hält, fährt schon viel zu nah an der Schwelle zum Verderben, um ihm noch lange entgehen zu können. Weil der Fahrer durch den Drang, ständig an der Maschine herumzubasteln, um noch mehr Leistung aus ihr herauszukitzeln, sein Motorrad quasi noch einmal erfindet – einer der größten Pluspunkte des Besitzes –, fällt zumindest als sekundärer Gewinn nebenher gesteigerte Auffälligkeit (im Gegensatz zu Sicherheit) ab. Weil man nicht Motorrad fährt, wenn man ungesehen bleiben will, zeichnet sich der Graben, der die Bikergemeinde in zwei Lager teilt, durch die Qualität der Aufmerksamkeit aus, die diesseits und jenseits erwünscht ist: Auf der einen Seite stehen diejenigen, die sich als verantwortungsbewußte Bürger betrachten möchten, auf der anderen diejenigen, die lieber tot umfallen wollten, als dabei ertappt zu werden.

Jedes Editorial in der Mainstream-Presse, das gegen die ölverschmierten, kriminellen »Horden todessehnsüchtiger Motorradfahrer, die jedes Wochenende die Landbevölkerung terrorisieren«, wettert, provoziert verteidigende Leserbriefe von der »sauberen« Mehrheit, die es satt hat, über denselben Kamm geschoren zu werden. Die folgende Äußerung eines »Enthusiasten« druckte die *New York Times* 1912 ab. Sie ist heute noch genauso aktuell und typisch wie damals.

> Zum Lärm, der häufig den Grund für böses Blut liefert, ist zu sagen, daß praktisch alle Motorräder sehr leise laufen, daß jedoch die vergleichsweise wenigen »Offene-Töpfe-Fanatiker« die gesamte Motorradfahrergemeinschaft in ein schlechtes Licht rücken. Ich werde oft gefragt: »Rüttelt dich denn das Ding (!) nicht schier zu Tode?« Trotzdem findet es derselbe Frager sehr angenehm, auf dem Pferderücken weit heftiger durchgeschüttelt zu werden ... Etwas weniger Voreingenommenheit und eine breitere Anerkennung der Zuverlässigkeit des Motorrads würde mehr Menschen den Zugang zu einem begeisternden Freizeitvergnügen und einem sparsamen Transportmittel eröffnen, über das sich leider viele erhaben glauben.

Obwohl zu den ständig schwankenden Verkaufszahlen in Amerika viele Faktoren beitrugen und die Hersteller weltweit mit jedem erdenklichen Mittel versuchten, ihren Markt zu erweitern – die Einführung neuer Modelle für bestimmte Käuferschichten, etwa Wohlhabende, weniger Betuchte, Leistungsfreaks oder Frauen –, stellte die öffentliche Meinung ein so gewichtiges Moment dar, daß sie nicht ignoriert werden durfte. Die Firmen beschworen ihre Kunden, an den serienmäßigen Teilen nicht herumzuschrauben; in den zwanziger Jahren schaltete Harley-Davidson ganzseitige Anzeigen, in denen Motorradfahrer, die mit offenen Töpfen herumfuhren, als »Idioten« bezeichnet wurden. Die Federation of American Motorcyclists, die Vorläuferorganisation der heutigen American Motorcyclists Association, die Anfang des Jahrhunderts gegründet wurde, verwandte fast genausoviel Zeit auf ihre Funktion als Public-Relations-Organisation für den Motorradsport wie auf die Zulassung von Rennen und anderen Wettbewerben für ihre Mitglieder.

Es war jedoch mehr als geschickte PR nötig, um dem Motorradfahren in der breiten Öffentlichkeit allgemeine Anerkennung zu verschaffen. Denn stets blieb eine ungelöste Kernfrage: Warum sollte denn jemand noch Motorrad fahren wollen, wenn es doch jetzt Fahrzeuge – *mit Dach* – gab, die sich jedermann leisten konnte (der Preis des Model T von Ford, der Tin Lizzie, war 1926 auf 290 Dollar gesunken, während noch die billigste Harley mehr kostete)? Warum sollte jemand noch die Risiken in Kauf nehmen wollen, sich den Unbilden des Wetters aussetzen, Zeit, Geld, Muskelkraft und Geduld aufbringen, um dieses Vehikel schneller, besser oder schöner zu machen?

Die einzig mögliche Antwort, so beunruhigend das auch im Empfinden des braven Bürgers sein mochte, lief nur auf eines hinaus: sinnliche Lust. Diese Lust bestand darin, sich rittlings auf ein Fahrzeug zu setzen, an dem nichts die reine Fortbewegungsfunktion verbarg und das unter hemmungslosem Lärm vorwärts jagte. Außerdem war es ein sinnliches Vergnügen, bei dem der Fahrer unverhohlen seine animalischen Körperkräfte einsetzte, verdreckt und verschwitzt wurde und all das so sehr genoß, daß es ihm (oder ihr) gleichgültig war, wer das Lächeln der leidenschaftlichen Hingabe erblickte. Hinter verschlossenen Türen mochte so etwas ja angehen, auf öffentlichen Straßen aber war das eine andere Sache. Wenn manche Leute äußerten, sie hätten Angst vor Motorrädern (oder, was im Prinzip dasselbe ist, sie lehnten sie ab), so war es wohl nicht zu weit hergeholt, dahinter einen gewissen Übertragungseffekt zu sehen. Zumindest war klar, daß ein Fahrzeug, auf dem Menschen nur ihrer persönlichen Lust frönten, ohne einen Gedanken an einen darüber hinausgehenden Nutzen oder gesellschaftliche Wiedergutmachung zu verschwenden, immer mit einem Makel behaftet blieb.

Dennoch entsprachen diejenigen Eigenschaften des Motorrads, die den jungen Rowdy anzogen, exakt denjenigen, die es auch für Fahrer auf der anderen Seite der sozialen Trennungslinie attraktiv machten. Vom Beginn des Jahrhunderts an fanden sich in der Presse häufig optimistische Vorschläge für neue Einsatzmöglichkeiten des Motorrads, etwa in der Landwirtschaft, im Postdienst, einfach überall, wo ein schnelles und wirtschaftliches Nutzfahrzeug gebraucht wurde (mehrere Motorradhersteller boten eine Palette gut gehender Spezialfahrzeuge an; Harley-Davidson etwa sein dreirädriges Servi-Car) – insbesondere im Polizeidienst. Wendigkeit, Schnelligkeit – die beliebteste Polizeimaschine in den späten Zwanzigern war die Excelsior KJ, die mit mehr als 170 Stundenkilometern auch das schnellste verfügbare Fluchtauto einholen konnte – und furchteinflößendes Erscheinungsbild machten Motorräder bei den Polizeibehörden im ganzen Land sofort populär. Die Presse liebte es, die Fahrer in Blau denen in Schwarz direkt gegenüberzustellen, weil sich auf diese Weise die Stories über diese modernen Cowboy-und-Indianer-Spiele so schön spiegelbildlich aufbauen ließen. 1955 erschien in einer Ausgabe von *Popular Science* ein Bericht mit dem Titel »Wie sie der Kriminalität auf Rädern ein Ende setzten«, der zwei Polizisten auf Motorrädern das Verdienst zuschrieb, ganz Kalifornien »gesäubert« zu haben. Zumindest aber hatten sie dafür gesorgt, daß die Zahl der Motorradunfälle um 32 Prozent sank und daß die Rowdies sich lieber selber im Zaum hielten, als ständig mit dem Gesetz in Konflikt zu geraten.

Oft genug stand die Motorradbranche hinter der Presse, die begeistert alternative Einsatzmöglichkeiten für deren Produkte propagierte. Der Grund dafür lag aber nicht bloß in der wertvollen Schützenhilfe beim Aufpolieren des Images; mehr als nur eine Firma konnte sich durch den Verkauf von Polizeimodellen über schwierige Zeiten hinwegretten. Die Branche erkannte auch früh, daß der unvermeidliche Kriegsausbruch für sie von Vorteil sein konnte, und suchte fieberhaft nach einer Möglichkeit, zu demonstrieren, daß Motorräder im Kriegseinsatz von Nutzen sein konnten. 1915 brüteten die Hersteller den Plan aus, die Pony-Express-Idee mit Motorrädern wiederzubeleben, um dem Kriegsminsterium zu beweisen, wie schnell und ausdauernd Zweiräder für Meldezwecke waren. Die von den Fahrern überbrachte Botschaft von Präsident Woodrow Wilson erreichte zwar den Direktor der Panama Pacific Exposition in San Francisco mit vier Tagen Verspätung, weil schlechtes Wetter die praktisch nicht existierenden Straßen im mittleren Westen noch weniger passierbar gemacht hatten als üblich, doch die Militärs ließen die Idee nicht fallen. Während des Ersten Weltkriegs bestellten die verschiedenen Waffengattungen des U.S.Militärs 70000 Harleys und noch mehr Indians; in England baute Triumph 30000 Model H-Maschinen mit 550 Kubik für den Kriegseinsatz. Im Zweiten Weltkrieg waren dort 120000 Matchless M 20 in Gebrauch. (Viele Soldaten fuhren zum ersten und bisweilen auch zum letzten Mal bei der Armee Motorrad, einerseits beseelt von dem Wunsch, ihren Kameraden zu helfen, andererseits nicht bereit zuzugeben, daß sie mit diesem Fahrzeug nicht umzugehen wußten.)

Natürlich konnte nichts den Feind der Alliierten daran hindern, sich die Vorteile des Motorrads ebenfalls zunutze zu machen. Mussolini, selbst ein Fahrer aus Leidenschaft in einer ganzen Nation leidenschaftlicher Fahrer und legendärer Maschinen, ermutigt seine Offiziere dazu, Zweiräder zu benutzen, um den Kontakt zur breiten Masse herzustellen: »Gehen Sie soviel wie möglich zu Fuß; benutzen Sie ansonsten ein Gebrauchsautomobil (im Unterschied zum Luxuswagen), noch besser, benutzen Sie ein Motorrad.« Ein Kabinettsbeschluß von 1933 befreit Motorräder von allen Steuern; die faschistische Presse ruft Italien dazu auf, sich in »eine Nation motorisierter Zentauren« zu verwandeln.

1936 nimmt Deutschland weltweit den Spitzenplatz in der Motorradproduktion ein: Von den insgesamt gebauten 316810

Maschinen werden 151195 in Deutschland hergestellt (auf England entfallen 75300, auf die Vereinigten Staaten nur 17380). Die Bayerischen Motorenwerke produzieren ein Modell mit 750 Kubik für die Wehrmacht; die Fabrikation endet erst, als das bereits stark bomdardierte Münchner Werk von den Alliierten eingenommen wird. Im Rahmen der Reparationen muß Deutschland alle Motorräder ausliefern, darf nicht mehr an Rennsportwettbewerben teilnehmen und bis 1948 keine Motorräder mehr herstellen. Aus den Restbeständen an Zylinderköpfen von BMW werden Kochtöpfe gemacht.

Ein freier Journalist auf der Suche nach Themen, die sich gut verkaufen lassen, hatte jahrzehntelang eine sichere Bank: die Neuigkeit, daß das Motorradfahren sich zu guter Letzt aus dem Sumpf emporgezogen und zu etwas Respektablem gemausert habe. Die einschlägigen Artikel berichten dann etwa über die gemeinnützigen Aktivitäten eines Clubs (die amerikanischen Motorradfahrer insgesamt beteiligen sich seit langem außerordentlich aktiv an Spendenkampagnen für ehrenwerte Ziele, organisieren beispielsweise zahllose Veranstaltungen zugunsten chronisch kranker Kinder). Oder sie erzählen die Geschichte einer jetzigen Großmutter mit zwölf Enkeln, die in ihrer Jugend den Kontinent durchquerte. Oder sie mokieren sich über einen »neuen« Typ von Gang, in den Sechzigern etwa den Madison Avenue Motorcycle Club, der aus Managern bestand, oder die Christian Motorcyclists Association, die ihre Mission in Gottesdiensten bei Bikertreffen und ihr Privileg darin sieht, »für Jesus zu fahren«.

Besonders gern fährt die Motorradpresse motorradfahrende Berühmtheiten auf, wie um dem Sport damit erstklassige Referenzen auszustellen. Das reicht von einem illustrierten Artikel aus dem Jahr 1912 über »Einige prominente englische Motorradfahrer«, darunter George Bernard Shaw und Arthur Conan Doyle, bis zu einem kürzlich in *Rider* erschienenen Interview mit dem Filmschauspieler und Talkmaster Jay Leno, der die unbezahlbaren historischen Maschinen seiner Sammlung tatsächlich fährt. Hollywoods gegenwärtiges Faible für Motorräder – es geht so weit, daß offenbar kein Hauptdarsteller mehr einen Schuß Pulver wert ist, wenn er nicht eine Harley des Nobelhändlers Bartel's besitzt – beweist wieder einmal, daß die wahre Ware dieser Stadt aus aufpolierten Klischees besteht, denn eine informelle »Gang«, zu deren Mitgliedern Clark Gable, Victor Fleming, Andy Devine und Keenan Wynn zählten, war schon zu ihrer Zeit ebenfalls das Thema ähnlicher Photodoppelseiten.

Wynn, der vielleicht »echteste« Biker unter ihnen, fungierte als inoffizieller Sprecher der Gruppe. Als *Life* das Bild eines jungen Rowdys brachte, der seine Maschine als Barhocker benutzte, fühlte sich Wynn genötigt, umgehend der Vorstellung entgegenzutreten, es sei bei Motorradfahrern üblich, in alkoholisiertem Zustand zu fahren. »Ich bin seit etwa sechzehn Jahren Motorradfan … Je länger man fährt, desto gesünderen Respekt flößt einem das Motorrad selbst ein und desto klarer erkennt man, daß man im Vollbesitz seiner Kräfte sein muß, um diese mörderische Maschine zu meistern.« Diese Ermahnung fügte sich ein in eine lange Reihe völlig zu Recht empörter Leserzuschriften, die allerdings – weil sie genauso formelhaft sind wie die Attacken, durch die sie ausgelöst werden – kaum Wirkung zeitigen, gleichgültig, wer sie schreibt.

Es gab immer wieder Phasen, in denen das Thema »Motorrad« schlechte Karten hatte und fast nur in Form von sensationell aufgemachten Schauergeschichten durch die Presse ging, bevor wieder die gleichermaßen simplifizierenden Pro-Berichte Oberwasser bekamen. Manchmal jedoch verlangsamte sich dieser Konjunkturzyklus beträchtlich. Nach schlagzeilenträchtigen Zwischenfällen – etwa den Rocker-Krawallen in Hollister in Kalifornien 1947, bei denen die Polizei Tränengas einsetzte und es fünf Verletzte und 407 Verhaftungen gab, oder den Tumulten in Laconia in New Hampshire 1965 mit zahlreichen Verhaftungen und Verletzten (einer der Schwerstverletzten war ein Photograph, der von Schrot aus einem Polizistengewehr ins Gesicht getroffen wurde) – brauchten die Medien nahezu zwanzig Jahre, bevor sie zur nächsten Welle von Absegnungen bereit war, wenn man das so nennen will.

Die kurzsichtige Fixierung auf die Hell's Angels erreichte den Gipfelpunkt – wenigstens journalistisch – mit dem Erscheinen von Hunter S. Thompsoms *Hell's Angels*. Thompson hatte vorher die Gang lange genug »unterwandert«, um jede Menge Horrorstories zu sammeln und sich eine Todesdrohung einzuhandeln. Am übelsten jedoch wurden die Ausschreitungen und Straftaten in Kinofilmen ausgeschlachtet. Den Anfang machte 1953 *Der Wilde,* dem die Hollister-Episode zugrundelag, mit Marlon Brando in der Hauptrolle und Mary Murphy als bravem Mädchen, das nach seiner ersten Fahrt gar nicht mehr brav berichtet, sie sei angsterregend, aber »ein tolles Gefühl« gewesen. *Easy Rider* (1969) stellte zwar seine Helden auf ihren Choppern sympathischer dar, doch diese Sichtweise teilte kaum einer über Dreißig. Die Mord-und-Totschlag-Streifen, die in den Sechzigern und Siebzigern dutzendweise herauskamen (1966 *Die wilden Engel,* dann *Die wilden Schläger von San Francisco, Born Losers, Satan's Sadists*) hinterließen bis heute fast unauslöschliche Spuren im Bewußtsein der Öffentlichkeit. Sie legten den Motorradfahrer, wenn er vorkommt, in den meisten Fällen auf die Rolle des »Bösen« fest. (Europäische und australische Filmen vermeiden dieses bequeme Stereotyp weitgehend; in mehreren Filmen übernahmen Motorradfahrer die Rolle des Helden. Eines der wenigen amerikanischen Beispiele dafür ist *Die Maske* von 1985 mit Cher.)

Dieses Image drang damals so tief in die kulturelle Landschaft ein, daß es noch heute in den Köpfen spukt. Motorradfahrer werden nicht selten gefragt, ob sie zu einer Bande gehören oder ob sie schon mal Zeuge eines richtig schlimmen Verbrechens wurden, obwohl in den allermeisten Fällen schon die Frage zu stellen ungefähr der Annahme gleichkommt, daß jemand, der einen Karton Eier eingekauft hat, gerade von einem Hahnenkampf komme. Vor nicht allzulanger Zeit brachte *The New Yorker* eine Photoreportage über ungewaschene, unrasierte, tätowierte Männer, die Harleys fahren und keinem Ärger aus dem Weg gehen. Sie reiht sich ein in eine lange, lange Kette gleichartiger Artikel und Bücher, und jedes Jahr werden es mehr. Nicht daß dies kein lohnendes Thema wäre; es ist nur schon so oft breitgetreten worden, daß die Jungs allmählich furchtbar normal wirken.

Die positiven Berichte gehörten zwar unverzichtbar zum erwähnten Zyklus dazu – wenn sie auch im Grunde weniger ermutigend waren, als es den Anschein hatte, bestand doch ihr Daseinszweck in erster Linie darin, sich darüber zu wundern, daß es so etwas wie »gute« Motorradfahrer überhaupt gab –, doch sie konnten nie wirklich erhärten, daß sich das Motorradfahren demnächst ein für allemal etablieren würde. Die Verkaufszahlen mit ihren wiederholten Schwankungen sprachen eine andere Sprache. Zuerst zeigte das billige Auto von Ford Wirkung – Harley-Davidson beispielsweise fuhr zwischen 1920 und 1921 seine Produktion um die Hälfte herunter –, dann fielen die Verkaufszahlen aufgrund der großen Wirtschaftsdepression weltweit in den Keller. 1927 boten allein die britischen Hersteller 598 Modelle an; in den dreißiger Jahren gab es auf der ganzen Welt nur noch etwa vierzig Marken. Einer Hausse nach dem Ende des Zweiten Weltkriegs folgte eine Baisse in der zweiten Hälfte der fünfziger Jahre. Managementfehler machten schließlich Indian Motocycle den Garaus, dem einzigen U.S.amerikanischen Hersteller neben Harley, der seit Anfang der dreißiger Jahre überlebt (und den frühesten, *r*-losen Namen des Fahrzeugs am Leben gehalten) hatte.

Im Wertesystem der Sechziger, die Konformismus, Sauberkeit, Sicherheit und unpersönliche Modernität zu den allein selig machenden Maßstäben erhoben, die die Überbleibsel von Krieg und Depression wegwischen sollten, hatte eine Aktivität wie Motorradfahren keinen Platz. Ende der Sechziger jedoch – am Beginn einer neuen Ära des Experimentierens – konnte man seine Zugehörigkeit zur Zunft der Motorradfahrer wieder mit Stolz zeigen. Der darauffolgende Boom einschließlich einer wiederauflebenden Leidenschaft für das Off-Road-Fahren, das beflügelt wurde von dem Wunsch, »in Kontakt mit der Natur zu kommen«, war zu einem Großteil das Werk eines einzelnen, entschlossenen Visionärs – Soichiro Honda.

Hondas erstes Testmodell kam 1958 in die Vereinigten Staaten und stieß dort auf eine Mischung aus Skepsis und Ablehnung, getönt von mehr als nur einem Hauch Rassismus. Doch auf den Rennstrecken Europas, wo ihm die gleiche Geringschätzung entgegenschlug, bewies er binnen kurzem, daß man mit Siegeswillen, gepaart mit üppigen finanziellen Ressourcen und einer fast schon perversen Bereitschaft, nach jedem Fehlschlag wieder ganz von vorn anzufangen, eine Vormachtstellung erringen konnte – damit und dem Geschick, den Leuten zu geben, was sie wollten, noch bevor sie wußten, daß sie es wollten. Honda baute kleine, mofaähnliche »Knirpse«, vor denen sich niemand zu fürchten brauchte, und angelte sich auf diese Weise mühelos eine neue Generation von Fahrern. Diese konnten dann in die größeren Modelle »hineinwachsen«, die schneller waren, aber immer noch zu den Maschinen gehörten, »auf denen man die nettesten Leute trifft«, wie die Werbung behauptete. Bezeichnenderweise hieß der erste Verkaufsschlager von Honda in den Vereinigten Staaten »Dream« (Traum).

In den sechziger und siebziger Jahren erlebte das Geschäft mit Motorrädern einen kometenhaften Aufschwung. Dann sackten die jährlichen Verkaufsziffern in den Vereinigten Staaten zwischen 1982 und 1991 im freien Fall von 525000 auf 178000 ab.

Zweifelsohne wirkten dabei eine Vielzahl von Ursachen zusammen – komplexe wirtschaftliche Zusammenhänge; Fehlkalkulationen der Hersteller, unter anderem ein zu schmales Angebot bei kleineren »Einstiegsmaschinen« und eine allgemeine Mißachtung des potentiell riesigen Markts der Fahrerinnen; der Umstand, daß die Baby-Boom-Generation in das

Alter kam, in dem sie Verantwortung übernahm; der nach wie vor herrschende gesellschaftliche Konservativismus; das Verschwinden unbekannter Ziele und leerer Straßen, für die dieser Sport gemacht ist; ultrabilliger Treibstoff, der in einem Land, in dem nach wie vor alles auf große Autos ausgerichtet ist, diese schlichtweg unwiderstehlich macht. Eine interessante Parallele fällt jedoch auf.

In Europa haben Zweiräder ihren Status als vernünftige Transportmittel weitgehend beibehalten. Die engen Straßen, kurzen Entfernungen und das sündhaft teure Benzin führten dazu, daß alle möglichen Alters- und Gesellschaftsschichten vom Teenager bis zum Pfarrer Roller und Mopeds benutzen, so daß diese niemals das Stigma hatten, das ihnen in Amerika anhaftet. (In Italien ist Mopedfahren so alltäglich, daß es in einen speziellen Ausdruck für die Volljährigkeit eingegangen ist: *culo a sellino* [wörtlich Sattelhintern, d.Ü.] was heißen soll, daß sich in diesem Alter die Sitzbank des Mopeds dem Allerwertesten dauerhaft eingeprägt hat.) Die Sportseiten fast aller Zeitungen in Westeuropa widmen bis zur Hälfte ihres Platzes Motorradwettbewerben, während man in den Vereinigten Staaten nicht einmal eine Notiz findet, daß überhaupt Motorradrennen stattfinden. In einem Land wie Belgien kann das bekannteste Gesicht genausogut einem Moto-Cross-Champion gehören wie einem Filmstar oder einen Politiker.

Um eines klarzustellen: die Straßenschlachten zwischen Mods und Rockern (Roller gegen Motorräder) im England der fünfziger Jahre sorgten unbestritten für erhebliche Unruhe und Empörung in der Bevölkerung, und noch immer gibt es diese Typen, die süchtig sind nach pubertären Exzessen – auf die Motorräder schon immer wie Magneten wirkten – und damit Außenstehenden Anlaß geben, alle Motorradfahrer mit ihnen in denselben Topf zu werfen (in manche Etablissements in England kommt man heute in Lederjacke nicht hinein). Doch Motorräder sind in Europa einfach zu zahlreich und zu beliebt, als daß man ihnen das Outlaw-Etikett anhängen könnte – auch wenn sich die Tendenz, das Image aus Amerika zu übernehmen, dramatisch verstärkt hat. Betuchte Geschäftsleute kaufen heute die so heiß begehrten Harleys gleich im Paket mit einem überzeugendem Outfit wie Lederchaps und zerrissenen, geflickten Jeansklamotten. Samstags lassen sie die Rasur ausfallen, setzen ein finsteres Gesicht auf und machen den Eindruck, als wollten sie einen gleich anknurren: »Geh mir aus dem Weg, Drecksack.« Doch statt dessen sprechen sie gepflegtes Niederländisch und brüskieren andere Fahrer, weil sie nicht grüßen. Der Streit um »echte« und Pseudo-Biker belebte sich parallel zu den Importen eines Motorrads, an dem in den Vereinigten Staaten kein Weg vorbei führt – sowohl für Biker, die ihr Leben lang fahren, als auch für diejenigen, die sich gerne dieses Erscheinungsbild kaufen möchten.

Doch wenn sich die Krawallmacher-Legende in den Vereinigten Staaten bis in die Neunziger gehalten hat, dann nur in einer merkwürdigen, verwandelten Form. Eine eigentümlich amerikanische Laufbahn bescherte ihr einen Karrieresprung vom verrufenen Rand der Gesellschaft direkt in den Mainstream des Massenkonsums.

Obwohl seit einigen Jahren Gerüchte kursieren, wonach Indian Motocycle kurz vor der Wiedergeburt stünde – was für Liebhaber historischer Motorräder etwa dasselbe wäre wie die Rückkehr der Brooklyn Dodgers für Baseballfans –, so gibt es doch bislang nicht mehr als teure Kleidungsstücke, die das alte Logo tragen. Viele Kenner der Zusammenhänge mutmaßen, daß dies wahrscheinlich alles ist, was von der alten Marke wiederauferstehen wird – wie sie überhaupt den Trend sehen, daß die eigentlichen Motorräder gegenüber dem Kapital, das sich aus ihrem Image schlagen läßt, nebensächlich werden.

Der Spießgeselle des Banditen dient heute dazu, einen perlenbesetzten Bustier für 12000 Dollar (gesehen auf der Titelseite einer Illustrierten) zu verkaufen, oder er muß zur Ausstattung eines Hamburgerlokals in New York herhalten, einer Touristenfalle mit fest installierten echten Harleys, die für die

Kunden rütteln und rauchen, während man alles tut, um echte Motorradfahrer von einem Besuch oder der Arbeit dort abzuhalten. Das Motorrad als symbolträchtiger Inbegriff von Stärke und Kraft, ehrfurchtgebietend und furchteinflößend zugleich, bietet der Werbung geradezu ein gefundenes Fressen, insbesondere in einem Zeitalter, in dem das Kaufen das reale Tun ersetzt hat. Doch wenn das Motorrad zum Signalgeber oder zur Staffage degradiert wird, wird es seiner eigentlichen Bestimmung entfremdet und hört auf, überhaupt ein Motorrad zu sein.

Die neue Phantasiewelt um das Motorrad herum ist sorgfältig konstruiert. In dieser Welt läßt das Auge der Kamera immerwährende Schönheit, animalische Ausstrahlung, Angesagtheit – im Grunde Zeichen genetischer Überlegenheit, welche letztlich auf Unsterblichkeit verweist – zu permanenter Verfügbarkeit gefrieren. Um in dieses verlockende Reich einzutreten, muß sich der Betrachter nur die nötigen Requisiten zulegen, um die Szene nachzustellen. Leute ohne jegliche Ambitionen, sich auf ein Motorrad zu setzen, paradieren mit schwarzen Lederjacken – je mehr geile Reißverschlüsse und Schnallen, desto besser –, Pseudo-Arbeitsstiefeln à la Brando (aber versehen mit einem Chanel-Etikett und der Art von Preisschild, bei dem man sich fragt, ob diese reichen Typen ihr Hirn gegen ihre Kohle eingetauscht haben) und Harley-Halstüchern. Tatsächlich Motorrad zu fahren, würde in dieser Inszenierung nur stören, unberechenbare Realität in ein Arrangement bringen, das gerade diejenigen Aspekte, die das Wesen des Motorradfahrens ausmachen, aus ihm verbannen soll, nämlich fehlende Dauerhaftigkeit, Unsicherheit, die reale Möglichkeit des Scheiterns und ein ernstzunehmendes Risiko. Es fällt auf, daß in der Machart dieser Klamotten alle Hinweise darauf getilgt sind, daß ihr einziger Zweck ursprünglich darin bestand, ihren Träger bei einem Unfall vor gräßlichen Hautabschürfungen oder zermalmten Fußknochen zu bewahren. Was in den Anzeigen für motorradmäßig gestylte Waren in Wirklichkeit angepriesen wird, ist eine Empfindung, die auf einem Taschenspielertrick beruht: Du wirst zum hartgesottenen Einzelkämpfer, bist aber gleichzeitig sozial und sexuell akzeptabel für einen großen (Käufer)Kreis, der denselben Lebensstil praktiziert.

Wenn man diese neueste Entwicklung begreifen will, könnte der Hinweis angebracht sein, daß das Jahrhundert des Motorrads fast exakt mit dem des Kinos zusammenfällt. Vielleicht läuft der Film dem Automobil den Rang als einflußreichste Erfindung im Grunde sogar ab.

Der Film ist ein Medium der Auslassung. Die Einzelbilder lösen einander im Dunkeln so schnell ab, daß man die schwarzen Streifen, die die Standbilder trennen, nicht wahrnehmen kann; mit dem Einverständnis des Zuschauers setzt sich der Film über die Wirklichkeit hinweg. Das, was wir sehen, springt mühelos durch Zeit und Raum hin und her, während wir regungslos zuschauen. Weil wir als Teil eines riesigen Publikums aufgewachsen sind, dessen größter Wunsch es ist, untätig dazusitzen, während ihm alle Arten von Reichtümern in den Schoß fallen, begeben wir uns nicht aktiv auf die Suche, sondern sind passive Empfänger und allem Anschein nach entschlossen, es zu bleiben. Alles, was man tun muß, um Zugang zu erlangen – ob nun zur Phantasiewelt der Werbung, zur vorgefertigten Realität des Kinos oder zu den Stadtsurrogaten der Disneylands, Einkaufszentren und Instantvororten –, ist, sein Geld auf den Tisch zu legen. Das ist einfach und ohne jedes Risiko.

Gegen Ende der ersten hundert Jahre des Motorrads scheint es, als würden die echten Motorräder gegenüber ihren sauberen, sich ungehemmt vermehrenden Simulationen ins Hintertreffen geraten. Allein schon durch ihre ständige Nähe wecken letztere in uns das Verlangen nach der angepriesenen Unterwäsche, dem Parfum, dem Kaugummi. Reduziert auf einen trendigen Code, ein Amulett am Armband der Mode werden Motorräder zum gefahrlosen Konsumartikel und versehen dabei die Alltagsereignisse mit einem trügerischen Anstrich von

Gefahr – dem Geschmack von Freiheit und Abenteuer. Ihr Auftreten hat keinerlei dauerhafte Wirkung, abgesehen von der, ähnlich wie Junk Food Hunger nach mehr zu erzeugen (eine Eigenschaft, die ihre Apotheose in der Idee der vergänglichen »Bio«tätowierung findet). Wie Hologramme verleihen sie jeder beliebigen Oberfläche ihre verführerische Substanzlosigkeit. Motorräder sind heutzutage allgegenwärtig, doch beim Zufassen greift die Hand ins Leere.

Einige prominente Motorradfahrer der Vergangenheit und Gegenwart (aktuelle Leinwandhelden ausgenommen)

George Bernard Shaw
In einer autobiographischen Skizze mit dem Titel »Wie Frank es hätte machen sollen« äußert Shaw in der Person seines alten Verlegers Frank Harris über sich: »Er begeistert sich für Maschinen wie ein Kind für Spielzeug und hätte einmal um ein Haar eine Registrierkasse gekauft, für die er nicht die geringste Verwendung hatte. Nahe an sechzig erlag er dem bestrickenden Reiz eines Motorrads und fuhr darauf aus der Fabrik weg, siebenundsiebzig Meilen weit, bis er gerade vor seiner eigenen Haustür eine Kurve zu schnell nahm und längelang liegenblieb.«

T. E. Lawrence
Er war fasziniert von der britischen Maschine, die als Royce-Rolls der Motorräder bekannt ist, der Brough Superior, insbesondere der SS 100, von der er mehr als ein Exemplar besaß und mit der er 1935 den tödlichen Unfall erlitt. Sie konnte eine Spitzengeschwindigkeit von hundert Meilen pro Stunde erreichen. Einige persönliche Bekannte von Lawrence äußerten die Ansicht, sein Tod sei in Wahrheit die Folge eines Todeswunsches und nicht eines Unfalls gewesen.

Douglas »Wrong Way« (etwa: Holzweg) *Corrigan*
Der Pilot, der 1938 in einem achtundzwanzigstündigen Alleinflug von New York nach Dublin den Atlantik überquerte – nachdem er zunächst vorgegeben hatte, er fliege nach Kalifornien –, war ein Harleyfan; zwischen Fliegern und Motorradfahrern gab

es schon immer Überschneidungen (siehe unten), manchmal sogar zwischen Flugzeugen und Motorrädern (Moto Guzzi beispielsweise bietet einen luftgekühlten Viertaktmotor mit 750 oder 1100 Kubikzentimetern Hubraum zum Einbau in Kleinflugzeuge an). Corrigan war ein Paradebeispiel für einen sehr speziellen Typus des Fliegers/Fahrers: den eingefleischten Schrauber mit mehr als nur einem Hauch Verrücktheit. Ein Nachruf von 1995 beschrieb die »fliegende Kiste«, in der er sein hübsches Bravourstück von 1938 vollbrachte: Er kaufte sie schon recht betagt und »riß das Original-90-PS-Triebwerk heraus und ersetzte es durch eine Maschine mit 165 PS, die er aus zwei alten Wright-Motoren zusammengeschustert hatte. Außerdem baute er fünf Zusatztanks ein, die ihm die Sicht nach vorne komplett verwehrten, und verschiedene Teile, darunter die Kabinentür, wurden mit Rollendraht zusammengehalten.«

Charles Lindbergh

Der Held der vielleicht letzten Ära, in der man noch Helden haben konnte, war ein Musterexemplar des schweigsamen Typs, der sich sowohl zum Fliegen als auch zum Motorradfahren hingezogen fühlt. Er reiste mit einer Flugschautruppe umher und sprang Fallschirm, bevor er – zumindest in den Augen der Öffentlichkeit – gesetzter wurde. Seinen Drang, aus Flugzeugen herauszuspringen, konnte er, wie sich leicht denken läßt, genausowenig erklären wie den, Motorrad zu fahren.

Roy Rogers

Als Leonard Slye aus Duck Run in Ohio fuhr der Film- und Fersehcowboy Roy Rogers Motorrad, das heißt, wenn er nicht gerade sein Wunderpferd Trigger ritt. Motorrad fuhr er noch lange nachdem er erklärt hatte, er sei zu alt zum Reiten.

Konrad Lorenz

Als der österreichische Tierverhaltensforscher und Nobelpreisträger an der Universität von Wien Anatomie studierte, begann er Motorradrennen zu fahren. Man brachte ihn jedoch davon ab, weil es zu gefährlich war. Er benutzte das Motorrad allerdings weiterhin zum Vergnügen und als Transportmittel.

James Dean
Obwohl ein Porsche 550 A Spyder Rennwagen die Leinwandlegende mit 24 Jahren in eine posthume Verehrung katapultierte, die fast hysterische Züge trug, fuhr Dean schon als Bauernjunge in Indiana leidenschaftlich gern Motorrad. Wie der *Hollywood Reporter* schrieb, verfolgte er die Hochzeit von Pier Angeli – wie manche meinen, der großen Liebe seines kurzen Lebens – mit Vic Damone »rittlings auf seinem Motorrad von einer Stelle gegenüber St. Timothy«. Unter den Motorrädern, die sich zeitweise in seinem Besitz befanden, waren ein paar Triumph-Zweizylinder, eine BSA und eine Whizzer.

Elvis Presley
Der »King« war ein begeisterter Motorradfahrer, sehr zum Leidwesen derjenigen, die ein finanzielles Interesse am Fortgang seiner Karriere hatten – und zur Freude des cleveren PR-Organs von Harley-Davidson, dem Magazin *The Enthusiast*, das ihn häufig rittlings auf einem Produkt aus Milwaukee abbildete. In *König der heißen Rhythmen*, einem Film, den man getrost vergessen kann, spielt Presley einen babygesichtigen Rebellen, der sich singenderweise auf einem blankgewienerten, knallroten, japanischen »Mopped« von zu Hause absetzt und sich auf dem Jahrmarkt verdingt. Dieser Streifen aus dem Jahr 1964 feiert in *Eat the Peach* von 1986 eine wunderschöne Wiederauferstehung. Die Protagonisten dieses Films – zwei motorradfahrende Iren, die ihren Arbeitsplatz verlieren und keine Perspektive mehr haben – bekommen ein Video von *König der heißen Rhythmen* und sind so fasziniert davon, daß sie auf einen Plan verfallen, der ihr Schicksal wenden soll: Sie wollen auf dem platten irischen Land eine Todeswand bauen.

Bob Dylan
Das rätselhafte, schwierige, arrogante, faszinierende Genie ließ 1966 ein Motorrad für sich sprechen. Auf der Fahrt mit seiner Triumph zu einer Werkstatt in der Nähe seiner Wohnung in Woodstock im Staat New York rutschte ihm die Maschine weg. Wie schwer war er verletzt worden? Dylan schwieg. Immerhin führte der Zwischenfall einen plötzlichen Rückzug von der Welt herbei, der achtzehn Monate andauerte und ihn möglicherweise vor einem Zusammenbruch rettete, auf den er dem Vernehmen nach langsam zusteuerte (man denke nur an *Don't Look Back* aus dem Jahr zuvor).

Malcolm Forbes
Zu den Spielsachen, die der milliardenschwere Verleger sammelte, gehörten Fabergé-Eier und Motorräder. Er lud Dutzende Familienmitglieder zu Fahrten ein und nahm Gäste auf Touren durch das ländliche New Jersey mit; dabei trugen alle Westen, die mit der Aufschrift »Capitalist Tools« bestickt waren, so daß sie aussahen wie die vornehmste Rockerbande der Welt. Nach Forbes' Tod 1990 gestand Brendan Byrne, der ehemalige Gouverneur von New Jersey, in einem Kondolenzbrief, Forbes habe ihn »dazu überredet«, die Gesetze dahingehend zu ändern, daß Motorradfahren auf dem Garden State Parkway erlaubt war. »Ich mußte drei Amtsleiter feuern, bis die Vorschriften entsprechend geändert waren, aber ich glaube, daß dies im Lauf der Jahre etliche Leben gerettet hat.«

Robert Hughes
Der langjährige Kunstkritiker des Magazins *Time* und undogmatisch-dezidierte Kulturbeobachter ist auch ein undogmatischer Motorradfan. 1971 veröffentlichte er einen Essay in dem Nachrichtenmagazin mit dem Titel »Der Mythos des 'Bocks'«. Darin versuchte er zu definieren, was den Kern des Erlebnisses »Motorradfahren« ausmacht:

Wenn der Fahrer mit seinem [sic] Motorrad über die Golden Gate Bridge von San Francisco fährt, nimmt er jeden einzelnen Meter der Straße ganz bewußt wahr – die dröhnende Brücke unter den Reifen, den steifen Wind des Pazifik, den Abgrund der eisigen, blauen Tiefe unter sich ... Nichts aus zweiter Hand, nichts Nachempfundenes mischt sich in das Gefühl von Freiheit, was bedeutet, daß die einzigartigen Empfindungen, die einem ein gekonnt gefahrenes, schweres Motorrad vermittelt, ausschließlich einem selbst gehören. Antisozial? In der Tat, ja. Und genau dadurch ein Weg zu geistiger Gesundheit. Das Motorrad ist ein Zaubermittel gegen den Massenmenschen.

Ann Richards
Die Ex-Gouverneurin von Texas mit dem scharfen Verstand und der ebenso scharfen Zunge bekam zu ihrem sechzigsten Geburtstag ein überaus passendes Geschenk: eine perlweiße Harley. Und man darf vermuten, daß diese Harley, anders als die purpurrote, die Liz Taylor von Malcom Forbes bekam, eine echte Chance hat, benutzt zu werden.

Weitere
König Albert I. von Belgien
Captain America
Jack Dempsey
Haile Selassie
Che Guevara
Jerry Lee Lewis
Stephen King
Oliver Sacks
Senator Ben Nighthorse Campbell

FÜNF

Was zählt, ist voranzukommen.
Robert Louis Stevenson

Es gab niemanden, dem ich hätte mitteilen müssen, daß ich an einem Tag Mitte November einen Zug nach Philadelphia nehmen würde. Ich pickte mir also einen gewöhnlichen Werktag heraus und schlüpfte unbemerkt durch das Loch in der Woche an einen anderen Ort. Irgendwo vor Trenton überfiel mich die Erkenntnis, daß ich sowohl erwachsen als auch allein war – Bedingungen, auf die man manchmal plötzliche Entscheidungen von bizarrer Größe gründet.

Von meinen paar Dutzend selbstgesetzten Lebenszielen hatte ich nur wenige erreicht; gewöhnlich legte ich ein Zehntel des Weges zu einem Ziel zurück, und dann löste es sich in Rauch und Tränen auf. Doch ich würde mir ein neues Motorrad kaufen, verdammt noch mal. Nichts würde mich davon abhalten, weder die Tatsache, daß ich eigentlich keines brauchte, denn die V50 war immer noch eine liebenswerte, zuverlässige Freundin, noch der Chef von Moto Guzzi North America, der am Telefon fünfundvierig Minuten lang versucht hatte, mir eine 1000er Le Mans IV aufzuschwätzen. Ich hatte dort angerufen, weil mir in einem Magazin aus Europa die 650er Lario I aufgefallen war, in die ich mich auf der Stelle verguckte, weil sie auf mich wirkte wie der Inbegriff komprimierter Schnelligkeit. Wie in dem Magazin zu lesen stand, war eine kleine und offenbar geheimgehaltene Anzahl dieser Maschinen importiert worden. Ich wußte, daß ich sie auf jeden Fall kaufen würde, und diese Besichtigungsfahrt nach Philadelphia diente nur als Vorwand, mich in dem Gefühl zu verlieren, etwas Sinnvolles zu tun; dieses Gefühl vermißte ich in den langen Tagen, die ich damit zubrachte, Liebesromane korrekturzulesen und Lyrikmanuskripte in aussichtslose Umlaufbahnen um weit entfernte tote Sterne zu bringen.

Nach dem Bahnhof 30th Street vertraute ich mich einem Taxifahrer an und sah, in den Rücksitz gepreßt, eine geheimnisvolle Stadt an mir vorüberrasen. Acht Dollar später stand ich vor einem Ziegelbau am Rande der Altstadt, allein im kalten Wind. Die Gegend wirkte völlig unbewohnt, und ich wußte sofort, sollte ich jemals nach Philadelphia ziehen, würde ich hier wohnen. Auf dem handgemalten Schild über der zweiflügeligen Tür stand THE SPARE PARTS CO.

Die Türen öffneten sich in einen kleinen Vorraum, der mit fünf oder sechs Motorrädern vollgestopft war; nur ein schmaler Pfad führte zwischen ihnen hindurch zu einem Holztresen am andern Ende des Raums. Der Mann dahinter blickte auf, erstaunt, wie es schien, obwohl er mich erwartete. Aus dem Augenwinkel erhaschte ich einen weißen Schimmer in dem Gang, der vom Vorderraum des Ladens zur Werkstatt führte, und wußte, das war die Lario; ich hatte am Telefon erfahren, daß sie weiß war, ein seltenes Exemplar unter den ohnehin wenigen ausgelieferten Maschinen. Rasch wandte ich meine Augen ab und nahm mir vor, nicht eher wieder hinzusehen, bis ich beschlossen hätte, daß die Zeit dafür gekommen sei – ein Mechanismus, mit dem ich mich in meinen Kindertagen selbst gepiesackt hatte, indem ich meinen Augen verbot, zu einem beunruhigenden Wort auf einer Buchseite zurückzuschweifen – aus irgendeinem Grund weckten Gestalt und Klang des Wortes »Sarg« in mir blankes Entsetzen –, woraufhin sie sich ein ums andere Mal über das Verbot hinwegsetzten.

Ich zwang mich, meine Aufmerksamkeit dem Mann zuzuwenden, auf dessen rundem Gesicht ein rätselhaftes Lächeln stand. Ich reimte mir bald zusammen, daß er Spare Parts Co. *war*. Wir saßen zu beiden Seiten des Tresens und plauderten, als ob die Lario nicht der einzige Grund für meinen Besuch gewesen wäre; Franz schien alle Zeit der Welt zu haben, um über alles Mögliche zu reden. Er war nur ein paar Jahre älter als ich; sein sich lichtendes Haar hatte er zu einem langen Pferdeschwanz gebunden, der ihm, mit mehreren Haarbändern verflochten, über den Rücken hinunterhing. Er hockte auf einem betagten hölzeren Küchenstuhl, wodurch er mit mir auf gleiche Höhe kam; ich saß auf einem hohen Schemel. Der Stuhl ächzte, als er nach einer weiteren Vantage und seinem Bic-Feuerzeug griff, um dem Berg Kippen in dem überquellenden Aschenbecher eine hinzuzufügen; er leerte ihn offensichtlich nur ungern. Leute, die hart arbeiten, um es zum Alleineigentümer eines solchen Ladens zu bringen, wo sich verölte Lumpen in einem mit Benzintanks vollgestopften Raum stapeln, entwickeln häufig diese Manie.

Nach fast einer Stunde gelangte ich zu dem Schluß, es sei jetzt Zeit, ein neugieriges Lächeln aufzusetzen und zu fragen: »Und wo ist nun die Lario?« Wenige Augenblicke später saßen wir wieder am Tresen und feilschten. Das Motorrad sei Baujahr 1987, erklärte er mir; jetzt hatten wir Ende 1988. Was hatte sie die ganze Zeit hier gemacht? Also – er zählte auf, was er alles verbessert und woran er überall herumgedoktert hatte: K&N-Luftfilter, bessere Ventilfedern, europäische Blinker, elektronische Zündung und so weiter. Ich hörte kaum zu, weil ich gar nicht alles begriff, was er mir erzählte, und weil ich nichts hören wollte, das mich von meiner Entscheidung hätte abbringen können, die ich gefällt hatte, lange bevor ich in Newark den Zug bestieg. Ich war weder davon abgerückt, als mir der Chefimporteur in den Ohren lag, daß ich doch *eigentlich* eine Le Mans wolle, noch als ich hörte, daß diese Maschine zwei Jahre lang hier herumgestanden hatte, und auch dann nicht, als Worte fielen wie »verbessert«, bei denen in meinem Kopf ein Warnlicht hätte aufflammen müssen.

Ich hatte außerdem auf ein Finanzierungsangebot des Geschäfts spekuliert, denn genausowenig wie ich Anlaß hatte, ein neues Motorrad zu kaufen, konnte ich es mir auch nur im entferntesten leisten. An diesem Punkt blieb Franz hart, doch er verschleierte das so wunderschön wie seine geniale Verkaufsstrategie des sanften Drucks, so daß es mir kaum auffiel. Ich würde also meinen Vater bitten, seine Lebensversicherung zu beleihen; eigenartigerweise war ich zuversichtlich, daß er das für mich tun würde, obwohl meine Mutter dermaßen außer sich war über die Richtung, die meine Entwicklung nahm, daß sie alle möglichen geistigen Verrenkungen machte, um damit zu Rande zu kommen: Das ist nur eine Phase bei ihr; das geht vorüber; wenn sie erwachsen ist, wird sie das mit den Motorrädern lassen; ich weigere mich, mich an irgendwelchen Unterhaltungen über Motorräder zu beteiligen; ich gehe ins Haus, wenn sie wegfährt, denn was ich nicht weiß, macht mich nicht heiß.

Abends war ich wieder in Hoboken und ganz und gar nicht sicher, ob ich tatsächlich in einer anderen Stadt, einem anderen Staat gewesen war.

Der Juni rückte näher, doch das bedeutete für mich nur eines: dessen drittes Wochenende – das Vatertagswochenende – herbeizusehnen, weil dann die Biker planmäßig wie Zugvögel wieder in New Hampshire einfallen würden. Aus irgendeinem Grund ist es am Rennwochenende da oben immer unnatürlich heiß, und jedesmal wenn ich die Staatsgrenze überquere und sehe, wie die Grüppchen von Motorradfahrern zu einem breiten Strom anschwellen, je näher ich dem Lake Winnipesaukee komme, überfällt mich Ferienstimmung, bittersüße Anwandlungen der immerwährenden Sehnsucht nach der Sorglosigkeit der Kindheit. Ein Wochenende lang gebe ich mir die Erlaubnis, in allem zu schwelgen, was mein Herz begehrt – Softeis, Hummerbrötchen und zielloses Zeitvertrödeln. Ich kaufe T-Shirts und Anstecknadeln, die bedruckt sind mit Aufschriften wie »Reparaturset für italienische Motorräder« und dem Bild einer Kanone.

Das New Hampshire Highway Hotel war irgendwann nach unserem Aufenthalt abgebrannt, was, wie ich hoffte, nichts zu bedeuten hatte. Armen empfahl die Unterkunft, in der er sich immer einquartierte, weit weg von den nervtötenden Massen, etwa eine halbe Stunde von der Rennstrecke entfernt. Sie befand sich in Alton Bay am Ende eines langen Fingers des Sees, der genau in Richtung Boston wies. Als ich feststellte, daß es in der Hütte, die wir reserviert hatten, sechs Schlafplätze gab und bisher nur Bob und ich und Bobs Freund Mike hinfahren wollten, begann in meinem Hinterkopf eine Idee Gestalt anzunehmen. Jedesmal, wenn ich bei Spare Parts Company anrief, weil ich etwas wissen wollte, hob Franz außer Atem ab und gestand mir schließlich, er stecke bis zum Ellbogen in Öl, und am Tresen warteten drei Kunden, und ob er mich zurückrufen könne. Das tat er auch, nach neun oder zehn Uhr abends, ob Wochenende oder Werktag. Er tat kaum etwas anderes als arbeiten, und sein Leben spielte sich im Laden und in der Werkstatt ab. Seine Freunde besuchten ihn dort, er nahm dort seine Mahlzeiten ein – in Form einer Lieferung der Gaststätte an der Ecke oder eines Sandwichs von einem schamlos überteuerten Delikatessenladen in der Nähe des Betsy-Ross-Hauses, des Entstehungsorts der ersten Flagge der Vereinigten Staaten. Er hatte nicht mal Telefon in seiner Wohnung, einem Loft in Gehweite.

Einige Wochen vor Mitte Juni begann ich ihm zu erklären, daß er Urlaub brauche. Ich geb's ja zu, sagte er, ich geb's ja zu. Und ich weiß den idealen Ort dafür, fuhr ich fort. Danach rief ich ihn fast jeden Tag an und setzte ihm zu, bis er lachte und sagte, daß er vielleicht sowieso nach New Hampshire fahren würde. Er hatte sich mehrere Jahre lang keine Pause gegönnt, bis auf die eine Woche im Frühling, wo er immer mit Freunden den Blue Ridge Parkway hinunterfuhr. Bei jedem Anruf kam ich mir vor, als ob ich aus mir herausträte und mir selber zuschaute; ich hatte keinen blassen Dunst, warum ich das überhaupt tat. Ich war Franz zweimal begegnet, einmal an diesem unwirklichen Novembertag und dann nochmals im April, um die Maschine endlich abzuholen. An diesem Tag regnete es einfach fürchterlich; trotzdem hatte ich es eilig, obwohl mir auf dieser jungfräulichen Maschine, die mir noch völlig fremd war, die Muffe eins zu tausend ging. Ich fragte mich, was ich denn schon mit ihm gemeinsam hatte, obwohl er am Telefon sehr nett war; immer hörte ich, wie er seine sechzehnte Vantage tief inhalierte, während im Hintergrund eine Musik aus dem Radio tönte, die ich mit blöden, halbwüchsigen Bengeln assoziierte. Ich konnte ihn mir gut vorstellen, dort in seinem eigenen kleinen Reich, wie er tüftelte, arbeitete und rauchte, rauchte und arbeitete. Meine Phantasie erfüllte es mit jener gemütlichen Behaglichkeit, die ich mit den Nächten, in denen ich arbeitete und rauchte, rauchte und arbeitete, nie hatte in Verbindung bringen können. Ich unterstellte ihm, er müsse mit seinem Leben zufrieden sein, genauso wie ich es allen Fremden unterstellte, zu deren erleuchteten Fenstern ich von draußen aus dem Dunkel hinaufblickte.

Als er endlich erklärte, er werde nach New Hampshire kommen, ging ich daran, ihm die Zusage abzuringen, gemeinsam mit mir hinzufahren. Ich wies darauf hin, daß Hoboken gradewegs auf dem Weg von Philadelphia dorthin liege. Schließlich sagte er auch dazu ja, und ich fühlte mich, als hätte mir ein Fremder ein Kompliment gemacht.

Um neun Uhr morgens schaute ich aus meinem Schlafzimmerfenster auf die Straße. Der Himmel sah aus wie ein schmutziger Lumpen. Der einzige Regenschutz, den ich besaß, war eine gelbe Plastikkombi für fünfzehn Dollar mit einem riesigen Loch an einer Wade. Dieses Loch war ein Andenken an eine Fahrt im Jahr zuvor, als ich längere Zeit durch heftigen Regen gefahren und schließlich von der V50 abgestiegen war; ich stand dicht an einem heißen Auspuffrohr, und ohne daß ich es merkte, schmolz das gelbe Zeug rasch dahin und zerlief wie die böse West-Hexe im »Zauberer von Oz«. Einer der Entschlüsse, die ich am Ende dieses elend langen Tages fassen sollte, bestand darin, sofort eine neue Regenkombi zu kaufen.

Mit einer Stunde Verspätung hörte ich draußen ein wunderschönes, anschwellendes Grollen, und ich schaute hinaus, um schließlich eine weiße Le Mans III um die Ecke biegen zu sehen. Es fiel sofort ins Auge, wie souverän der Fahrer auf seiner Maschine wirkte; ich bin sicher, daß sich bei diesem Anblick in meinem Gesicht die Anerkennung malte, die instinktiv auf die Züge tritt, wenn man einem besonders wohlgestalten Exemplar der Gattung Mensch begegnet, das ganz im Bewußtsein seiner selbst die Straße entlanggeht.

Nach wenigen Minuten stand ein Mann aus Philadelphia, den ich kaum kannte, in meiner Küche und entschuldigte sich für seine Verspätung; ich fand es auf einmal sehr eigenartig, daß mir so etwas überhaupt passiert war. Ich griff gerade nach meinen Taschen, als das Telefon klingelte. Es war ein alter Freund aus meiner Zeit als Lektoratsassistentin in einem Verlag. Er arbeitete jetzt in der Werbeabteilung eines Edelmagazins und bot mir an, einen längeren, aber einfachen, mit etwas Information angereicherten Werbetext zu schreiben. Es ging dabei nicht um Kunst. Er erklärte mir, ich hätte ein paar Wochen Zeit und ich bekäme fünftausend Dollar dafür.

Ich hatte mir was darauf eingebildet, dreihundertfünfzig die Woche nach Hause zu bringen, und jetzt fiel mir das in den Schoß. Franz blieb still in der Küche stehen, während ich mit meinem Freund die Einzelheiten abklärte und ihm mitteilte, ich würde ihn anrufen, sobald ich zurück sei. Als ich aufgelegt hatte, sagte Franz: »Ich weiß nicht, was du machst, aber ich weiß, daß du sehr gut darin bist.« Mich durchströmte Dankbarkeit, aber auch Scham, weil ich ein Kompliment für etwas erhalten hatte, über das ich mich eigentlich erhaben glaubte. Doch der Gedanke an ein kleines Stück Papier mit einer Zahl darauf, die schon ans Degenerierte grenzte, versüßte mir das. Ich haßte alles, was mit Geld zu tun hatte und wahrscheinlich nichts so sehr wie die Tatsache, daß ich nie genügend hatte.

Als wir durch den Holland Tunnel in die Stadt rollten, fanden wir beide genau die Stellung des Gasgriffs, bei der das Grollen des Motors die Betonröhre in einen Klangraum verwandelt; der Widerhall brach sich so oft, daß wir nicht mehr auf ölfleckigem Asphalt, sondern auf einem fliegenden Teppich aus Schallwellen fuhren. An der Ausfahrt aus dem Tunnel klatschten Regentropfen auf uns nieder.

Je weiter wir auf dem Taconic Parkway nach Norden kamen, desto heftiger wurde der Regen und desto dunkler der Himmel. Schließlich konnten wir gerade noch so fahren. Von der berühmten Hitze dieses Wochenendes keine Spur. Als wir Poughkeepsie passierten und damit erst ein Viertel der Strecke bis zu unserem Ziel zurückgelegt hatten, waren meine Jeans unter dem billigen gelben Plastik vom Sitz bis zu den Knien durchnäßt. Bei jeder Gewichtsverlagerung spürte ich, wie es das Wasser aus dem Stoff drückte. Franz, der die Möglichkeit hatte, jede Motorradkleidung, die auf den Markt kam, auszuprobieren und dann zu Händlerpreisen zu kaufen, trug einen alten britischen Bellstaff-Anzug aus gewachster Baumwolle, ein Kleidungsstück, das sowohl dem Zahn der Zeit als auch allen Preisvergleichen standgehalten hatte. Doch es gibt nichts, was an einem Tag, an dem es ununterbrochen regnet, wirklich trocken hält. Am Ende ist immer irgendwo eine undichte Stelle, genauer gesagt, am Schritt.

Wir hielten jede Stunde an, um zu tanken und einen Kaffee zu trinken, und immer eilte ich mit einem leisen Gebet, es möge einen Handtrockner geben, zu den Toiletten. Wenn es einen gab, zog ich meine Handschuhe, die so klamm und kalt waren wie tote Fische, über die Gebläseöffnung. Die Kinder wollten sich ausschütten vor Lachen über die aufgeblasene.

schwarze Hand, die von der Wand winkte, während ihre Mütter heldenhaft versuchten, ihre Händchen unter das laufende Wasser zu halten. Dann drehte ich mich um und ließ den warmen Luftstrom auf meine Schultern blasen, weil sich die Muskeln durch die kalte, feuchte Luft, die beim Fahren in den Kragen zog, völlig verspannten. Bei unserer zweiten Pause zuckte ich schon zusammen, wenn nur ein Finger diese Muskeln berührte.

Bei unserer zweiten Pause waren Franz und ich schon Kameraden bei einer abenteuerlichen Expedition ins Unbekannte, und jeder schiefe Blick, der uns traf, festigte unsere Kameradschaft noch mehr. Und man wird schief angesehen, wenn man klitschnaß ein Lokal betritt und krummbeinig, unter Tropfen und Rascheln und mit unnatürlich rotem Gesicht zu einem Tisch stapft.

Wir waren spät losgefahren und gerieten immer mehr in Verzug; bei einem derartigen Sauwetter kann man sich unmöglich beeilen. Wir suchten uns eine Gaststätte zum Abendessen, und als wir wieder herauskamen, war es Nacht. Immer noch fiel Regen, wenn auch nicht mehr so heftig; dafür war die Temperatur beträchtlich gefallen. Ich fröstelte jetzt fast unausgesetzt, außer wenn meine Muskeln vollends zu Eis erstarrten. Wir waren jetzt mehr als acht Stunden unterwegs und noch nicht mal in der Nähe von Manchester. Jetzt begann der Teil der Fahrt, wo die Straßen, die man erst noch erreichen muß, in unendliche Ferne rücken und die Zeit sich nur noch mit einem schrecklich langsamen Tick, Tack dahinschleppt.

Von dem Punkt an, an dem wir auf die Route 28 einbogen und die offenbar letzten fünfundzwanzig Meilen in Angriff nahmen, glaubte ich nicht mehr, daß wir es noch bis zu unserem Ziel schaffen würden. Es war stockfinster, jedes entgegenkommende Scheinwerferpaar ein Feind, der uns mit tückischem Gleißen zu blenden versuchte. Franz fuhr voraus, und er hielt ein gleichmäßiges Tempo, das exakt der Geschwindigkeit entsprach, die ich gewählt hätte, wäre ich allein gefahren; wie ich heute weiß, ist dies das Resultat einer Begabung und eines Edelmuts, die nur wenigen eigen sind.

Nichts erschien mir endloser als die Route 28, die gesamte Fahrt eingeschlossen. Wir fuhren jetzt fast neun Stunden, allesamt in Regen und Kälte, und ich wußte nicht, wie lange ich das noch durchhalten konnte. Allmählich überlegte ich mir, ob wir nicht über unser Ziel hinausgeschossen waren und schon ein gutes Stück der Strecke nach Kanada zurückgelegt hatten. Dann flog plötzlich ein Schild durch unsere Scheinwerferkegel: ALTON BAY 7 MILES. Franz blinkte nach rechts und bog in eine geschlossene Tankstelle ein, unter deren Vordach wir anhielten. Wir stiegen ab und schüttelten uns wie nasse Hunde. »Mensch, was würde ich jetzt für ein Glas Whisky geben,« bemerkte ich, und Franz fing an, etwas über die Sodamaschine zusammenzuspinnen, deren roter Lichtschein sich in dem nassen, glänzenden Asphalt neben der Werkstatt spiegelte. In seiner Phantasie spuckte sie kleine Flaschen Wild Turkey und Maker's Mark und Jack Daniel's aus, und ich konnte förmlich sehen, wie sie sich vor meinen Augen verwandelte. Wir lachten wie die Idioten, zu denen wir geworden waren, und dann lag ich in seinen Armen.

Als wir endlich vor der Hütte vorfuhren, bereiteten uns Bob und Mike einen begeisterten – und ungläubigen – Empfang; sie waren sich sicher gewesen, daß wir unsere Abfahrt auf den nächsten Tag verschoben hätten. Ich schälte mich aus den nassen Sachen und verschwand in einer Dampfwolke unter der Dusche. Danach setzte ich mich auf den Heizkörper, und die warme Luft des Gebläses bauschte mein Flanellnachthemd. Ich war nicht sicher, ob mir jemals wieder warm werden würde.

Jäh wurde mir bewußt, daß ich das Geräusch meines eigenen Motorrads hörte, ohne daß ich draufsaß. Ich warf die Bettdecke zurück und sah durch das Fenster, daß Franz die Lario gerade anhielt. Er mußte sie genommen haben, um sie für mich aufzutanken, damit wir alle gemeinsam zur Rennstrecke fahren konnten, sobald ich aufgestanden war. Ich beobachtete, wie er abstieg und, während er sich mit Bob unterhielt, der mit einer Tasse Kaffee in der Hand zu ihm hingeschlendert kam, eine langstielige, rote Rose unter einem Spannriemen hervorzog. Ich war unendlich gerührt: das mit der Blume war lieb – aber erst ein voller Benzintank und ohne auch nur zu fragen!

Der Tag brach so sonnig an, daß sich die Erinnerung rasch verflüchtigte. Ich ging nach draußen, um mir anzuschauen, wo ich mich überhaupt befand. Unser Häuschen gehörte allem Anschein nach zu einer Gruppe dunkler Blockhütten, die sich über das Grundstück eines hundertjährigen Sommerlandsitzes am See verteilten. Über das kalte Wasser ragte ein Bootsanleger, zwischen hohen, uralten Kiefern lag eine Wiese, über die selbstherrliche Enten marschierten. Unsere Hütte, das sogenannte Puppenhaus, war die älteste, vermutlich als Kinderspielhaus erbaut, vor den Tagen, wo sich niemand mehr großzügige Sommersitze am See leisten konnte, vor den Tagen, in denen ein solcher Besitz umgebaut und an Gäste vermietet oder in Parzellen aufgeteilt und verkauft werden mußte.

Wir fuhren im Konvoi einer hinter dem anderen. Die Route 140 West zur Rennstrecke gehörte fünfzehn Meilen lang uns, doch als wir auf die 106 einbogen, riß uns dieselbe Woge von Motorrädern mit sich, die mich auch in meinem zweiten Jahr als Zuschauerin bei den Rennen faszinierte. In allen Richtungen donnerten Motorräder vorüber; sie parkten auf den Seitenstreifen, wo ihre Besitzer Schilder mit der Aufschrift ZEIGT EURE TITTEN! hochhielten; sie überrollten Tankstellen und Parkplätze von Supermärkten und Fischrestaurants. Es gab Sportbikes und Cruiser und Chopper und Trikes und alte Einzylinder, ein lauter Farbenteppich, der sich auf die Landschaft aus Grün und Ocker legte.

Die Gegend um Laconia, ein ausschließlich von Weißen besuchtes Erholungsgebiet an den Ufern des Lake Winnipesaukee, ist seit 1917 Austragungsort der heute ältesten jährlich stattfindenden Motorradrennen der Vereinigten Staaten. (Als offiziellen Schauplatz der Rennen bezeichnet man jetzt den nächstgelegenen Ort Loudon, möglicherweise um Abstand zu den häufigen Ausschreitung der Vergangenheit zu gewinnen, doch die alten Hasen sprechen immer noch von »Laconia«.) Hunderte und später Tausende trafen sich zu den alljährlichen Amateurrennen rund um die sogenannte Gypsy Tour, und um die Tourist Trophy (TT) über hundert Meilen mitzuverfolgen. 1938 fand das erste Grand National statt, auf einer Sandpiste zwischen den Kiefern hindurch; 1965 wurde eine asphaltierte Strecke gebaut.

Die Photos von den Rennen der dreißiger Jahre vermitteln etwas von dem Flair jener »tollkühnen Männer auf ihren fliegenden Kisten«: Jodhpurs und karierte Mützen; hübsche junge Dinger, die in ausgelassender Gesellschaft von den Trittbrettern alter Fords aus die Ereignisse verfolgen; höchst manierliche Motorradclubs wie Fritzie's Roamers oder Friendly Riders of Worchester, Massachusetts, die steif aufgereiht für Gruppenphotos posieren, alle gewandet in eine Art eleganter Uniform aus Button-Down-Hemden mit kontrastfarbenen Kragen und Manschetten, Krawatten mit Klammern, für die es eine genaue Plazierungsvorschrift gegeben haben muß, und Schirmmützen ähnlich denen der Polizei.

Doch die Veranstaltung hatte auch eine Kehrseite, und zwar seit ihren Anfängen. Das Programmheft von 1947 enthält folgenden Appell:

> VERHALTET EUCH WIE GENTLEMEN
> An die Motorradfahrer, die sich die Tour ansehen: Ihr solltet euch vor Augen halten, daß wir danach, wie wir fahren und uns allgemein benehmen, als ganze Gruppe beurteilt werden. Deshalb wünscht euch unser Verband viel Vergnügen und wunderschöne Tage, aber genießt sie bitte in Gentleman-Manier, damit ein ausschließlich vorteilhaftes Licht auf unsere Motorradfahrergemeinschaft fällt. Und das bezieht sich auch auf eure Fahrweise auf den öffentlichen Straßen.

Den Krawallbrüdern unter den Angesprochenen stand der Sinn wohl kaum vor allem danach, einen akzeptablen Eindruck zu machen, wenn sie schon einmal in großer Zahl mit so zahlreichen Mitbrüdern zusammentrafen. Bei einem ähnlichen Wochenendtreffen 1939 in Athol in Massachusetts rückte die Feuerwehr aus, um die Menge mit dem Wasserschlauch zu zerstreuen, was wiederum erst einen richtigen Aufstand auslöste, den nur noch die Polizei niederschlagen konnte.

Doch erst bei den Laconia-Rennen von 1965 liefen diejenigen, die ihren »Spaß« haben wollten, zu Höchstform auf. Wie manche behaupteten, hatten sich ein paar Hell's Angels eingeschlichen und die ganze Sache ins Rollen gebracht, doch es ist ziemlich sicher, daß sich keiner von denen auch nur in der Nähe von Neuengland herumtrieb; 1965 gab es die echten Hell's Angels nur in Kalifornien (andere Clubs klauten einfach den Namen, mußten jedoch irgendwann dafür büßen). Der Weg von Kalifornien zieht sich ziemlich, wenn man ihn mit einer stark verlängerten Vordergabel und einem Zehn-Liter-Tank zurücklegen will.

Die Behauptung, daß die schlimmsten Radaubrüder des Landes die Hand im Spiel gehabt hätten, klingt etwa so wie die Lieblingseröffnung von Polizeisprechern und beflissenen Jungreportern: Die Krawalle vor Ort hätten »von auswärts angereiste Chaoten« – je exotischer, desto besser – vom Zaun gebrochen. Dies war die übliche Strategie, bis schließlich 1995 eine Lokalzeitung einen neuen Gesichtspunkt aufs Tapet brachte: Ein Großteil des Ungemachs, das die Region während des Rennwochenendes heimsuche, gehe auf nicht Motorrad fahrende einheimische Jugendliche zurück, die ihrem übers Jahr aufgestauten Frust in Krawallen Luft machten, und der jährliche Einfall Tausender Motorräder in ihr Revier böte ihnen nur einen willkommenen Anlaß.

1965 kamen mehr als 20000 Motorradfahrer nach Laconia – eine Zahl, die seit den dreißiger Jahren üblich war –, doch diesmal machte sich in der Stadt ungewohntes Unbehagen breit.

Die Stadt duckte sich, als ob sie die aufgeladene Atmosphäre, die die »zornigen jungen Männer« um sich verbreiteten, und den Funken fürchtete, der sie zur Explosion bringen konnte. Diese Angst dürfte die Atmosphäre jedoch nur noch explosiver gemacht haben.

Eine der üblichen, künstlich hochgepuschten Stories von *Life* berichtete, die Biker hätten entlang des Highways sogar Reklametafeln aufgestellt, um Zuschauer zu ihrem Spektakel zu locken: KOMMT ZU DEN KRAWALLEN! SEHT WEIRS BEACH AM SAMSTAGABEND BRENNEN! Auf einer der Doppelseiten, mit denen *Life* die Sensationslust des amerikanischen Normalbürgers sonst mit Verrücktheiten aus dem Ausland bedient, zeigte das Magazin Photos von beschlagnahmten Waffen – Ketten und dergleichen – sowie das Bild eines der üblen Kerle, der nicht allzu verzweifelt in einer Arrestzelle sitzt.

Am schnellsten eskaliert eine Situation immer in einer schwülen Sommernacht. Der Verkehr nach Weirs hinein – Weirs Beach mit seiner Minigolfanlage, seinen Imbiß- und Eiskiosken und Souvenirläden und dem Vergnügungspark – fließt in zähen Schlangen, stockt im Stau. Zuschauermengen füllen die Gehsteige und quellen aus Kneipen; Feuerwerkskörper zerreißen den Nachthimmel. Stimmengewirr, Rufe – und Hitze.

Als die Nacht vorüber ist, liegt das Auto einer einheimischen Familie als verkohltes Wrack mitten auf der Straße; Gebäude sind rauchgeschwärzt. Sechsundneuzig Polizeibeamte und zweihundert Reservisten hatten sich eine Straßenschlacht mit den Rowdies geliefert. Die *New York Times* betrieb Ursachenforschung: Die Räumung der Straßen sei geboten gewesen, weil von den Grüppchen »langhaariger, junger Rabauken mit unzivilisierter Sprache, die Motorräder mit Namen wie ›Cold Turkey‹ (Kalter Entzug) und ›Bad News‹ (Schlechte Nachrichten) fahren,« eine Bedrohung ausgegangen sei. Wie auch immer, da sowohl die Feuerkraft als auch die Schutzausrüstung der mutmaßlichen (und mutmaßlich zivilisiert sprechenden)

Guten überlegen waren, gab es die meisten Verletzten auf der anderen Seite. Fünfzig Personen wurden verhaftet, fünfundachzig mußten wegen Verletzungen durch Tränengas, Schrot, Gummiknüppel und verirrte Flaschen, Steine und Feuerwerkskörper medizinisch versorgt werden.

Die Arrestzellen der kleinen Stadt quollen über in dieser Nacht des Jahres 1965. Interessanterweise hatte John King, der Gouverneur von New Hampshire, nur eine Woche zuvor ein Antikrawallgesetz unterzeichnet und somit in Kraft gesetzt. Die Entscheidung ging weder auf simple Vorahnung zurück noch fehlte ihr ein Anlaß. Die Veranstaltung war im Jahr zuvor wegen der Unruhen von 1963 gänzlich abgesagt worden.

Heute füllen die Parkplätze an der Rennstrecke Motorräder in Reih und Glied – Hunderte ordentlicher Reihen, wie im größten Ausstellungsraum der Welt unter freiem Himmel. Der Ausblick von der Oberkante der Tribune mit ihrer Rundumsicht über einen knappen Kilometer ist schlicht überwältigend. Alle Fabrikate, alle Farben, alle Baujahre von 1972 an und mehr als nur ein paar aus der Zeit davor. Bei einem Bummel durch die Reihen kann jeder seinem Traum begegnen: einer Bimota für 30000 Dollar, der Testarossa der Motorräder; einer massigen BMW Paris-Dakar in glänzendem Schwarz-Gelb; einer Ducati Super Sport wie Meerschaum von 1974, ehrfurchtgebietend restauriert, die so federleicht wirkt, daß man meint, sie mit einer Hand umstoßen zu können, die jedoch auf der Straße mit einem Aufbrüllen verschwunden ist, schneller als man ihr mit den Augen folgen kann. Den sechs Harleys, die als Gruppe kamen und sich schräggelehnt auf ihre langen Seitenständer stützen, mit von den Lenkerenden baumelnden Waschbärschwänzen, eine Phalanx schwarzlederner, fransenverzierter Satteltaschen und verchromter Trittbretter. Oder eine alte Yamaha von unbestimmter Farbe, ein Ur-Bike, nichts, weshalb man ausflippen müßte, aber es fährt. Hunderte davon.

Diese Vielfalt ist nicht das Werk von Menschen, die alle das gleiche denken oder gleich aussehen, sondern irgendwie alle das gleiche *mögen;* dennoch sind sie aus ein und demselben und zugleich aus tausendundeins Gründen hier. Die Tribünen wirken heuer spärlich besetzt, weil sie für das Massenpublikum der Autorennen erweitert wurden. Motorradrennen locken nur einen Bruchteil von deren Zahlen, obwohl nur eine Minute an der Strecke – wenn das Feld vorüberheult, die Fahrer tief auf die Maschinen geduckt, im Hanging-off, die Knie um Haaresbreite über dem Asphalt und manchmal im freien Flug durch die Luft – Beweis genug wäre, daß der Motorradrennsport dem Zuschauer mehr an Spannung zu bieten vermag als alles, was wir gemeinhin als »aufregend« bezeichnen.

Diese zehntausend Fans also wirken verloren auf der gigantischen Tribüne. Von den oberen Reihen aus können sie fast den gesamten Kurs überblicken, der sich um das Oval der Autorennstrecke herumwindet, dann einen Hügel hinauf und wieder hinunter, noch eine Haarnadelkurve beschreibt und danach ein gerades Stück parallel verläuft; auf diesem geraten Maschinen und Fahrer für einen Moment außer Sicht, weshalb dort alles mögliche passieren kann und passiert.

Die Motoren heulen auf. Ein Starterfeld von dreißig Maschinen macht einen Höllenlärm. Dann fällt die Flagge. Anfangs ist das Feld so dicht, daß es an ein Wunder zu grenzen scheint, daß nicht die Hälfte schon weit vor der ersten Kurve auf dem Asphalt liegt. Ein leichter Rempler hat bei einem Motorrad einen völlig anderen Effekt als bei einem Auto; dieses wird zwar in eine neue Richtung gestoßen, bleibt aber auf den Rädern. Es ist sogar frappierend, wie schnell ein Wackler aus einer mit höchsten Aufwand zusammengebauten Rennmaschine Schrott macht. (Genauso verblüffend ist es, wie viele scheinbar unausweichliche Katastrophen von professionellen Fahrern noch abgefangen werden, und das ist ein weiterer Aspekt, der diese Zehntausend auf den Tribünen fasziniert: Sie können sich so gut ausmalen, wie es sein mag, in die sichere Katastrophe hineinzurasen. Was sie sich nicht vorstellen können, ist, wie dieser Kerl in Kurve sechs gerade diese unglaubliche Rettungsaktion fertiggebracht hat, denn solche fahrerischen Leistungen sind praktisch nicht nachvollziehbar.)

In der Anfangsphase, wenn sich die Maschinen wie ein geschlossener Block in die erste Kurve legen, geht kaum einer ein Risiko ein. Alles im Griff und die Nerven behalten. Ein bißchen besser im Griff und bessere Nerven behalten als die anderen neunundzwanzig. Damit beginnt das, was letztendlich direkt ins Finish führt. Weil schließlich irgendeiner die Führung übernehmen muß, zieht sich der Rest des Feldes hinter diesem Fahrer auseinander, so daß man jetzt besser beobachten kann, wie sich der Wille zu siegen verstärkt, der Wille, sowohl die Strecke als auch alle Konkurrenten zu schlagen.

Runde um Runde legen sie zurück. Zwanzig, dreißig, und immer hetzen sie auf der vorderen Geraden mit diesem durchdringenden Kreischen vorüber, das die Zuschauer am Zaun zurückwirft. Es ist unmöglich, ihnen von dort aus mit dem Blick zu folgen, weil man den Kopf gar nicht so schnell herumwerfen kann. Die Zaungäste entscheiden sich daher für eine Blickrichtung und bleiben dabei. Die Fahrer wiederum wählen ihre Linie so exakt, daß sich bei Regen eine anderthalb Meter breite, trockene Spur bildet, und wie viele Runden das Rennen auch dauert, die Reifen rollen nach jeden zweieinhalb Kilometern genau auf diesem Streifen.

An meinem ersten Tag vermochte ich nichts anderes, als am Maschendrahtzaun zu kleben und den Mund aufzusperren, während die Motorräder Zentimeter von meinen Fingerknöcheln entfernt vorüberrasten. Jetzt, einige Rennen später, ist der Bann gebrochen, und ich kann mich ab und zu von den Rennen losreißen. Wenn man durch einen der beiden großen Betontunnel geht, die unter der Strecke hindurchführen, gelangt man in den Boxenbereich in der Mitte des Rundkurses. Von hier aus sieht man vom Rennen nicht allzuviel, obwohl man sich ganz nah an eine Kurve stellen kann, wo man hört, wie die Fahrer krachend herunterschalten, förmlich spürt, wie sie kurz vorher in die Eisen steigen, und dann die schwindelerregende Schräglage sieht, in der die Fahrer mit dem Hintern halb neben der Maschine hängen und dicke Knieprotektoren über den Asphalt schleifen. Und schon sind sie wieder obenauf und weg, schalten hoch mit einem Crescendo, das kein Ende zu nehmen scheint.

Während vorn das Schauspiel in vollem Gange ist, läuft an den Boxen der Betrieb hinter den Kulissen. Man kann zuschauen, wenn die Fahrer ihre Maschinen zum Start schieben, und riskiert es, über den Haufen gefahren zu werden, wenn sie nach Beendigung eines Laufs von der Rennstrecke zurückkommen. Die übrige Zeit kann man hie und da einen erspähen, wie er umherschlendert, den Reißverschluß der einteiligen Rennkombi bis zur Taille geöffnet, so daß sie aussieht wie eine halb abgestreifte Haut. Zuweilen sieht man auch einen Fahrer auf einem Boxenmotorrad heranfahren; diese Sportbike-Miniaturreplikas sind beliebt als Fahrzeuge für allerlei Besorgungen. Wenn sie so dahergetuckert kommen – die Knie fast am Kinn und auf einem Sitz kauernd, der nicht viel höher ist als der Boden –, dann wirken sie wie die Jungs, die sie im Grunde sind, wie siebzehn, achtzehn, neunzehn, nicht wie die gottähnlichen Erscheinungen auf der Rennstrecke. Man kann auch einen Blick in die Box werfen, wo eine Gruppe von wichtig dreinschauenden Offiziellen mit Klemmbrettern in der Hand die technische Abnahme durchführen, eine rasche Abfolge von Blicken, Handgriffen und wieder Blicken bei jedem Motorrad, das bis in Augenhöhe auf eine Rampe hinaufgerollt wird. Auch die Maschinen wirken verblüffend klein.

Ich schlendere gern in der Menschenmenge umher, die gleichfalls umherschlendert, angetan mit Shorts und Baseballmützen und T-Shirts mit dem Aufdruck von anderen Rennstrecken und -jahren. (Die Besucher haben fast durch die Bank weiße Hautfarbe; irgendwann stößt mir das unweigerlich unangenehm auf.) Wir kramen in den Sachen, die zum Verkauf angeboten werden: Rennanzüge für viele hundert Dollar in den allerneuesten Farbkombinationen wie braunrot und königsblau oder magenta-lavendel-leuchtorange; Reifen, Kettenschmierfett und Bremsbeläge; die immer gleichen Poster und Kalender, raffiniert ausgeleuchtete Studioarrangements mit einer heißen Kawasaki und einer noch heißeren achtzehnjährigen Blonden in einem T-Shirt, das genau unterhalb der aufgerichteten Brustwarzen abgeschnitten ist.

Man sollte meinen, daß all dies genug Attraktion für jeden Besucher böte. Doch das breite Spektrum der Besitzer der Myriaden Maschinen, die draußen vor den Toren parken, ist nicht so einfach zufriedenzustellen. Es gibt Biker, die seit zwanzig Jahren nach Laconia kommen und noch nie zur Rennstrecke gefahren sind. Sie sitzen auf dem Parkplatz des Green Arrow Motels und lassen die Parade an sich vorüberziehen. Da liegen sie dann in ihren nylonbespannten Gartenstühlen, die Stiefel lässig von sich gestreckt, als ob sie immer noch auf ihrem Cruiser mit den weit nach vorn verlegten Fußrasten säßen. Aus ihrer Hand ragt die Bierdose. Sie werden nur munter, wenn es gilt, »TITTEN!« zu grölen, weil ein Motorrad mit Sozia vorbeikommt. Auf dem Höhepunkt des Wochenendes in Weirs Beach haben viele Mädchen ihre T-Shirts einfach von vornherein ausgezogen. Doch wie Automaten, die sich nicht abstellen lassen, schreien sie auch bei diesen noch mechanisch »TITTEN!«

Der Drang, auf dem Motorrad um die Wette zu fahren, ist so alt wie das Fahrzeug selbst. Schon Kinder zeigen diesen Drang; noch am selben Tag, an dem sie ein Fahrrad mit Hilfsrädern bekommen, treten sie wie wild in die Pedale, um schneller zu sein als ihre Spielkameraden. Das erste Rennen, an dem Motorräder teilnahmen, fand 1894 zwischen Paris und Rouen statt; wahrscheinlich war es ein Rennen für jedermann, an dem Automobile, die klapprigen Zweiräder jener Zeit und benzinbetriebene Dreiräder gleichermaßen teilnehmen durften. Im folgenden Jahr erlebte Amerika das erste formelle Rennen, bei dem Motorräder mitfuhren – von Chicago nach Waukegan (das erste offizielle Rennen in den Vereinigten Staaten – von Boston nach New York – mußte allerdings warten bis 1901 und bis zur Gründung eines offiziellen Motorsportverbands).

1897 fand in Großbritannien eine Wettfahrt zwischen einem Motorrad und einem Fahrrad statt. Zwar erreichte das Fahrrad nach der 43 Kilometer langen Strecke die Ziellinie mit dreihundert Metern Vorsprung, doch das *Horseless Vehicle Journal* äußerte die Ansicht, es werde nicht lange dauern, bis der Motor die Oberhand über die Pedale gewinnen werde.

Tempo pur – das war von Anbeginn an die unendlich verlockende Herausforderung. Die schon in der Anfangszeit des Motorrads erreichten Geschwindigkeiten werden noch unglaublicher, wenn man sich vor Augen hält, daß der Bau eines entsprechenden Fahrwerks immer wichtiger wird, je mehr Leistung der Motor bringt. Da die Leistungsfähigkeit des ersteren der des letzteren häufig beträchtlich hinterherhinkte, nahm die Wahrscheinlichkeit katastrophaler Folgen proportional zu dieser Diskrepanz zu. Der Pionier der Fliegerei und begeisterte Motorradfahrer Glenn Curtiss montierte einen querliegenden Curtiss-V8-Motor mit Kardanantrieb in einen Motorradrahmen und erreichte damit bei Ormond Beach eine inoffizielle Geschwindigkeit von 136,3 Meilen pro Stunde (219,4 Stundenkilometer) – im Jahr 1907. 1920 erreichte eine V2-Indian mit 1114 Kubik bei Daytona Beach 115,79 Meilen pro Stunde (186,4 Stundenkilometer), und 1937 stand der Weltrekord bei 274,5 Stundenkilometern, gesetzt von Piero Taruffi auf einer Gilera. Er hielt weniger als einen Monat, dann brach ihn der Deutsche Ernst Henne auf einer leistungsgesteigerten BMW mit 279,4 Stundenkilometern. Henne hielt, wenn auch jeweils nur kurz, 76 Weltrekorde.

Schon früh faßte der Nationalismus im Rennsport Fuß und heizte die Wettbewerbe auf. So maßen sich 1903 ein Franzose und ein Engländer auf der Radrennbahn von Canning Town unter den Augen eines Publikums, dessen Leidenschaft an Kriegshysterie grenzte (Maurice Fournier fuhr eine Maschine mit 22 PS, 2340 Kubikzentimetern Hubraum und einer Spitzengeschwindigkeit von 130 Stundenkilometern und fuhr seinen britischen Konkurrenten in Grund und Boden). Die Geschichte des Rennsports läßt sich in die Jahre und manchmal auch Jahrzehnte einteilen, in denen die Maschinen aus bestimmten Ländern mehr Trophäen errangen als alle anderen: In den ersten Jahrzehnten des Jahrhunderts gingen die Pokale zwischen den Franzosen, Briten und Amerikanern hin und her; in den dreißiger Jahren schienen die Nortons aus England den Sieg gepachtet zu haben; in der zweiten Hälfte dieses Jahrzehnts schlugen die Italiener heftig und oft erfolgreich zurück; kurz vor dem Zweiten Weltkrieg war BMW drauf und dran, die Führung an sich zu reißen. Mit den fünfziger Jahren ging das goldene Zeitalter der britischen Maschinen zu Ende, während die italienischen erneut eine Glanzzeit erlebten, insbesondere Guzzi und Gilera. Anfang der sechziger Jahre räumten die Erzeugnisse der »Mechanischen Werkstätte Verghera« (Meccanica Verghera), das Hobby des Grafen Domenico Agusta, alles ab, was es auf dem europäischen Kontinent zu holen gab: MV Agusta gewann die Weltmeisterschaft 1958, 1959 und 1960 in der 500-, 350- und 250-Kubikzentimeter-Klasse. (Die einzige Kategorie, in der MV Agusta nicht siegte, war die Seitenwagenkonkurrenz, die schon immer BMW für sich entschieden hatte.) Ein Stern, der so hell aufleuchtet und so rasch wieder erlischt, ist der Stoff für bleibende Erinnerung und Mythenbildung; dazu kommt noch, daß die Agustas zu den schönsten Motorrädern zählen, die je gebaut wurden. (Mein Freund Wolf Knapp schrieb vor ein paar Jahren einen Rocksong mit dem Titel »MV Agusta«, der von der Band Antietam aufgenommen wurde; der Titel hat, wie beim Art Rock üblich, keinerlei Bezug zum Text, doch Wolf hat ein sicheres Gespür für gute Songtitel.)

Die Jahrzehnte der japanischen Vorherrschaft begannen 1961, als Mike Hailwood, einer der berühmtesten Motorradrennfahrer aller Zeiten, eine private Honda in der 250-Kubikzentimeter-Klasse zur Weltmeisterschaft fuhr. Die Japaner brauchten nur ein Jahr, um alle Gegner aus dem Feld zu fegen:

1962 hatten sie in fünfundzwanzig Rennen sechzehn neue Rekorde gesetzt und in allen den ersten Platz belegt. Es schien, als sei ihre absolute Vorherrschaft nicht zu brechen, bis Anfang der neunziger Jahre die italienische Firma Ducati mit ihren verblüffend starken roten Rennern die Szene wieder betrat.

Straßenrennen sind die bekannteste und faszinierendste Form von Motorradrennen. Sie leiten sich ab von den ersten Rennen, die auf Rundkursen aus abgesperrten öffentlichen Straßen ausgetragen wurden. Das früheste dieser Straßenrennen war wahrscheinlich die Coupe Internationale, organisiert vom französischen Auto-Cycle Club, bei der Schiebungen grassierten (so wurden andere Maschinen benutzt als gemeldet, Maschinen unterwegs gewechselt und sogar Nägel gestreut, d. Ü.). Das Rennen im nächsten Jahr in Dourdan war besser organisiert und überwacht, so daß es zum ersten Wettbewerb von wirklicher Bedeutung wurde. Drei von zwölf Fahrern gelang es, die üblichen Störungen und Stürze zu vermeiden und ins Ziel zu kommen: der Österreicher Vondřich auf einer Laurin & Klement als erster, Joseph Giuppone aus Frankreich auf einer Peugeot als zweiter und der ursprüngliche Favorit Demester aus Frankreich, der aber wegen unerlaubten Radwechsels disqualifiziert wurde.

Doch der Rennsport ist ungeheuer vielfältig, und diejenigen, die es lieben, ihre Kräfte zu messen, fanden die verschiedenartigsten Herausforderungen auf den unwahrscheinlichsten Unterlagen. Es gab und gibt manchmal noch Rennen auf Sand, Aschenbahnovalen, Gras, Eis (wobei Reifen mit mörderischen Spikes verwendet werden, die die extremsten Schräglagen im gesamten Rennsport ermöglichen) und hügeliges Querfeldeingelände. Es gibt Dragster-Rennen, die den Beweis liefern, daß irgend jemand irgendwo dazu bereit ist, nahezu alles x-beliebige in einen Zweiradrahmen zu packen und sich dann über so viele Zylinder zu legen, daß er kaum noch den Lenker erreichen kann; acht Sekunden später überquert er die Ziellinie mit dreihundert Stundenkilometern, vorausgesetzt, es geht nichts schief. Es gibt Langstreckenrennen rund um die Uhr (meistens auf Rennkursen, doch gelegentlich auch auf öffentlichen Straßen, in Amerika beispielsweise das »Iron Butt« [Eisenarsch]; die Fahrer, die das Rennen durchhalten, können es in den elf Tagen am Stück auf durchschnittlich tausend Tagesmeilen und mehr bringen); Rennen gegen die Uhr; Hillclimbing (Fahrten steile Abhänge hinauf; es gewinnt, wer den höchsten Punkt erreicht, d. Ü.); akrobatische Manöver genannt Trials, bei denen die Fahrer ganz langsam scheinbar unpassierbare Felsen und Gräben überwinden (auch in der Halle mit künstlichen Hindernissen ausgetragen, d. Ü.); Speedway-Rennen, die in Australien erfunden und 1928 von »Sprouts« Elder nach England gebracht wurden, ein Name, der bewahrt zu werden verdient.

Das erste »Moto-Cross«, ein Punkt-zu-Punkt-Rennen durch unwegsames Gelände, war das Southern Scott Scramble (»scramble« heißt soviel wie »Rauferei«. d. Ü.), das 1924 auf der Camberley Heath in England ausgetragen wurde. Ein Teilnehmer sah in den britischen Scrambles der vierziger Jahre »das Überleben eines mittelalterlichen Brauchs, nach dem die jungen Männer des Bezirks sich bis zur Unkenntlichkeit mit Dreck bewerfen und sich gegenseitig quälen.« In der Tat können die durchdrehenden Hinterreifen einer dicht gepackten Gruppe Motorräder auf demselben durchgeweichten Stück Boden viel Schlamm aufwirbeln. Moto-Cross-Fahren ließe sich auch zutreffend beschreiben als eine Mischung aus Fahren und Fliegen – und Ausbuddeln –, denn die Piloten verbringen beträchtliche Zeit in der Luft, weil kleine Hügel bei Vollgas zu Sprungschanzen werden. Die Scrambles waren Vorläufer der Moto-Cross-Rennen, die heute eine der populärsten Sportarten Amerikas darstellen und auch in Europa beliebt sind. Schon im Alter von vier Jahren werden manchmal Kinder auf Mini-Cross-Maschinen gesetzt und darauf gedrillt, sowohl aufeinander als auch auf die Buckel loszugehen, und ihre Eltern starren mit derselben Verbissenheit auf den Erfolg wie die Eltern anderer Sportwunderkinder. In den Vereinigten Staaten gibt es zusätzlich zum Moto-Cross noch Meisterschaftsläufe im Supercross, die in geschlossenen Stadien auf einer künstlichen, mit Tonnen von Erde aufgeschütteten Strecke ausgetragen werden. Häufig wertet man das Spektakel für das Publikum noch mit einer Monster-Truck-Show als Draufgabe auf.

Die frühen Bahnrennen wurden von der American Motordrome League organisiert; zu dieser Liga gehörten Mannschaften, die von Wettbewerb zu Wettbewerb reisten. Die Läufe fanden auf Bahnen mit einer Länge von 1200 Metern statt, die aus Holzplanken gezimmert waren und eine Überhöhung von 58 Grad hatten. Die Maschinen erreichten darauf nicht weniger als 145 Stundenkilometer. Die Oberfläche der Planken wurde angerauht, da glattes Holz den Reifen zuwenig Bodenhaftung geboten hätte. Die Kehrseite war, daß für die Fahrer Stürze ohne die Spreißel, die sich nur vorzustellen schon weh tun, weitaus glimpflicher hätten ausgehen können. Außerdem bekamen die Bretter bald Ölflecken oder Risse und die Fahrer den Drehwurm, weil sie auf einer so kurzen, so steil überhöhten Strecke immerzu seitwärts geneigt im Kreis herum fuhren. Die Rennen waren eher Spektakel als sportlicher Wettbewerb, und die häufigen Stürze machten einen wesentlichen Teil der Attraktion aus, obwohl die Resultate bald einen allgemeinen Aufschrei gegen die »Mörderdrome« auslösten. Bei einem Rennen am 8. September 1912 kamen zwei Fahrer und sechs Zuschauer ums Leben; in der gerichtlichen Untersuchung wurde der Vorschlag geäußert, Motorradrennen abzuschaffen.

Nur die Bahnrennen verschwanden schließlich – der Reiz, der davon ausging, auf diesen Beschleunigungsmaschinen aufs Ganze zu gehen, war einfach zu groß, als daß irgend jemand ernsthaft in Betracht gezogen hätte, damit aufzuhören. In den Anfangsjahren lösten die Rekorde einander in phänomenalem Tempo ab – 1912 wurden 43 Weltrekorde aufgestellt, so kurz sie auch jeweils hielten – und die Männer, die ihnen nachjagten, wurden zu champagnerdurchnäßten Helden. In der Woche bevor er sich einschiffte, um sich auf der legendären Brooklands-Bahn in Surrey mit einem britischen Herausforderer zu messen, stellte Jake de Rosier mit seiner Indian drei Weltrekorde auf (und in Surrey setzte er mit seinem amerikanischen Schwermetall die Serie mit einem Sieg über Charlie Collier auf einer Matchless fort).

Die Geschichte eines der denkwürdigsten dieser Geschwindigkeitsfanatiker, Erwin G. »Cannonball« Baker, ist nicht zu trennen von der seiner Verfolger, die seine Rekorde fast genauso schnell brachen, wie er sie aufstellte. 1914 setzte er einen Rekord für die 5440 Kilometer lange Strecke von Los Angeles nach New York, die er in elf Tagen, zwölf Stunden und zehn Minuten zurücklegte. Kurz danach übertraf ihn der einundzwanzigjährige Allan Badell, der 5306 Kilometer in sieben Tagen, sechzehn Stunden und fünfzehn Minuten herunterriß. Bakers Rekord für die »Dreiländer-Route« (vom kanadischen Blaine ins mexikanische Tijuana) wurde von Ray Artley gebrochen, der für die 2684 Kilometer drei Tage und fünfundzwanzig Minuten brauchte. Und auch Bakers 24-Stunden-Bahnrekord fiel bald durch einen Fahrer namens Wells Bennett. Doch was »Kanonenkugel«-Baker bei all seinen Rekordversuchen gelernt hatte, kam ihm letztlich gut zustatten: Beispielsweise forderte man ihn auf, drei sehr lange Etappen des »Pony Express«-Staffelrennens zur Panama Pacific Exposition zu fahren; weil er die unbefestigten Überlandstraßen Amerikas wie kein anderer kannte, stellten die Organisatoren Mittel bereit, um ihn in den Zug zu setzen und überall dorthin zu bringen, wo man ihn am dringendsten brauchte.

Wenn man testen will, ob ein selbsterklärter Motorradfan wirklich in der Wolle gefärbt ist, spricht man vielleicht am besten drei Worte aus: »Isle of Man«. Wenn dem Betreffenden dabei nicht mehr einfällt als eine Insel in der Irischen See, dann ist die Leidenschaft möglicherweise nur Fassade.

Die Tourist Trophy, kurz TT, die seit 1907 alljährlich auf der Isle of Man ausgetragen wird, gilt als das ultimative und gefährlichste Motorradrennen. Der Rundkurs verläuft heute (in der Vergangenheit gab es drei verschiedene Streckenführungen) über 37,7 Meilen (knapp 61 Kilometer) auf schmalen Straßen durch Dörfer und Städtchen, hügelauf und hügelab, durch tödliche Kurven, über Brücken, vorbei an Farmen und hohen Steinmauern und wuchernder Vegetation. Das Rennen ist eine Bewährungsprobe für Mensch und Material. Versagen kann einen hohen Preis fordern; in der Geschichte des Rennens haben mehr als hundert Fahrer und Zuschauer mit dem Leben bezahlt.

Das Rennen geht auf zwei Ursprünge zurück: die anhaltenden Betrügereien bei der Coupe Internationale 1906, die die Briten nicht mehr dulden wollten, und die Tatsache, daß jeder Wettbewerb auf britischem Boden irgendwie um die äußerst restriktiven Geschwindigkeitsbegrenzungen auf öffentlichen Straßen herumkommen mußte. Sir Harry Collier, der Gründer von Matchless Motorcycles und Vater der berühmten Fahrer Harry und Charlie, schlug die Insel Man vor, auf der bereits Autorennen stattfanden, weil die Verwaltung bereit war, dafür öffentliche Straßen zu sperren. Der Engländer Marquis de Monzilly St. Mars stiftete einen Pokal, und das Rennen konnte beginnen.

In fast jedem Jahr des Rennens wurden neue Legenden geboren, neue Heldengeschichten über Wagemut, Bravourleistungen und Ausdauer. Die Rundengeschwindigkeiten stiegen und stiegen, obwohl sie doch mit Sicherheit irgendwann an eine Grenze stoßen mußten, weil scharfe Kurven und steile Gefälle die Fahrer immer wieder zum Herunterbremsen zwangen. 1920 hielt George Dance mit seiner Sunbeam den Rekord: 89,5 Stundenkilometer. 1927 erhöhte Stanley Woods auf seiner Norton die Latte auf verblüffende 114,1 Stundenkilometer. 1935 fegte Woods an einem weiteren Meilenstein vorbei; er gewann sowohl den Leichtgewichts- als auch den Senior-Titel, und zwar auf Guzzi; zugleich setzte er neue Rundenrekorde. Doch die Marken stiegen weiter: 1938 fuhr eine Norton mit Doppelnockenmotor einen Rundenschnitt von 146,5 Stundenkilometern, und dieser Rekord hielt bis 1950. Heute liegt er bei fast 200 Stundenkilometern, und es ist genauso sicher wie unglaublich, daß er früher oder später gebrochen werden wird.

Doch das besondere an der Isle of Man sind weniger die Rekorde als vielmehr die Männer, die sie aufzustellen wagen. Diese zu allem entschlossenen Halbwahnsinnigen, die ihre Sportmaschinen stets an der Obergrenze des Möglichen fahren, sind die eigentliche Sensation.

In der *New York Times* vom 29. Juni 1913 erschien ein Artikel mit der Überschrift »Motorradfahrer immer in Gefahr« (die Unterzeile erklärte: »Sie sind gefangen im Geschwindigkeitsrausch, und es lohnt sich für sie«). Rennfahrer gingen einer derart riskanten Tätigkeit nach, daß nicht einmal Lloyd's sie versichern würde, so behauptete der Artikel.

> Diese Motorradfahrer sind nicht die waghalsigen, todesverachtenden Bürger, die sie zu sein scheinen. Es sind ruhige, bescheidene Männer, die an die Extreme von Sorgfalt und Sicherheit gehen. Gewiß, nicht immer gelingt ihnen das, doch das ist nicht ihre Schuld. Das Schicksal spielt in ihrem Leben eine bedeutsame Rolle ... Motorradfahrer essen und schlafen wie andere Menschen auch, doch manchmal drängt sich ihnen der Gedanke auf, daß sie nicht so lange zu leben haben wie gewöhnliche Menschen. Und damit haben sie recht. Sie fürchten weder Tod noch Teufel, sind wagemutig genug, um ständig ihr Leben aufs Spiel zu setzen, und sie haben Nerven wie Drahtseile.

Dirt-Track-Rennen sind eine typisch amerikanische Disziplin. Sie werden auf leicht ölgetränkten, hartgewälzten Aschenbahnen (ursprünglich auf Pferderennbahnen) ausgetragen und sind nicht weniger gefährlich als andere Spielarten des Rennsports. Fred Ludlow, ein Harley-Rennfahrer der zwanziger Jahre, schildert die Risiken in einem Interview mit Phil Schilling, dem Autor von *Das große Buch vom Motorradfahren*: »In den dichten Staubwolken auf einigen der alten Rennbahnen konnten wir uns bloß an den blauen Aufpuffgasen des vor uns fahrenden Burschen orientieren. Während eines Rennens schoß ein Fahrer über die Absperrung hinaus und wurde getötet. Wir haben überhaupt nicht gemerkt, daß einer fehlte. Erst als wir nach dem Rennen unsere Sachen zusammenpackten und abzählten, fanden wir ihn und seine Maschine mitten auf einem Feld, außerhalb des Zauns. Die Zuschauer waren schon längst nach Hause gegangen.«

Doch wenn man Rennfahrer fragt, warum sie Rennen fahren, erhält man als Antwort wahrscheinlich nur ein hilfloses Grinsen: Es gibt eben kein vergleichbares Gefühl auf Erden. Nach den schlaflosen, schweißgebadeten Nächten komprimierte, verdichtete Zeit, reine Ekstase, Schnelligkeitssex. Man kann gar nichts anderes, als einen dermaßen zwingenden Grund dafür vermuten, daß sich etliche Rennfahrer über ärztlichen Rat und gelegentlich sogar ärztliches Verbot hinwegsetzen und mit gebrochenen Rippen und Fußknochen – geschient oder bandagiert, um Schwellungen zu verhindern – die Strecke hinunterfegen. Wieder in den Ring zu steigen, ist das einzige, was zählt, und es ist kaum zu glauben, welche Opfer dafür gebracht werden. Der Grand-Prix-Fahrer Wayne Rainey stürzte beim Training vor der Saison 1992 und verletzte sich an der Hand. Die Verletzung wäre möglicherweise ausgeheilt, jedoch nicht rechtzeitig zum ersten Rennen; also ließ sich Rainey lieber einen Finger amputieren, als auf den Start zu verzichten. Im Jahr darauf traf sein Kollege Kevin Magee nach einer ähnlichen Verletzung genau dieselbe Entscheidung. Unmittelbar bevor die Mille Miglia ihn das Leben kostete, bestätigte der Marquis von Portago, ein gefeierter Autorennfahrer der fünfziger Jahre: »Rennfahren ist ein Laster und als solches extrem schwer aufzugeben.«

Steve McQueen, der über die Voraussetzungen verfügte, so ziemlich alles zu tun, was er wollte, und es häufig auch tat – Autorennen fuhr und Flugzeuge steuerte –, liebte vor allem das

Motorradfahren. (Das spricht aus jedem Meter mit McQueen in dem Dokumentarstreifen über Motorräder *On Any Sunday*, den Bruce Brown 1971 drehte; bisher hat noch kein anderer Film dieser Hymne auf die Freuden des Fahrens den Rang abgelaufen.) Der Filmstar fuhr unter dem Pseudonym Harvey Mushman Rennen, und obwohl seine Betreuer davon nicht gerade begeistert waren, ließ er sich nicht davon abhalten. Dem Vernehmen nach war es seine Idee, die erheiternde Querfeldeinjagd in das Drehbuch von *Gesprengte Ketten* hineinzuschreiben, und so billigte Hollywood wenigstens einmal, daß er Motorrad fuhr – was ihm soviel Spaß machte, daß er auch die verfolgenden Nazi-Kradfahrer doubelte.

McQueen verkörpert die prosaische Einstellung, die so typisch ist für den Vollblutrennfahrer. »Wenn man Motorradrennen fährt, nimmt man Stürze eben in Kauf; man fordert da draußen schließlich das Schicksal heraus,« zitiert ihn William F. Nolan in seiner Biographie. Wie McQueen erzählt, gab es während der Pacific West Coast Championship Scrambles »eine Massenkarambolage in der vierten Runde, und als ich versuchte, dem Durcheinander auszuweichen, stieß ich gegen einen Baum, riß mir den Mund auf und schlug mir einige Zähne locker. Doch sonst war ich okay. Ich fuhr weiter und gewann.« 1964 wurde er zur Internationalen Sechstagefahrt zugelassen, dem wichtigsten und unglaublich mörderischen Enduro-Wettbewerb der Welt. Er fuhr die Läufe mit Zeitbegrenzung in vollem Tempo, wurde jedoch geschnitten und samt Motorrad in die Luft katapultiert und schlug auf dem Boden auf. Seine Maschine wurde dabei noch schlimmer ramponiert als er selbst. Leider war an der Maschine nichts mehr zu machen, denn nach den Regeln dürfen Reparaturen nur mit dem Bordwerkzeug (und nur vom Fahrer selbst, dem dafür täglich nur zehn Minuten erlaubt sind, d. Ü.) durchgeführt werden.

Ohne sich speziell auf Motorradrennen zu beziehen, kam ein Mitglied des Teams, das mit McQueen an *Kanonenboot am Yangtse-Kiang* arbeitete, einer Definition des Persönlichkeitstypus sehr nahe, der auf den Rennstrecken und -kursen der ganzen Welt vorherrschen dürfte: »Man hat den Eindruck, daß er im Privatleben versucht, die Zeit zu beschleunigen, zur nächsten Stunde zu kommen, ohne die gegenwärtige richtig auszuleben.«

Man ist leicht versucht zu glauben, Weltklassefahrer seien aus einem anderen Material als Fleisch und Blut. Die Großen sind auf eine Art und Weise groß, die sich jedem Erklärungsversuch entzieht. Man kann sie nicht verstandesmäßig würdigen, sondern nur aus dem namenlosen Zentrum des Bauchs heraus, das die Poesie des Extremen intuitiv zu deuten weiß.

1965 warb Honda Mike Hailwood, den gutaussehenden Sohn eines wohlhabenden britischen Geschäftsmannes, von MV Agusta ab, um sich die 500er Klasse ein für alle Mal zu sichern. Doch das Schicksal spielte ihm in diesem Jahr einen üblen Streich, denn er wurde von seinem ehemaligen Arbeitgeber und dem nächsten großen Agusta-Fahrer, Giacomo Agostini, geschlagen. Der italienische Newcomer bewies ungewöhnliche Courage und Begabung, und Hailwood erkannte in ihm einen Gegner, der den Zweikampf lohnte. 1967 bekamen die 150 000 Zuschauer bei der niederländischen TT für ihr Geld etwas geboten. Hailwood heftete sich mit allem, was er hatte, Runde für Runde an Agostinis Fersen. Dann, bei der allerletzten Gelegenheit zog er an ihm vorbei, wie einer, der endlich genügend Kraft gesammelt hat, um sich Hand für Hand an dem Seil hochzuziehen, an dessen Ende er über dem Abgrund baumelt. Er siegte mit fünf Sekunden. Danach war er so erschöpft, daß er kaum noch absteigen konnte. Die Preisübergabe mußte aufgeschoben werden, bis er in der Lage war, die Stufen zum Podest zu erklimmen. (Wie »Mike the Bike« kam »Ago« aus begütertem Elternhaus. Seine persönliche Ausstrahlung und sein blendendes Aussehen lockten bald die Zuschauermassen an die Rennbahn. Der Italiener verbreitete eine erotische Aura um sich, wie es nur ein Italiener kann, und seine äußere Erscheinung schien dafür zu sprechen, daß er in der Lage war, zu halten, was diese versprach. 1967 titelte *Sports Illustrated* durchaus treffend »Viva! Aber versteckt eure Frauen«.)

In einer Biographie über Hailwood, verfaßt von seinem Freund Ted Macauley, erinnert sich der Rennfahrer an die düsteren Ereignisse von 1962.

> Tom Phillis kam bei dem Versuch ums Leben, in der Junior-TT mit Gary Hocking und mir mitzuhalten. Seine Honda war untermotorisiert und das Fahrwerk schlecht abgestimmt, und was ihm an Geschwindigkeit fehlte, versuchte er durch fahrerisches Können und blanke Tollkühnheit wettzumachen. Toms Tod ging Gary so an die Nieren, daß er beschloß, sich aus dem Rennsport zurückzuziehen. Er war völlig fertig. Er zog sich ins heimatliche Rhodesien zurück und versuchte zu vergessen. Dann beschloß er, sich an Autorennen zu versuchen, und beim Training für ein Rennen wurde er getötet. Es war eine bittere Ironie, daß er den Motorradrennsport aufgegeben hatte, weil er viel zu gefährlich war, und nun in einem Rennauto sterben mußte.

Hailwoods eigene Ängste kreisten weniger darum, sich Verletzungen zuzuziehen oder umzukommen; er fürchtete sich eher davor, genäht werden zu müssen. »Jedesmal wenn ich gestürzt bin, ist das erste, was ich tue, sobald ich wieder klar im Kopf bin, mich zu untersuchen. Ich taste vorsichtig alle Körperteile ab, die ich einigermaßen bequem erreichen kann, und denke dabei: ›Lieber Gott, mach', daß ich nichts habe, was genäht werden muß!‹« Er hätte sein Augenmerk vielleicht besser der bitteren Ironie zugewandt, auf die er bereits selbst hingewiesen hatte, denn 1981 erlag er den Folgen eines Autounfalls auf einer öffentlichen Straße.

Es gibt eine mögliche Erklärung für die schon perverse Hartnäckigkeit, mit der Weltklassefahrer trotz Schmerzen, Erschöpfung und dem stets präsenten Schatten des Todes ihre Hochgeschwindigkeitshetzjagden fortsetzen: Wenn es ihnen gelingt, sich bis zur Grand-Prix-Strecke vorzuarbeiten, stimmt das Geld, solange sie weiter genug Punkte einfahren, und sie kriegen unter Garantie eine wahnsinnig hübsche, junge Frau. Doch womit läßt sich erklären, daß Tausende von Privatleuten und Amateurclubfahrer sich für das Privileg, auf die Rennstrecke zu dürfen und sich dort zu verausgaben, in Schulden stürzen, obwohl sie keinerlei Aussicht auf Bewunderer oder finanziellen Gewinn haben?

Wiederum laufen die unbeholfenen Antworten in dieselbe Richtung: Es macht süchtig; ich kann es nicht erklären; es ist ein Gefühl, wie ich es noch nie hatte. »Diese eine Minute totaler Konzentration ...« so faßte es ein Mann zusammen, der in jüngeren Jahren an einem kleinen Amateur-Moto-Cross teilgenommen hatte.

Vielleicht geht es aber auch nur darum, zu guten Geschichten zu kommen. Der eben erwähnte Mann heißt Scott Emmons und ist heute Geschäftsmann und Tausendsassa auf mechanischem Gebiet. Er erzählte mir von seinen Großtaten bei einem Bier in der lauten, dunklen und überwiegend männlich bevölkerten Raccoon Lodge – genau der Art Kneipe, die den passenden Hintergrund für derartige Erzählungen abgibt.

> Ich fuhr Cross-Maschinen, seit ich dreizehn war, in Missouri. Als ich einundzwanzig war, beschloß ich, eine Pause auf dem College einzulegen, und begann, Lastwagen zu fahren. Ich wohnte zu Hause und verdiente gut, daher kaufte ich mir eine Suzuki RM 125. Ich wollte Rennen damit fahren. Doch meine Eltern waren kategorisch dagegen – ihre Gründe waren der übliche stereotype Scheiß, obwohl es in Wirklichkeit ungefährlicher ist als Football.
>
> Ich beschloß trotzdem, an einem Freitagabendrennen in Kansas City teilzunehmen, das unter Flutlicht gefahren wurde. Am Donnerstagabend klaute ich die Schlüssel für den Transporter, den meine Mutter zur Arbeit benutzte, und lud die Maschine ein.

Ich war ein ziemlich guter Rennfahrer geworden, das heißt, verglichen mit dem Anfang, und nach dieser langen Zeit brauchte ich dringend mal einen Sieg. Doch ich erreichte an diesem Abend absolut nicht meine Klasse. Ich kam von der Startlinie weg und gab ordentlich Gas. Die Strecke war eng, doch ich kam gut durch die erste Kurve. Dann kam eine Art Sandbahnkurve, gefolgt von zwei Sprüngen – einem Hubbel und einem großen. Die erste Runde brachte ich wirklich gut hinter mich. Auf der langen Geraden ließ ich es ordentlich knacken und machte wieder den ersten Sprung, schaltete mitten in der Luft. Dann auf dem Kamelhöcker riß ich versehentlich am Gas. Ich segelte dermaßen unkontrolliert durch die Luft, daß ich fünf Meter später landete, in der Mitte der *nächsten* Kurve – genau auf dem Benzintank. Plötzlich ruft der Ansager: »Wer ist Nummer 776?«

Das einzige, was ich machen konnte, war wieder Gas zu geben, und jetzt läßt mich der Sprecher nicht mehr aus den Augen: »Der sieht ja ziemlich wild aus!« Als ich das nächste Mal zur ersten Kurve komme, lasse ich mich wieder hochkatapultieren, doch diesmal fliege ich von der Sitzbank, und meine Hosen bleiben am hinteren Spritzschutz hängen. Der Ansager schreit: »Oh mein Gott!« Ich weiß nicht mehr, wie ich das gerettet habe, aber ich kam irgendwie wieder auf den Sitz und stürzte nicht. Das war das erste Mal überhaupt, daß ich in einem Rennen nicht überrundet wurde.«

Wir telefonierten jeden Tag, zuweilen mehrmals. Fast jeden Freitagmorgen schob ich mein Motorrad aus der Garage, schnallte meine Satteltaschen fest, in denen irgendeine Arbeit verstaut war, die ich übers Wochenende zu erledigen hatte, und fuhr los in Richtung New Jersey Turnpike. Exakt zwei Stunden, neunzig Meilen, 2,09 Gallonen Sprit, 3,10 Dollar Maut und viele Gedanken später bog ich dann in die Vine Street ein. Franz war manchmal draußen, putzte oder schraubte an einer Maschine herum, und obwohl ich wußte, daß er mich schon kommen hörte, wenn ich noch mindestens vier Blocks weit weg war, blickte er erst auf, wenn ich die Lario auf den Hauptständer gehievt, meinen Helm abgenommen, zu ihn herübergekommen und mich neben ihn gestellt hatte. Dann wandte er mir leise lächelnd den Blick zu und sagte: »Soso.«

Mein Motorrad war sehr froh, zu Hause zu sein. Franz schob es auf die Hebebühne im hinteren Raum und erklärte mir, was ich wie auseinanderzunehmen hatte, wenn es irgendwelche Kleinigkeiten an der Maschine zu reparieren gab. Ein Problem, das mir zu Hause bei Arbeiten an meinen Motorrädern nicht entgangen war, bestand darin, daß ich nicht das richtige Werkzeug besaß. In Philadelphia spürte ich zum ersten Mal das schmeichelnde Gewicht eines Steckschlüssels in der Hand: schon das Anfassen ist eine wahre Freude. Einmal schaute Franz vorbei, als ich einen Ölwechsel machte und gerade den Ölfilter aus dem Sumpf herausfummelte, sah meine rechte Hand unter einem Strom schwarzen Öls und meinte: »Du willst mir also sagen, daß du noch nicht rausgefunden hast, wie man bei einer Guzzi den Filter rauszieht und dabei völlig saubere Hände behält?« Verdammt, dachte ich; Öl wechseln ist so ziemlich das einzige, was ich gut kann, und jetzt sagt er mir das Gegenteil. Ein paar Minuten später hatte ich meinen Verstand wieder beisammen. Was war ich leicht reinzulegen! »Das geht überhaupt nicht, du Lügner!« Laut losprustend rannte er nach vorn, um dem öligen Lappen zu entgehen, der auf ihn zugeflogen kam.

Bei gutem Wetter saß ich auf einem Betonblock vor dem Laden und arbeitete. Einen Großteil der Zeit aber starrte ich nur über den Parkplatz auf der anderen Straßenseite hinweg, von wo sich ein atemberaubendes Nichts auszubreiten schien, verbunden mit einer dazu passenden wohligen Melancholie; der Verkehr auf der Benjamin Franklin Bridge lieferte eine ferne Melodie, die jede Minute dort mit der Sehnsucht nach Unterwegssein unterfütterte. Mir war absolut nicht klar, was ich eigentlich mit Franz zu tun hatte: Im Grunde kamen wir aus verschiedenen Welten. Uns fehlte eine gemeinsame Sprache, die das einbezog, was für mich von jeher wichtig gewesen war – das, was man auf dem College lernt, Bücher, alte Filme. Also versuchte ich, eine zu erfinden, während wir uns näher kennenlernten.

Vielleicht lag der Grund für mein Gefühl, nicht recht hierher zu gehören, darin, daß ich mir das Leben einer anderen Person ausborgte, wenn ich in Philadelphia war. Diese Person hatte nichts anderes zu tun, als sich wunderbar befreit von dem gewohnten vagen Gefühl, unglücklich zu sein, zu amüsieren, in der South Street einkaufen zu gehen (ich hätte mir nie erlaubt, in New York ziellos durch Geschäfte zu bummeln; ich glaubte, jeder Augenblick dort dürfe ausschließlich Arbeit und Sorgen gelten), sich angenehmen Gedanken darüber hinzugeben, wo wir abendessen wollten, denn jeder Abend, den wir zusammen verbringen konnten, schien ein Grund zum Feiern. Obwohl ich mitten in einer bunten Vielfalt verschiedener Küchen aus aller Welt wohnte, kostete ich in Philadelphia zum ersten und zum letzten Mal mongolisches Essen. Einer spontanen Eingebung folgend, kaufte ich mir einen schwarzen, breitkrempigen Hut, und er steht mir immer noch am besten von allen, die ich je hatte. Einmal in der Woche streifte ich die Haut ab, die ich für die meine hielt, und entdeckte, daß mir ohne diesen schützenden, aber auch einengenden Panzer Flügel wuchsen.

Sonntags machten wir meist eine Tour in die Bucks County oder nach Delaware oder über das Villenviertel hinaus oder durch das pennsylvaniadeutsche Farmland. Wir hielten an, wo es uns einfiel, streckten uns auf einer Wiese aus oder nahmen eine Mahlzeit ein, die unweigerlich mit Pie endete. Ich fürchtete die sonntagabendliche Fahrt auf der Autobahn zurück, zum einen, weil damit meine kleine Flucht endete und zum anderen, weil ich wußte, daß in dem kleinen Appartment mit fließendem Kaltwasser am Ende der Straße gleich nach der Ausfahrt 14C mein altes Selbst mich erwartete.

Dieser Sommer war in vieler Hinsicht anders als alle anderen bisher, hauptsächlich jedoch, weil sich in mir keine der Ängste rührte, die ich sonst um mich hatte und die sich meist an der erweiterten Form meines Selbst, meinem Motorrad festmachten. Ich träumte nicht ein einziges Mal davon liegenzubleiben, ich hatte nicht einmal diesen Augenblick der Panik vor der Abfahrt, in dem ich fürchtete, meinem Motorrad könnte etwas Schreckliches zustoßen und ich säße ganz allein irgendwo fest und wäre konfrontiert mit einer gnadenlosen Wahrheit, die mir – dessen war ich gewiß – in den Ohren gellen würde: Du hattest allen Grund, dich zu fürchten, denn du bist unfähig, auf dich selbst aufzupassen.

Oh, wie glücklich wir waren.

Kurzer Leitfaden für Bikertreffen

Bikertreffen erfüllen für die weit verstreuten amerikanischen Motorradfahrer dieselbe Funktion wie früher die Kirchweih für die Landbevölkerung, und in mancherlei Hinsicht sind sie genauso anachronistisch. Zum größten Teil sind es mäßig wüste Gelage, die immer noch irgendwie in jahreszeitlich wiederkehrenden heidnischen Bräuchen wurzeln. Mit dem friedlichen Geist des konkurrenzfreien Wettbewerbs, der sie prägt – billige Plaketten und Preise, Skatturniere oder andere Spielwettbewerbe –, wirken sie wie herübergerettet aus der Vergangenheit, aus der »guten alten Zeit«, wie sie immer noch heißt. (Andererseits habe ich gehört, daß es bei den Wettbewerben auf BMW-Treffen knallhart zugehen kann.)

Es gibt zwar wenige Ereignisse, die Zehntausende anlocken – die »Americade« der Tourenfahrer am Lake George im Juni; die Bike Week in Daytona mit den spätwinterlichen Rennen; die rein kommerziellen Veranstaltungen, die die Zeitschrift *Rider* an verschiedenen Orten der Vereinigten Staaten auf gigantischen Hotelplatzplätzen abhält; das Black Hills Classic in Sturgis in North Dakota, Urahn aller Treffen, Harleys und Prolochaos überall –, doch auf der Mehrzahl der meist von Clubs veranstalteten Treffen bleibt man unter sich; das Ganze hat meist den Anstrich eines Familienpicknicks.

Wenn das gemeinsame Band der Teilnehmer »Made in Italy« ist, dann kann man darauf wetten, daß mehr als einer mit einem T-Shirt am Ort des Treffens aufkreuzt, auf dem zu lesen ist VIVERE PER MONTARE, MONTARE PER VIVERE (Leben, um zu fahren, fahren, um zu leben) –, und das sollte man nicht als Witz auffassen. Ebensowenig wie die verwandte Geisteshaltung eines Moto-Guzzi-Besitzers, der sie auch sinnfällig nach außen demonstrierte: Er hatte große, erhabene Gabeln an der Seitenverkleidung seiner Maschine angebracht und darunter den Sinnspruch geschrieben MANGIARE PER MONTARE, MONTARE PER MANGIARE (Essen, um zu fahren, fahren, um zu essen). Die Freuden von Langstreckentouren sind untrennbar mit denen des Essens verknüpft, und beide steigern sich wechselseitig. Teilweise geht das auf einen Mechanismus zurück, den die Psychologen als »Erregungsübertragung« bezeichnen und der dafür sorgt, daß selbst der gröbste Kneipenmampf zum Festmahl wird; zudem kann man gehörige Mengen verdrücken, wenn man sich dann wieder auf die Maschine setzt und Wind und Kälte und der Streß ständiger Wachsamkeit die Kalorien nur so dahinschmelzen lassen.

Bikern, die gern mit Gleichgesinnten zusammen sind, bieten diese Treffen, gleichgültig in welcher Dosis, genau das Richtige. Sie werden zu Höhepunkten auf dem Kalender, Ziel und Zweck, kleinen Fluchten. Bei den außergewöhnlichsten, etwa dem Elefantentreffen – früher am Nürburgring, heute im Bayerischen Wald (seit einigen Jahren gibt es zusätzlich das Alte Elefantentreffen, wieder am Nürburgring, d.Ü.) – kommt obendrein noch hinzu, daß man besondere Härten auf sich nehmen muß, wenn man dabeisein will; es wird nämlich mitten im Winter im Schnee gezeltet. Benannt ist es nach dem Zündapp-Motorrad KS 601, dem sogenannten »Grünen Elefant«, und in den Anfängen waren noch ehemalige deutsche Soldaten dabei, die als Seitenwagenfahrer an der russischen Front gewesen waren. Doch das Zusammenkommen und Sichaustauschen schafft ein Zusammengehörigkeitsgefühl, und wem das zu sentimental klingt, der sollte es wenigstens nicht aussprechen.

An einem Labor-Day-Wochenende hielt ich mich einmal zufällig in Watkins Glen im Staat New York auf, als dort gerade ein BMW-Treffen stattfand. Ich fühlte mich ausgeschlossen, aber nicht etwa, weil dort Fahrer anderer Fabrikate nicht gern gesehen worden wären. Ich wäre auf einer Guzzi genauso willkommen gewesen wie auf einer BMW. Allerdings war ich mit dem Auto da, und damit hatte ich mich unsichtbar gemacht, war zu einem der beliebigen Körper geworden, die Plätze in Restaurants wegnehmen. Ich hätte die Grenzlinie so gerne überschritten; es tat förmlich weh, so sehr sehnte ich mich danach. Doch in meinem gegenwärtigen Aufzug gehörte ich einfach nicht dazu: Ich konnte mich also nicht mitfreuen, wenn Leute in Leder aus dem Regen hereinkamen und ihresgleichen erblickten, die es schon geschafft hatten und in der Wärme saßen, ihnen zunickten und zulächelten – nicht aber Leuten wie mir. Ich hörte die Gespräche um mich herum und konnte doch nicht mitreden oder mitlachen. Ein Mann am Nebentisch sprach mit seiner Mitfahrerin in Rätseln, wie ich selbst das schon so oft getan hatte: »Hast du das gesehen, genau da, wo wir auf die 28 abgebogen sind? Es traf mich am Arm – ich glaube, es war eine Kartoffel!« Und sie brach in wissendes Gelächter aus.

Das Gefühl von Zusammengehörigkeit setzt natürlich voraus, daß es ein Anderes außerhalb der Gruppe gibt, von dem man sich abgrenzen kann. Dieses Andere kann dann leicht zum Ursprung von Dünkel oder sogar Haß werden. Für die Europäer, die neuerdings in Scharen zu den jährlichen Rennen auf der Isle of Man einfallen, läßt sich dieser Feind mit einem einzigen Wort umreißen: Volvo. Die Menge nimmt sich gnadenlos jeden Fahrer eines solchen Wagens vor. Ein Motorradfahrer erklärte einem Reporter des *Guardian*: »Im Bericht des Verkehrsministeriums steht, daß an Unfällen mit Motorradfahrern mehr Volvos beteiligt sind als jedes andere Fabrikat.«

Wir alle identifizieren uns mit irgend etwas. Du bist Rotarier. Du bist Moslem. Fußball ist dein Leben. Du bist in dem und nicht in jenem Land geboren. Bu bist ein Biker.

Eines der eigenartigsten und vielleicht auch schönsten Treffen an der Ostküste findet jeden August in Port Clinton in Pennsylvania statt. Port Clinton, gute vierzig Meilen weit in der

Pampa – sofern man meint, daß in Allentown der Bär tanzt – besitzt zwei größere Geschäfte. Eines davon ist spezialisiert auf Erdnüsse und heißt, was kaum überraschen dürfte, der Erdnußladen. Das andere ist Sitz des U.S.Importeurs von Moto Morini, einem italienischen Hersteller, der aus einer kleinen, 1937 in Bologna gegründeten Fabrik hervorging. Die Herdan Corporation in Port Clinton ist alleinverantwortlich dafür, daß gegenwärtig zahlreiche teiggesichtige, bärtige, junge Männer auf Motorrädern, deren Stammbaum sich durch eine Kette von Erfolgen auf den europäischen Straßenweltmeisterschaftskursen Mitte der fünfziger Jahre auszeichnet, das ländliche Pennsylvania unsicher machen. Zu ihrem Glück sitzen diese Fahrer überwiegend auf der häßlichsten Maschine, die je aus Italien gekommen ist, der in lilablaßblau gehaltenen Morini Excalibur, die sich ein Stück des beträchtlichen Markts für pseudogechoppte Cruiser unter den Nagel reißen sollte. Sie verraten sich daher auch nicht als leicht exzentrische Fahrer einer exotischen Marke, denn ihre Motorräder sind wahre Monumente reinster amerikanischer Geschmacklosigkeit.

Die letzten Morinis passierten den U.S.Zoll um 1990, doch Port Clinton hat damit nichts von seiner Anziehungskraft auf Motorradfahrer eingebüßt. Jedes Jahr an einem Sonntag im Sommer versammeln sich hier immer noch ein paar hundert Fahrer alter und neuer europäischer Maschinen einschließlich Triumphs sowie Harleys – Choppern und anderen – und andere Gäste aus der Gegend. Die übrigen Teilnehmer kommen in Pickups und Chevrolets und gelegentlich im Alfa Romeo; dazwischen wuseln Dutzende Kleinkinder und blauhaarige Omas und junge Mütter und Großstadtpflanzen – die bunteste Mischung von Leuten auf demselben Stück Land, die man sich nur vorstellen kann.

Schon die Luft, die die massive Blockhütte auf dem Hügel mit seiner Fernsicht auf Bäume und Felder umgibt, scheint aus einer anderen Zeit zu kommen als die, die man gewöhnlich atmet. Sie ist älter und dementsprechend fruchtbarer. Einem

Motorradfahrer, der am Morgen die erstickende Dunstglocke der größten Stadt an der Ostküste hinter sich gelassen hat und hier neben dem Gemüsegarten (ein gutes Stück entfernt von den schlammigen Hühnerpferchen weiter hinten im Wäldchen) sein Zelt aufschlägt, kann es passieren, daß er am nächsten Morgen aufwacht und feststellt, daß die Kürbisranken über Nacht ein erkleckliches Stück gewachsen sind und sich bereits an der Abspannung des Zeltes hochwinden.

Die Fete, in der Szene gemeinhin als »Hermy's« beizeichnet (etwa in der Frage: »Fährst du dieses Jahr zu Hermy's?«), fand ursprünglich anläßlich des Geburtstages des Gastgebers und Besitzers von Herdan, Herman Baver, statt. Doch nur wenige wissen das, und der Hauptgrund, weshalb die Biker kommen und zum Teil mehrere Stunden Fahrt in Kauf nehmen, ist das Essen.

Zwei Kessel – so groß, daß man locker ein paar zerlegte Missionare darin kochen könnte – lassen schon seit dem Tag zuvor Dampfschwaden gen Himmel steigen; im einen kocht Bohnensuppe mit Schinken, im anderen eine Schildkrötensuppe, deren Hauptbestandteil noch bis vor kurzem in der Nähe herummarschiert ist. Ein dritter Bottich enthält gekochte Maiskolben. An einem Baum nahe der Hütte hängt die Liste mit Fisch und Meeresfrüchten: Blaufisch, Flunder, Forelle, Lachs, Hai, Taschenkrebse, Jakobsmuscheln, Froschschenkel. Die Krebse sind schnell weg, vielleicht weil man sie so recht nach dem Geschmack von Motorradfahrern mit Hilfe eines Hammers wegputzt. Der Tisch, auf dem sie sich vormals türmten, hat sich am frühen Nachmittag in ein unbeschreiblich malerisches Durcheinander aus glänzenden roten Panzerbruchstücken verwandelt. Auf riesigen, dicken Eisengittern oder auf kettengetriebenen Spießen wird Fleisch gegrillt – Schwein, Huhn, Rind. Auf einem Tisch mit der obligaten rot-weiß-karierten Plastikdecke türmen sich Pappteller nebst Plastikbestecken, und dahinter geben die obligaten Damen große Portionen ihres hausgemachten Nudel- und Kartoffelsalats aus.

Unter den Bäumen steht ein Hänger mit einer mobilen Zapfanlage, aus der der Stolz der Gegend, helles und dunkles Yuengling's-Bier strömt; die Hähne sind selten einmal zu, denn die Schlange von Leuten, die ihre Plastikbecher darunter stellen, reißt nicht ab. Aus einem dritten Hahn fließt Limonade für diejenigen, die noch fahren wollen, und für die Kinder, die einem zwischen den Füßen herumrennen. Das Schmausen und Plaudern wird untermalt vom Geräusch aufheulender und ersterbender Motoren – womit sich abfahrende und ankommende Menschen bemerkbar machen – und von dem Mikrophon, das auf der Ladefläche eines auf der Wiese geparkten Lkws getestet wird. Danach gibt es zuerst Bluegrass-Musik, und dann verteilt Hermy die Preise. Da Herdan auch BMW- und Triumph-Teile verkauft – und weil viele Händler nicht einmal mit drei Motorradmarken ein Auskommen finden, daneben noch Autoreifen –, tragen viele Preise die BMW-Raute. Es gibt BMW-Schlüsselanhänger, -Reifenprofilmesser, -Kaffeetöpfe und -Ohrstöpsel (denn die Windgeräusche des Helms können so laut sein, daß es buchstäblich schmerzt). Außerdem gibt es wertvolles Lederzeug und Winterhandschuhe. Zwei Jahre hintereinander bildete den Höhepunkt eine Tombola, deren Hauptgewinn die letzte Excalibur war. Einen schlagenden Beweis dafür, welch außerordentlich breites Spektrum von Leuten sich zu dem Großpicknick einfindet, erhält man, wenn die Glücksfee, ein kleines Mädchen, das Gewinnlos zieht: Die eine Hälfte der Menge bibbert vor Angst, die andere umklammert ihren Losabschnitt in banger Hoffnung. Wenn der Gewinner nicht zu denen gehört, die sich für den Besitz dieses Motorrads in Stücke reißen ließen, würde er außerhalb dieser Menge schwerlich jemanden finden, der es ihm abnähme.

Die Band fängt wieder an zu spielen, während einige Paare vor der Veranda miteinander tanzen. Andere liegen im Gras und schlafen, weil sie sich die letzte Nacht mit den üblichen Räuberpistolen um die Ohren gehauen haben (wie man einmal im Westen in den Bergen in einem Schneesturm geriet und die

Mannschaft des Schneepflugs verblüffte, die glaubte, in dem fröhlich vorüberfahrenden Motorradfahrer eine Art Schnee-Fata-Morgana zu erblicken; wie man einmal durch einen überschwenglichen Redeschwall, wie toll doch ein gut getunter Motor sei, einen Strafzettel abwenden konnte, obwohl man in einer 45-Meilen-Zone 105 gefahren war). Einige Spätankömmlinge auf Choppern nähern sich und rollen auf die Wiese; dabei gibt eine Frau in wahnsinnig engen Jeans zuviel Gas und läßt die Kupplung zu weit kommen, so daß das Hinterrad seitlich ausbricht, als es so plötzlich auf Gras gerät. Die meisten tun feinfühlig so, als hätten sie das peinliche Mißgeschick nicht bemerkt. Ein älterer Herr mit einem T-Shirt geht vorüber, auf dem zu lesen ist »Ich bin über dreißig, bitte helfen Sie mir aufs Motorrad« – allgemeines Grinsen.

Sechs

Drei Dinge schwächen: Furcht, Sünde und Reisen.
Der Talmud

Ich interviewte Robert MacNeil per Telefon, ging in die PBS-Zentrale, um einen Stapel Presseinformationen abzuholen, und setzte mich an den Auftrag, weswegen mich mein Freund angerufen hatte, gerade als ich mit Franz nach New Hampshire aufbrechen wollte: eine Lobeshymne auf das öffentlich finanzierte, nichtkommerzielle Fernsehen. Reine Routine, aber der Artikel wurde gut und erschien vierfarbig in dem Wochenmagazin, in dem ich schon immer gern etwas veröffentlicht hätte, wenn auch nicht so etwas. Schließlich hielt ich auch den Scheck in Händen – den über fünftausend Dollar –, der mich über jeden Wermutstropfen hinwegtröstete, und ich begann darüber nachzusinnen, was ich damit anstellen wollte. So einen unverhofften Geldsegen muß man einfach umgehend auf den Kopf hauen.

Eigentlich gab es gar keine Frage wofür. Motorradfahren war mittlerweile ein Bedürfnis, ein Wesen, das Nahrung forderte. In aller Unschuld fragte ich Franz, wie lange er den Laden Laden sein lassen könne; mir kam nicht in der Sinn, daß er es im

Die Sozia wird manchmal zum dritten Rad am Motorrad. 1906 begeben sich Mr. und Mrs. Willie Kay auf ihrem Indian Tricar an die frische Luft. (Library of Congress, Prints & Photographs Division)

Motorradfahrerinnen sind seit jeher eine sehr auffällige Erscheinung und erleben daher Ausgrenzung und Bewunderung gleichermaßen. Zu Beginn dieses Jahrhunderts schlug die Eclipse Machine Company Kapital aus Clara Wagners Ruhm als Geländefahrerin, wie diese Werbepostkarte zeigt.

Ein überglücklicher Mann: »Weishaar, Gewinner des 100-Meilen-Rennens. Norton, Kansas, 22. Okt. '14. Zeit 2 h 1 1/2 min. Weltrekord.« Er hielt auch, wahrscheinlich mindestens bis zum folgenden Nachmittag. (Library of Congress, Prints & Photographs Division)

Ein plötzlicher Entschluß, während eines Rennens im Jahr 1933 die spektakuläre Strecke zu nehmen, wahrscheinlich in Kalifornien. (Library of Congress, Prints & Photographs Div.)

Im Krieg, einer im allgemeinen ganz und gar tautologischen Veranstaltung, dienten Motorräder dazu, Menschen erst niederzuschießen und dann die Opfer wegzufahren (bei den amerikanischen Truppen im Ersten Weltkrieg insbesondere Indians, wie auf den beiden Bildern unten; ähnlich nutzten britische Einheiten Royal Enfields als Maschinengewehrfahrzeuge). Im Zweiten Weltkrieg war der Kradmelder eine romantische Figur, ein »motorisierter Cowboy«, wie in diesem belgischen Buch für Jungen.

Da sage keiner, Motorräder trügen nichts zum sozialen Ausgleich bei. Auf diesem Photo erhält eine Frau ein Strafmandat wegen Geschwindigkeitsüberschreitung; das Bild wurde zu Schulungszwecken im Rahmen einer Kampagne eingesetzt, welche die Polizisten von Washington, D.C. zu den »höflichsten der Nation« machen sollte. (Library of Congress, Prints & Photographs Division)

Unten: Die Palette der kommerziellen Dienstleistungen erweitert sich durch das Servi-Car von Harley-Davidson, das 1931 auf dem Markt kam. Das Fahrzeug sollte dazu dienen, fahruntüchtige Autos bis zu einer Werkstatt abzuschleppen. (Foto mit freundlicher Genehmigung von Ronald G. Hand)

Start im Laufen zum Rennen in der 350er Klasse der niederländischen TT im Jahr 1951. Nummer 53, in der Bildmitte, ist eine Norton (mit dem berühmten »Federbett«-Rahmen), gefahren von Geoffrey Duke, der in diesem Jahr sowohl in der 350er als auch in der 500er Klasse den Weltmeistertitel davontrug. (Foto John Schaepman)

Es lebe England: Seitenwagenpolo mit vollem Einsatz auf der Rennbahn King's Oak, Loughton, Datum unbekannt. Die Briten fuhren bekanntlich sogar Querfeldeinrennen mit Gespannen, trotz der häufigen Sprünge. (Library of Congress, Prints & Photographs Division)

»Mike the Bike« Hailwood 1963, in Hochform auf einer 500er MV Agusta, dem Jahr, in dem er die Weltmeisterschaft gewann.
(Foto J. L. Ransombe)

Auch Großmütter sind Biker, wie dieses undatierte Photo einer munteren Clara B. Brown aus dem englischen Leamington belegt. Der ursprünglichen Bildunterschrift zufolge gelang ihr »das beispiellose Kunststück, noch mit über 50 Jahren Motorrad fahren zu lernen. Wagemutig unternimmt sie häufig einsame Spritztouren und verbringt ihre Ferien auf ausgedehnten Touren durch das ganze Land. Von den Clubs wird sie als ältestes weibliches Mitglied anerkannt.« (Library of Congress, Prints & Photographs Division)

1941 lockt ein Jahrmarktsschreier in Essex Junction in Vermont das Publikum zu den Vorführungen todesmutiger Motorradfahrer, die von Anfang des Jahrhunderts an häufig auch Motorradfahrerinnen waren. Es gab kaum ein aufregenderes Schauspiel als ihre der Schwerkraft hohnsprechenden Fahrten in der Todeswand, einem Zylinder mit sechs Meter hohen Holzwänden. Er entwickelte sich möglicherweise aus Rennbahnen mit überhöhten Kurven. (Photo Jack Delano, Sammlung der Farm Security Administration, Library of Congress, Prints & Photographs Division)

Auch wenn das der breiten Öffentlichkeit meist verborgen blieb, haben die meisten Motorradfahrer beim Fahren schon einmal lauthals gesungen. Mit mehr Wohlklang als die meisten anderen tut das hier Elvis in *König der heißen Rhythmen* von 1964.

In den Sechzigern wandte sich das Blatt wieder einmal zugunsten des Motorradfahrens; es galt als akzeptable Aktivität »netter« Leute. Honda zielte auf den Markt der jungen Leute und lockte sie in Scharen in die Verkaufsräume (hier 1966 photographiert von Warren K. Leffler für *U. S. News & World Report*). (Library of Congress, Prints & Photographs Division)

Es muß irgend etwas in Motorradfahrergruppen geben, das sie dazu bringt, sich in Reih und Glied aufzustellen und sich auf Film bannen zu lassen. Man beachte die schicken Anzüge auf dem oberen Photo, das wohl aus den ersten beiden Jahrzehnten dieses Jahrhunderts stammt (mit freundlicher Genehmigung von Ronald G. Hand).

Die San Antonio Dragons (mittleres Bild) geben sich 1941 legerer. Unten steht die fast hundertjährige rotierende Panoramakamera bereit, um die Menge bei einem Moto-Guzzi-Treffen aufzunehmen, das unlängst in West Virginia stattfand.

Wie auf der Rückseite der Harley-Davidson-Werbepostkarte unten zu lesen steht, wäre Richard E. New am 26. Juni 1912 beinahe seinem Schöpfer gegenübergetreten, weil sich sein Fallschirm in 500 Metern Höhe nicht öffnete. »Eine Markise bremste seinen Fall«, seine Unterschenkel wurden ihm amputiert, und so mußte er erfinderisch sein, wenn er Motorrad fahren wollte.
Sein modernes Gegenstück ist Bob Nevola, der seine Maschinen so umbaut, daß er sie ohne Einsatz des linken Arms fahren kann. Nevola ist Gründer der National Handicap Motorcyclist Association, einer Informationsbörse für behinderte Biker.
(Mit freundlicher Genehmigung von Bob Nevola)

Franz photographiert unsere beiden Motorräder auf dem Blue Ridge Parkway. Weniger als ein Jahr danach komme ich allein zurück und lasse mich an derselben Stelle von einem Unbekannten photographieren. Wahrscheinlich das einzige Lächeln auf dieser Fahrt.

Grunde überhaupt nicht konnte, denn der Gewinn, den sein kleines Motorradgeschäft abwarf, schmolz stets so rasch dahin wie Eis in der Sonne. Er verschwieg mir, daß er es sich nicht leisten konnte, den Laden länger als einen oder zwei Tage zuzumachen; statt dessen meinte er vielmehr, im Oktober werde das Geschäft wahrscheinlich so flau laufen, daß wir einen Monat wegfahren könnten. Dann kam die alles überlagernde Freude, eine Tour zu planen, mit der Vorfreude zu leben, die fast sexuelle Lust an den unzähligen Kleinigkeiten, die vor dem Aufbruch noch erledigt werden müssen und den Alltag ins Irreale überhöhen. Franz holte seine riesige Landkartensammlung hervor, darunter auch die alte Ausgabe des Führers für den Blue Ridge Parkway, der seiner Ansicht nach der neuen überlegen war. Für den Ridge Parkway war er Experte, und er hielt ihn für eine der großartigsten Motorradstrecken überhaupt.

Danach war alles offen. Ich zog Reiseführer zu Rate, Artikel in Reisemagazinen, Freunde und lang begrabene Wünsche. Ich war nie im tiefen Süden gewesen, obwohl ich als Mädchen für die Zeit des Bürgerkriegs geschwärmt hatte. Ich wollte auch den »Paradiesgarten« sehen, den Reverend Howard Finster auf seinem Grundstück in Georgia angelegt hatte; Finster ist ein »Außenseiter«künstler, der sich eines Tages berufen fühlte, alle möglichen Fundstücke zusammenzubauen, zu bemalen, zusammenzukleben und auch eigene Bilder zu malen. Franz wollte gute Freunde in Tallahassee besuchen, beides Künstler, einer davon Collegelehrer und ebenfalls Motorradfreak. Jemand erzählte mir von einem Motel in Nashville mit einem Pool in Gitarrenform; ich las etwas von den »singenden Wassern« von Pascagoula. Es lockte der Natchez Trace Parkway, und es lockte das Essen, denn ich sehnte mich danach, eine Gegend kennenzulernen, wo auf jedem Tisch Flaschen mit scharfer Sauce stehen und zu jeder Mahlzeit Biscuit-Brot gereicht wird. Doch schließlich lief alles auf New Orleans hinaus.

Wir machten uns fit, indem wir Cajun-Musik hörten und alles regelten, was geregelt werden muß, bevor man für einen

Monat verschwindet. Im Spätsommer besuchten wir ein großes Cajun-Festival auf den Piers von New York. Als wir sahen, daß das Essen den ganzen Weg von Randol's Seafood & Restaurant in Lafayette in Louisiana herangekarrt worden war, trugen Franz und ich auch das noch auf unsere Landkarte ein und begossen das Projekt in der üblichen Weise.

Es war höchste Zeit, daß ich mir etwas Besseres zulegte als Matchsäcke, die ich auf den Soziussitz schnallte. Franz half mir, mich richtig auszurüsten. Auf seine Empfehlung, und zum Händlerpreis, schaffte ich mir weiche Satteltaschen sowie eine Rolle und Gepäckbrücke an. Ich kaufte mir wunderschöne, italienische Schutzhandschuhe aus Leder mit nietenbesetzten Handflächen. (Eine gute Regenkombi hatte ich schon.) Und eines Freitags begrüßte mich Franz nicht nur mit seinem üblichen Blumenstrauß, sondern auch mit einer elektrisch beheizbaren Weste, die von der Batterie des Motorrads versorgt wurde. Mir kam das Ding absurd vor – etwas für Schwächlinge –, doch als er sagte, er würde nicht im Traum ohne seine Weste losfahren, kaufte ich auch diese noch.

Aus dem Reisetagebuch

Tag 1
Mit einem Schlag geht es los: Touren fangen nicht an, sie überfallen dich eher aus dem Hinterhalt. Die nervöse Spannung des Aufbruchs, das Noch-nicht-glauben-Können, daß dies *Urlaub* ist. Und schließlich: blanke Erschöpfung, das Bedürfnis, sich zu erholen.

Motels sind eine Art merkwürdiger Übergangsheime für halbverrückte Reisende.

Jedesmal müssen wir eine Wagenladung Zeug rein- und rausschleifen. Eine Reise per Motorrad ist ein Crashkurs in der Kunst, sich auf das Allernötigste, auf praktisch nichts zu beschränken. Und niemals fühlt man sich so auf sich selbst zurückgeworfen – ein Körper, der sich durch den Raum bewegt, sich vereint mit, berührt, abprallt von dem, was ihm begegnet.

Eines Abends ein messerscharfer zunehmender Mond, als ob man ihn von der türkischen Flagge heruntergerissen hätte. Kalt. Nein, ich würde meine Heizweste niemandem verkaufen, um keinen Preis, auch wenn Franz mich noch so sehr damit aufzieht. Bald wird sein Gebot die zwanzigtausend Dollar erreichen, doch dann sitze ich behaglich im Warmen und schüttle den Kopf.

Plötzlich sind wir im Süden: Im Zeitungsständer an der Chevron-Tankstelle stecken Magazine über Jagen, Waffen, Lastwagen und Fischen und die *Civil War Times Illustrated*. Nichts kann einem erhellendere Einblicke in das geben, was eine Gesellschaft bewegt, als Tankstellenshops. Tiefer im Süden taucht bestimmt eine riesige Palette von diesen »Wunderbäumen« fürs Auto auf diesen Regalen auf, obwohl dem sicher kein wachsendes Bedürfnis gegenübersteht, das Autoinnere nach Erdbeer, Vanille, Tannennadeln oder dem, was der Hersteller dafür hält, riechen zu lassen.

Tag 2

Morgens: Franz stellt draußen die Ventile an meiner Maschine ein. Als ich aufwachte, fiel mein Blick als erstes auf die Blue Ridge Mountains draußen vor der Moteltür, als ob sie während der Nacht dorthin gekommen seien. Wenn man im Dunkeln am Ziel ankommt, schirmt dich deine kleine Zelle von allem ab – was mag jenseits davon sein? Jedes beleuchtete Fenster wirkt geheimnisvoll und romantisch. Doch das Licht des Tages wäscht wie eine kalte Dusche den hübschen nächtlichen Schimmer ab. Dann vermag ich eher, meine lächerlichen Überlegungen über Bord zu werfen, wie es wohl wäre, in diesem oder jenem gemütlichen Tal zu leben, zur Nachtschicht in die Möbelfabrik zu gehen und in ein kleines Haus zu einer kleinen Familie zurückzukehren – merkwürdig, daß ich nachts vergesse, daß der Mist einem stets folgt, wo und wie immer man auch zu leben versucht.

Nachmittag: Man kann einfach nicht auf den Parkway gefaßt sein, selbst wenn man seit Monaten davon träumt. Er beginnt immer völlig unerwartet, nach einer wenig spektakulären Fahrt durch eine Kleinstadt, einen flachen Hügel hinauf und nach einer engen Kurve: Dann ist man *drauf*. Und erfüllt von nicht enden wollender Erwartung. Anfangs wirkt er, als ob er einen auf etwas vorbereitet, das er erst noch bieten wird, als ob er eine sehr lange Auffahrt zu einem Schloß wäre, das wunderbar sein muß. Dieser Effekt beruht wahrscheinlich darauf, daß er nicht die Begrenzungen und Einschränkungen hat, auf die wir sonst überall gefaßt sind: Bordsteine, Wegweiser, Verkehrszeichen, bleib hier, fahr dortlang. Stattdessen geht der Straßenbelag nahtlos in kurz geschorenes Gras über; der Rest sind Kurven, Kurven, Kurven. Und Ausblicke, zuweilen atemberaubend auf beiden Seiten zugleich (schließlich ist dies eine Kammstraße). Die Aussichtspunkte werden alltäglich, wie Tankstellen und Supermärkte an Ausfallstraßen. Doch man gelangt niemals zu dem Schloß, und dann merkt man: Die Straße ist das Schloß. Ihr schwingender Rhythmus geht auf dich über, und du wirst ein Teil von ihr.

Alle Vorzeichen bisher verhießen mehr als Gutes (bis hin zu und einschließlich der Ausgabe des *I Ging,* die ich an diesem Abend auf unserem Zimmer vorfand). Nach dem Packen auf dem Parkplatz überließen wir uns meinem Reiseführer, und der brachte uns zu Rowe's Family Restaurant in Staunton in Virginia. Ein Tisch voller violetthaariger Damen kann sich schließlich kaum irren. Auch die Empfehlung, den Bananenpudding zu nehmen, kann doch nicht ganz falsch sein.

Aber am heutigen Abend sollte sich ein echtes Wunder ereignen. Wir hatten ein Zimmer im Tuggles Gap Motel reserviert und fuhren dort halberfroren vor. (Ich hatte alles angezogen, was ich dabei hatte, einschließlich der unbezahlbaren Heizweste.) Uns bot sich ein erschreckender Anblick. Auf dem Parkplatz herrschte gähnende Leere, wahrscheinlich schon seit Generationen. Es fehlte nur noch das Geräusch des Windes, der wie im Kino die dürren Blätter vergangener Zeitalter raschelnd an dem verfallenden Motel vorbeiblies. Franz wagte sich also hinein (ohne zu erwähnen, daß wir die seltenen Idioten waren, die ein Zimmer bestellt hatten), um zu fragen, ob es in der Nähe noch etwas zum Übernachten gab. Es gebe etwas in Floyd, ein paar Meilen weiter, sagte ein wortkarger junger Mann, aber das sei nicht gut – wir sollten doch einfach hierbleiben.

Da nichts unguter sein konnte als das Tuggles Gap Motel, machten wir, daß wir weiterkamen. Meine Hände waren taub vor Schmerz, und ich wußte, die Zimmer in Floyd konnten noch so deprimierend sein, wir würden nicht weiterfahren.

Wenn es möglich wäre, die Augen abzuwenden, während man seinem Ziel entgegenfährt, hätten wir es getan. Doch so entdeckten wir die Pine Tavern and Lodge direkt vor uns. Die Hütten mit den sauberen kleinen Zimmern unter den Kiefern gaben einem das Gefühl, Gast in einem Haus zu sein, dessen Besitzer abwesend ist, wie Franz bemerkte. Gleich nebenan in der Taverne konnte man aus einer Speisekarte auswählen, die alles, aber auch wirklich alles aufführte, was das Herz am Ende einer langen Fahrt in immer größerer Kälte begehrte. Gute und sehr überraschend zubereitete Gerichte (gewürzt mit Tamari-Sojasauce und Ingwer; später fanden wir heraus, daß in dieser Gegend mehr als eine Hippie-Kommune gelebt hatte – die einzig mögliche Erklärung dafür, daß man so etwas in diesem Landstrich fand). Noch unglaublicher war das Quintett, das an einer großen Tafel saß und gälische Musik machte. Ich bestellte ein weiteres Glas Wein, nur um bleiben und zuhören zu können, während ich in dieses Notizbuch schrieb. Und da sitze ich, im Schoß eines glücklichen Zufallsfundes.

Tag 3

Ein weiterer großartiger Tag. Dröhnende Flugzeuge – Quantico?

An einem dieser allgegenwärtigen atemberaubenden Ausblicke, wo sich grüne Berge und Täler bis in eine blaue Unendlichkeit erstrecken, lege ich mich der Länge nach ins sonnenbeschienene Gras und schließe die Augen. Plötzlich höre ich hinter mir ein Radio. Mein ärgerlicher Gedanke: wer stört denn da die heitere Ruhe am einem Ort wie diesem hier mit einem Ding wie dem da? Dann sagte ich zu mir: Nimm's leicht, Pierson. Zum Glück, denn als ich mich umwandte, stellte ich fest, daß es das Radio von Franz war.

Auf dem Parkway herrscht eine Geschwindigkeitsbegrenzung von fünfundvierzig Meilen pro Stunde. Man möchte auch gar nicht schneller fahren, außer in den Momenten, wo einem nach fünfundachtzig oder neunzig ist. Dann, wenn der Rhythmus der Straße einen *wirklich* packt.

Tag 4
Diese Straße wurde ausschließlich zum Vergnügen gebaut, zum reinen Vergnügen am Fahren.

Wir erklommen den großartigen Mount Mitchell. Er ist wahrlich und wahrhaftig Mitchells Berg – er hat etwas Persönliches, und wenn man zu dem Aussichtsturm aus Beton hinaufwandert, mit touristischer Neugier herumschnüffelt und entdeckt, daß man neben seinem einsamen Grab steht, ist einem das irgendwie peinlich. Mitchell beanspruchte diesen Ort für sich, nicht durch eine Eroberung, sondern durch den Beweis, daß er das ist, was er ist: die höchste Erhebung im Osten der Vereinigten Staaten. Und man spürt es, wenn man dort ist (und das Triebwerk des Motorrads spürt es noch früher; am Beginn des Anstiegs fragte Franz lachend: »Willst du mal hören, wie dein Bike mit einem alten japanischen Motor klingt?«) Der kalte Wind peitscht uns unbarmherzig, und die Black Mountains rund um diesen Berg sind zu tief unten, um ihn abzuhalten.

Motorradfahren holt wirklich das letzte aus einem heraus. Gegen sieben sind wir ausgekühlt, ausgelaugt, ausgehungert. An diesem Abend schaffen wir es bis zum Inn von Brevard, einem typischen Landgasthaus mit Ambitionen, von denen es einige umsetzen kann, andere nicht. Die Rechnung gehört mit Sicherheit zu denen, die es voll und ganz realisiert.

Tag 5
Fast zu müde zum Denken – ein passendes Ende des Blue Ridge mit all seinen 469 Meilen.

Kauften eine Flasche Rebel Yell (der staatliche Spirituosenladen führte mehr als einhundert Bourbon-Sorten; im Paradies kann es nicht besser sein) und legten auf der Fahrt durch eine Schlucht in den Great Smoky Mountains noch ein kurze Pause ein, um heiße Erdnüsse zu kaufen. Sie dienten hauptsächlich zum Händewärmen. Aber ich werde niemals das Bild des Kessels vergessen, aus dem der Dampf in die Dunkelheit stieg, oder den halbverrückten kleinen Jungen, der wie besessen um unsere Motorräder tanzte, oder seinen Vater, der sich die Zeit bis zum nächsten Kunden vor einem Fernseher vertrieb, den er draußen unter den Kiefern aufgestellt hatte – diese ganze in Dunst gehüllte Szene, die in meinen Rückspiegeln schrumpfte, als wir uns wieder in die Dunkelheit hinein entfernten. Neben uns meinte ich einen Fluß rauschen zu hören und eine steile Felswand zu spüren, obwohl ich mir das wahrscheinlich nur einbildete.

Mitten in der Nacht schreckte ich in diesem niedrigen Zimmer des Days Inn mit dem Gefühl hoch, daß mir die Dunkelheit endlos auf der Brust lastet.

Tag 6

Das folgende konnte ich nur mit einem guten Schluck Rebel Yell zu Papier bringen.

Lookout Mountain bei Chattanooga ist ein Musterbeispiel für einen bestimmten Typ menschlicher Erfindungsgabe: ein wenig Naturschönheit und zupackender Unternehmergeist ergeben eine Mischung, die ein wachsendes Bedürfnis nach »Unterhaltung« befriedigt. Und so kommen sie in hellen Scharen, um sieben Dollar pro Nase für Ruby Falls hinzulegen – eine hübsche Höhle, aufgewertet durch ein paar witzereißende Führer, verfälschende farbige Scheinwerfer und schwülstige Musik. Die Andenkenläden: nichts kann sich messen mit den riesigen Schnickschnackläden von Cherokee in North Carolina mit ihren unübersehbaren Heerscharen von »Mitbringseln« aus Plastik. Zusätzlich zu dem Schlauch und den Zündkerzen schleppe ich jetzt ein paar Cowboy- und Indianerfiguren, einen Sheriffstern und eine Kindermundharmonika mit. Ich weiß eigentlich nicht warum.

Nichts reicht an Finsters Paradise Garden heran – vielleicht nicht zu jedem Zeitpunkt, aber mit Sicherheit nicht in der Abenddämmerung. Wir fragen im örtlichen Pizza Hut nach dem Weg, und die Mädchen blickten einander an: »Rev'rend

Fiehnster?« Schließlich: »Oh, deer! Der Spinner!« Sein so akribisch zusammengefügtes Monument wird die meisten anderen Werke überdauern, die vorgeben, bedeutend zu sein. Ein verhextes Königreich aus bemaltem Holz, Plastikperlen, Besessenheit, mitten im verschlafenen Summerville, Georgia.

Wir nehmen die State Route 27 an der Westgrenze Georgias hinunter, meiden wie gewöhnlich die großen Highways. Die heutige rhetorische Frage lautet: Was gibt es in dieser Gegend häufiger – Baptistenkirchen oder diese mobilen Leuchtreklameschilder aus Plastik mit den bunten Glühbirnen drumherum?

Morgen gehen wir in ein Waffelhaus. Franz sagt, diese Lokale seien in bezug auf Frühstück das, was Cherokee für billige Souvenirs ist – die Art primitiver Extravaganz, für die ich ein Faible habe, und daher ein Grund zur Vorfreude ...

Tag 7

Die Straße folgt dem Lauf des Chattahoochee, und die Temperatur steigt stetig, bis sie – hier im Charter House Inn in Bainbridge mit seinen Palmen und dem daran herabhängenden Louisiana-Moos – eine Höhe erreicht hat, bei der man fast von Wärme sprechen kann.

Ich hatte mir nicht vorgestellt, daß Georgia so weitläufig ist. Oder daß es hier noch Ortschaften gibt, die ich für endgültig verschwunden hielt: alt, verfallen, die Zeit stehengeblieben, jedes Haus dringend renovierungsbedürftig, überall schmutzige, großäugige Kinder und verdreckte Köter, nirgendwo Erwachsene zu sehen.

Endlose Fahrt auf der einsamen, topfebenen Straße, Meile um Meile an vorüberfliegenden Kiefern vorbei, alle paar Meilen ein Wegweiser zu einer versteckten Baptistenkirche (doch wo sind die Menschen?); nur einmal unterbricht eine Mahnung die Monotonie, daß die Staatspolizei von Georgia eine reale Gefahr ist – in Form eines einsamen schwarzweißen Autos, das in den braunen Maisfeldern an einem Straßenstück verborgen ist und an dem höchstens alle paar Stunden ein anderes Auto vorbeikommen dürfte.

Bis jetzt habe immer ich entschieden, wohin wir fahren oder was wir uns ansehen. Sobald wir irgendwo ankommen, blättere ich die Touristenseiten im örtlichen Telefonbuch durch (eine Goldgrube, wie ich festgestellt habe), um nachzusehen, welche geheimen Schätze die Gegend wohl bergen mag. Franz ist mit allem einverstanden. Doch er macht keine Vorschläge von sich aus. Allmählich werde ich es leid, den Führer zu spielen. Etwas gereizt sage ich: »Hast du denn keine eigenen Interessen?«

Tag 8–10

Wir blieben bei Franz' Freunden in Tallahassee, zwei begabten Künstlern, die als Paar einfach umwerfend sind. Ihr Haus ist ein Durcheinander aus naiver Kunst und Babyspielsachen. Wir machten einen kurzen Ausflug nach Norden nach Havana; zu dritt und dennoch mit reichlich Platz saßen wir auf dem Vordersitz eines Cadillac-Kabrios aus den Sechzigern, unter einem rosa überhauchten Himmel. Wir fuhren zu Jims riesigem Wellblechatelier, in dem er für eine bevorstehende Ausstellung an einer monumentalen »Mauer der Erinnerungen« arbeitete – allerlei Zeugs aus Ramschläden, das er an Windfangzäune hängte. Das Gebäude barg außerdem eine Unmenge Motorräder: mehrere BMWs, eine schöne rote Ducati und eine Suzuki GSX Minirennröhre für seinen kleinen Sohn.

Ich muß lachen, daß wir im Oktober leicht angezogen durch feuchte Luft fahren und alles vor uns neu ist. Ich sehe den Neid in Alexas und Jims Augen, als wir uns zum Aufbruch fertigmachen, obwohl sie ihre Urlaubsfahrt schon hinter sich haben – einen Monat zu zweit auf einem Motorrad und nur mit einem Tankrucksack. »Fahrt los und schaut euch alles jetzt an«, sagen sie, »denn es wird bald nicht mehr da sein.«

Sie haben uns Tips gegeben, was die vor uns liegende Strecke nach Westen am Golf von Mexiko entlang zu bieten hat, insbesondere in kulinarischer Hinsicht. Und den Badeort Destin mit seinem leicht maroden, verstaubten Charme und den schönsten Stränden der ganzen Küste. Unser Zimmer mit Balkon in einem der ehrwürdigen Hotels direkt am Wasser zum Nachsaisonpreis war billiger als viele der Motels, in denen wir bislang notgedrungen übernachteten. Wir wollten den Blick auf keinen Fall länger als irgend nötig missen; daher fuhren wir zu einem Lebensmittelladen, deckten uns mit geräuchtertem Mozarella, Tomaten und Brot ein und aßen im unbeleuchteten Zimmer zu Abend. Am nächsten Tag lief ich über den Puderzuckersand und stürzte mich in das samaragdene Wasser, als ob es mir gehörte. Nur versäumten wir die Frühstückszeit des Silver Beach Hotels, dessen Frühstücksraum sich jeder Beschreibung entzieht: auf allen Tischen Toaster, und vor dem Fenster die Statue einer »klassischen« Nackten, die den Blick auf den Golf verstellt.

Tag ?
Mittlerweile sind mir Tag und Datum abhanden gekommen: New Orleans kam dazwischen. Wir fuhren hinein, als ein heraufziehender Hurrikan drohte, am nächsten Tag in der Nähe der Stadt auf die Küste zu treffen. Es schüttete den ganzen Tag, doch ich war aufgedreht und glücklich – ein weiteres Abenteuer wartete. Wie idiotisch. Franz war so geistesgegenwärtig, mich daran zu erinnern, daß, wo wir auch bleiben wollten, auf jeden Fall eine geschlossene Parkmöglichkeit vorhanden sein mußte, sonst würden unsere Motorräder aufs Meer hinausgeblasen.

Wir fuhren weiter, hinaus aus der Stadt, durch einen Orkan, den sich der Produzent eines Fantasy-Films nicht besser hätte ausdenken können – peitschender Wind, schwarze Wolken. Einige Meilen weiter riß der Himmel auf, und Fetzen von Blau lugten durch die Wolken, obwohl mein Motorrad die Erinnerung an den Sturm mit sich trug: wenn ich in die Spiegel schaute, boten sie mir noch für Meilen Zwillingsbilder des Chaos.

In New Orleans bekam meine Maschine einen neuen Hinterreifen; es war Franz' Idee gewesen, vor unserer Abfahrt einen Reifen an die Stelle vorauszuschicken, wo ich ihn seiner Meinung nach brauchen würde. Mir schoß ein Gedanke durch den Kopf, den ich sofort wieder beiseiteschob: Weil ich weiß, daß er statt meiner an alles denkt, brauche ich mir nicht die Mühe zu machen, das selbst zu tun. Aber ist das nicht genau das, was ich will? Eine Wunschvorstellung? Schließlich bekommt mein Motorrad die beste Pflege auf der Welt, und ich fühle mich wie eine Mutter, deren Kind brav seinen Spinat ißt. Und dann meldet sich ganz innen die andere leise Stimme: Fühlst du dich Franz nur deswegen verbunden, weil du jemanden brauchst, der sich um dich kümmert? Mir würde unvermittelt ein wenig übel.

Ein seltsames Land, diese Bayous mit ihren Lagunen und Sümpfen, die wir ein paar Tage lang durchstreiften – eine flache Weite, über der sich irreale Wolkenschlösser hoch in den Himmel türmen, immer das Wissen, daß irgendwo da draußen Wasser ist. Dann die alles einhüllende Dämmerung, Geräusche wie von Zikaden oder Fröschen. An Tankstellen werden harte Sachen verkauft. Zuckerrohrfelder. Weiden voller Kühe und Pferde. Ausgedehnte Flächen Goldrute unter dem riesigen Himmel. Ölbohrtürme und Raffinerien wie schwarze Skelette am Horizont – die Ästhetik von Industrieanlagen. Und ab und zu trifft man auf etwas, von dem man gelesen hat, und es hat keinerlei Ähnlichkeit mit den Bildern oder der Werbung. Manchmal stoße ich nur dann auf solche Dinge, wenn ich sie nicht suche. So ging es mir, als ich in Opelousas die Touristeninformation betrat und feststellte, daß ich exakt vor dem »Jim Bowie Museum« parkte – einer wackeligen Hütte mit nur einem Raum –, von dem ich gelesen hatte, das ich aber gar nicht erst zu suchen beschlossen hatte, weil ich es ja doch nicht finden würde. Auch Shadows-on-the-Teche war ein Ort, den ich eigentlich abgeschrieben hatte und gerade deswegen ausfindig machte. Und weil dieses Plantagenherrenhaus dem National Historic Trust gehört und ich meines Vaters Tochter bin, mußte ich dort anhalten.

Als wir in Lafayette angekommen waren, wollte ich gerade einen Tisch bei Randol's fürs Abendessen reservieren, als Franz sich auf dem Bett zurücklehnte und erklärte, er werde nicht mitkommen. Wie bitte? Wir waren siebzehnhundert Meilen wegen dieses Abendessens gefahren, und jetzt war ihm nicht danach? So richtig auf die Palme brachte mich, daß er stumm, abgeschottet, mit kaltem, entschlossenem Blick dalag. Ich setzte mich wieder auf die Maschine und jagte zu dem Restaurant, wo ich eine teure, einsame Mahlzeit einnahm und den Paaren zusah, die sich im Tanzsaal drehten. Es war kein besonders schöner Abend, aber ich schätze, im Motelzimmer hätte ich auch keinen gehabt.

Heute Temperaturen um null und der Natchez Trace Parkway. Dessen Schönheiten sind subtiler als die des Blue Ridge, und in der Kälte scheint er uns in seiner ganzen schwungvollen Länge allein zu gehören; von Anfang bis Ende im größten Gang. Ein schauriger Hauch aus der Vergangenheit schien mich zu streifen, als ich unten in einer der tiefen Senken stand, durch die ein Teil des ehemaligen Wegs verläuft – im Geiste war ich vereint mit denen, die vor mir hier gegangen, jetzt aber verschwunden waren, meine Füße traten in die Fußstapfen der Toten.

Hier endet das Reisetagebuch. Als wir wieder zu Hause waren, hatten wir fünftausend Meilen zurückgelegt.

Das gravierendste Problem ist jedoch, nicht die Nerven zu verlieren, bevor ich springe. Verdammt, ich glaube einfach nicht, daß ich ein Problem habe. Ich habe eine Situation. Ich habe im Leben nie Probleme, nur Situationen. Ich bin sicher, daß ich in den Grand Canyon springen kann, denn ich bin fest davon überzeugt, daß ein Mensch das, was er wirklich konsequent durchdenkt und woran er wirklich glaubt – wenn er es wirklich bedingungslos will –, auch schafft.

Mir ist es egal, wenn ich höre: »Mann, wenn du mit diesem Ding über den Rand des Canyons fährst, gehst du drauf.« Ich werde es tun. Ich will der erste sein.
Ich will etwas tun, was noch nie zuvor jemand gemacht hat ... Ich glaube, daß wir schon tot geboren werden. Mich hat niemand gefragt, ob ich zur Welt kommen wollte. Ich habe akzeptiert, daß Sterben zum Leben gehört ... Ich will diese Sache tun, weil ich sie tun will. Ich weiß nicht, ob das ein sinnvoller Beitrag zur Gesellschaft oder zum Verkehrswesen ist, aber ich werde es tun.
Evel Knievel, zitiert in: »He's Not a Bird, He's Not a Plane«, *Sports Illustrated*, 5. Februar 1968

Im Lauf des Jahrhunderts erprobte der Mensch die Grenzen seiner Willenskraft und Ausdauer nicht nur mit einmotorigen Flugzeugen und Einhandsegelbooten, sondern auch mit Motorrädern. Der Drang, vorher nie unternommene, lange, einsame Reisen zu unternehmen oder etwas anderes noch nie Dagewesenes zu wagen, gehört zu den Dingen jenseits aller Vernunft. Vielleicht sind manche Menschen auch einfach anders gepolt. Im Juli 1991 ruderte Gerard d'Aboville allein über den Pazifik; den Atlantik hatte er bereits in siebenundzwanzig Tagen überquert. Seine Frau Cornelia erklärte dazu: »Ich werde immer wieder gefragt ›Warum, warum, warum?‹ Und ich weiß nicht warum.«

Dies wäre ein passendes Epitaph für die meisten Versuche, sich per Auto, Gleiter, Motorrad oder ähnlich einfachem Fahrzeug auf unerschlossenes Gebiet zu wagen. In den ersten beiden Jahrzehnten dieses Jahrhunderts hatten diese Art Reisen offenbar Hochkonjunktur; die Zeitungen quollen über vor aufgeregten Ankündigungen, daß Soundso zur Überquerung eines Kontinents oder eines Ozeans aufgebrochen und von einer Riesenmenge begeistert verabschiedet worden sei. Zu dieser Welle wagemutiger Unternehmungen zählte auch das Great Air Race von 1924, in dem mehrere Männer in einer offenen

Douglas mit Liberty-Motor um die Welt flogen. In Kalkutta – auf halbem Weg für beide – begegneten sie Aloha Baker, der mit dem Auto die Welt in der anderen Richtung umrundete.

Die früheste Reise rund um den Globus per Motorrad unternahm wahrscheinlich der Amerikaner Carl Stevens Clancy, der Berichten zufolge 1912 mit einer Henderson Four fast 30 000 Kilometer zurücklegte. Weitere Informationen darüber sind kaum aufzutreiben.

Viel besser dokumentiert ist die Reise der Franzosen Robert Sexé und Henry Andrieux, denn sie schrieben ein Buch darüber. Sie brachen auf zwei Maschinen des Typs Gillet Sport mit 350 Kubik und dreieinhalb PS (hergestellt im belgischen Lüttich) im Juni 1926 auf. Ihr Weg führte sie von Paris über Moskau, Yokohama, San Francisco, New York und London wieder nach Paris zurück, wo sie Anfang Dezember desselben Jahres eintrafen – nach 25 000 Kilometern. Die Sport wurde danach in Tour du Monde umbenannt, und ein Exemplar steht heute in der Krypta einer ehemaligen Abtei in Stavelot in Belgien, die das Motorsportmuseum der Rennstrecke Spa-Francorchamp beherbergt.

Nichts könnte schlagender beweisen, daß sich die Welt in den letzten sechzig Jahren verändert hat, als die Bücher der Motorradfahrer, die in den dreißiger Jahren um die Welt fuhren (das heißt, nichts außer vielleicht den Filmen, die mindestens zwei dieser Autoren gedreht haben). Die Gefahren des Wagnisses, sich in einem Faß die Niagarafälle hinunterfallen zu lassen, bleiben generationenlang weitgehend gleich; Straßenverhältnisse, Unterkünfte und Grenzposten werden jedoch wohl nie mehr so gnadenlos sein wie damals.

Ein 1931 erschienenes Buch mit dem Titel *Going Further* enthält den Bericht über 36 500 Kilometer, die zwei Briten mit Gespannen zurückgelegt hatten. Oder vielmehr gibt das Buch dies vor; zutreffender läßt es sich beschreiben als eine Klagelitanei des Autors über zumeist miserable Straßen und Eingeborene, welche die Forderung nach kalten Getränken in der

Wüste ziemlich kalt ließ; was wir über die allgemeinen Zustände erfahren, kommt nur quasi über seine Schulter ins Blickfeld, wenn er sich selbst zufällig einmal aus dem Mittelpunkt der Szene rückt.

Der Autor heißt Geoffrey Malins, und er läßt sich nicht dazu herab, sich selbst, das genaue Datum seiner Abfahrt oder wenigstens seine hochgelobten Motorräder vorzustellen; wir wissen nur, daß er von einem Mann namens Charles Oliver begleitet wurde, daß sie London höchstwahrscheinlich 1929 verließen und daß es sich bei den Maschinen um britische Zweizylinder mit jeweils 1000 Kubik handelte (Spitznamen Pip [Pieps] und Squeak [Quietsch]). Aufgrund der Andeutungen im Text können wir mutmaßen, daß der Autor als Hauptmann bei der Royal Air Force diente – Großbritanniens Einflußbereich war so groß, daß es kaum einen Kontinent und insbesondere nur wenige Oasen darauf gab, die verdienstvollen Helden nicht reichlich Gelegenheit geboten hätten, ihren Abendanzug anzulegen und mit ihren Kumpels im Offiziersclub Drinks zu sich zu nehmen. Dementsprechend geht es in dem Bericht über ihre Fahrt häufig um Lakaien, die mit Nachschub vorauseilen, und um abgelegene Vorposten, die ihnen einen herzlichen Empfang bereiteten, wenn sie ein Empfehlungsschreiben von irgendeinem Kolonialgouverneur oder Chefkommandanten vorwiesen.

Nicht daß sie Abenteuern gänzlich aus dem Weg gehen konnten; die meisten davon endeten mit gebrochenen Federn und Achsen. Allerdings boten ihre relativ einfachen Maschinen Möglichkeiten für recht schnelle Improvisationslösungen – und das üble Terrain erforderte offenbar jeden zweiten Tag mindestens eine davon –, wie sie die heutigen Fahrzeuge nicht mehr zulassen. Insbesondere der arabische Sand barg teuflische Überraschungen. Bei der Einfahrt in ein Dorf an einem Abend, an dem Malins eigentlich eine längere Strecke bewältigen zu müssen glaubte, drängte ihn ein sechster Sinn, dort zu übernachten, weil seine innere Stimme ihm sagte, daß irgend etwas nicht stimmte. Er vermutete etwas an seinem Motorrad, obwohl es einwandfrei lief. Als er tags darauf bei Tageslicht aufbrach, stieß er auf die Quelle seiner Vorahnung: eine fehlende Brücke über ein tiefes Wadi, ein trockenes Flußtal, das sein Gespann in der Dunkelheit sicherlich verschlungen und seiner Reise wohl ein Ende gesetzt hätte.

Einige Jahre später berichtete ein Amerikaner in einem Buch über einen unheimlich ähnlichen Zwischenfall, nur daß er es tatsächlich fertigbrachte, in der hereinbrechenden Nacht von der nichtexistenten Brücke fünf Meter tief in das Wadi zu stürzen. Während er bewußtlos im türkischen Sand lag, versickerte das Öl aus seinem liegenden Motorrad im Boden. Obwohl er bald von herbeieilenden Dorfbewohnern – die er mit einer Liebe zum Detail beschreibt, die Malins' Buch gänzlich abgeht – gerettet wurde, lag die nächste Nachschubmöglichkeit immer noch fast achtzig Kilometer entfernt. So konnte er nur versuchen, den Einheimischen zu erklären, was er brauchte, und hoffen, daß sie es ihm beschaffen konnten. Der Versuch schien auf Anhieb zu gelingen. Der Fahrer brach auf, merkte jedoch bald, daß die Wolken, die aus seinem Auspuff kamen, offenbar Senfgas waren.

Der Amerikaner Robert Edison Fulton jr. stammte aus kaum geringeren Verhältnissen als Geoffrey Malins. Sein Vater war Leiter der Mack Truck Company, und der junge Fulton besuchte Harvard und studierte danach Architektur in Wien. Gegen Ende jenes Jahres nahm er in London an einer Abendgesellschaft teil, wo er sowohl sich selbst als auch die anderen Gäste mit der Ankündigung überraschte, er beabsichtige, mit dem Motorrad um die Welt zu fahren. Vom anderen Ende der Tafel kam eine Stimme: »Wenn Sie Ihren Motor noch nicht haben, guter Mann, wie wäre es dann, wenn ich ihn beisteuerte? Wie Sie wissen, gehören uns die Douglas Motorenwerke. Gute Maschinen. Wir müssen mal miteinander reden.«

Auf diese Weise kam Fulton zu seinem Douglas, einem 340 Kilo schweren Zweizylinder-Boxer mit sechs PS Leistung, mit dem er 60000 Kilometer auf befestigten Straßen, Wüstenstand und geschotterten Bergstrecken zurücklegen sollte – und nach dem Khyber-Pass mit der afghanischen Grenze in Sichtweite sogar zwanzig Meter mit vertauschten Rollen von Mensch und Maschine, die von ihrem Besitzer mühsam geschoben werden mußte, weil im Khyber-Gebiet Motorradfahren verboten war.

One Man Caravan ist ein Lesegenuß – optisch, weil der künstlerisch begabte Autor es mit prächtigen Karten, Holzschnitten und Standbildern aus seinen unterwegs gedrehten Filmen versehen hat, und inhaltlich, weil es unterhaltsam und gut geschrieben eine untergegangene Welt portraitiert, und zwar aus dem Blickwinkel eines Zweiundzwanzigjährigen, der eine nahezu unerschöpfliche Fähigkeit besaß, seine Erlebnisse in vollen Zügen zu genießen.

Langstreckenfahrten waren (und sind) aber keine ausschließlich männliche Domäne. Die *New York Times* berichtete 1913, eine Mrs. Harry Humphreys (»beste Langstreckenfahrerin Englands«) habe die Etappe San Francisco-New York einer geplanten Reise von 85000 Meilen erfolgreich bewältigt. Ich konnte keine Berichte darüber finden, was ihr auf einer Reise von derart sagenhaften Dimensionen alles widerfahren sein mag, wie lange von den dafür veranschlagten zwei Jahren sie wohl durchgehalten hat oder ob sie den 10000-Dollar-Preis wirklich eingesteckt hat, den sie bekommen sollte, wenn sie rechtzeitig zur Eröffnung der Panama Pacific Exposition 1915 wieder in Kalifornien eintraf.

Die Brooklynerin Effie Hotchkiss beschloß, ihre Mutter nach San Francisco zu eben dieser Ausstellung zu fahren – die die neuesten Fortschritte in Wissenschaft und Technik feiern sollte und ein Muß war, wenn man die Überzeugung teilte, die Avantgarde der gelobten neuen Welt werde auf Motorrädern einherfahren –, und zwar mit ihrem Harley-Gespann. Ihre erfolgreiche Hin- und Rückreise dauerte fünf Monate, in denen sie 9000 Meilen zurücklegten. Verbreiteter berichtet und gefeiert wurde 1916 der transkontinentale Rekord der Schwestern

Adeline und Augusta Van Buren, der ersten Frauen, die auf Solomaschinen von Küste zu Küste fuhren, und die ersten, die den Pikes Peak mit einem Fahrzeug bewältigten. 1953 veröffentlichte Peggy Iris Thomas ihr Buch *Gasoline Gypsy*, in dem sie über ihre Erlebnisse berichtet, nachdem sie 1950 mit einer BSA Bantam, sechzig Dollar und der Absicht, Nordamerika zu sehen, London verlassen hatte. »Ein Mädchen, das ein Motorrad fährt, bepackt mit Koffern und Zeltausrüstung wie ein Maulesel, erregt schon genügend Aufsehen. Wenn sie jedoch noch von einem dreißig Kilo schweren Airedale-Terrier begleitet wird, droht die Sache aus dem Ruder zu laufen«, schreibt Thomas bescheiden.

Immer noch unternehmen Menschen ausgedehnte Reisen auf zwei Rädern, weil sie, wie Fulton, voll und ganz in ihre Umwelt eintauchen, sich ihr sogar ausgeliefert fühlen wollen. Viele Leute haben keine Hemmungen, jemanden anzusprechen, der mit den Motorrad unterwegs ist; im Austausch gegen die Chance, Orte und Situationen so tief wie nur möglich auszukosten, begibt sich der Motorradfahrer gewisser Schutz- und Abwehrmechanismen. Reizvoll an einem solchen Unternehmen ist überdies der sportliche Aspekt – auf einer langen Fahrt quer durch Kontinente holt man sich blaue Flecken, wird gebraten und herumgestoßen und kann seine körperlichen und technischen Fähigkeiten auf vielfältigste Weise erproben. Aufgrund der harten Erfahrungen, die man dabei macht, ordnen sich die eigenen Prioritäten neu, und man gewinnt eine etwas andere Sicht des Lebens. Eine solche Reise hat viel mit dem Campen gemein (und ist häufig mit ihm verbunden), und man kann Ähnliches dabei lernen. Motorradreisenden dürfte zweifelsohne vertraut vorkommen, was John Burroughs zu Beginn dieses Jahrhunderts in »A Summer Voyage« schrieb: »Wer draußen kampiert, gerät häufig in Situationen, die in den Augen von behaglich in ihren wohlgeordneten Häusern sitzenden Menschen mißlich scheinen; doch es ist oft eine echte Befriedigung dabei, wenn das Schlimmstmögliche eintritt – eine

Befriedigung, die in der Erkenntnis steckt, welch kleines Problem dies im Grunde doch ist; man ist schließlich weder aus Zucker noch aus Salz, daß man die Nässe zu fürchten hätte; und das Leben ist unter der Persenning einer Schute oder in einem Unterstand genauso lebenswert wie unter dem höchsten und breitesten Dach der Christenheit.«

Eine Reise, die um dieser Befriedigung willen unternommen wurde – und natürlich auch wegen ihrer Abenteuerlichkeit und Außergewöhnlichkeit, obwohl sie schon allein aufgrund der bewältigten Dimensionen einen Eintrag in alle Rekordbücher verdient hätte –, ist die des Briten Ted Simon, der in vier Jahren durch 45 Länder fuhr und dabei über 100000 Kilometer zurücklegte. Simon ist außerdem ein echter Schriftsteller, was sein 1982 auf deutsch erschienenes Buch *Jupiters Fahrt: mit dem Motorrad um die Welt* belegt, in dem er seine unglaubliche Reise – sowohl die innere als auch die äußere (natürlich) – schildert.

Der Leser muß mir vielleicht einfach abnehmen, daß das Reisen per Motorrad dem im Auto überlegen ist. In Ordnung – ich will einräumen, daß es zumindest ganz anders ist. Insbesondere im Dunkeln: die Straße scheint unablässig anzusteigen, und man beginnt sich allerlei auszumalen. In der Schwärze neben der Straße eilen Flüsse zu Tal, über dem Kopf ragt bedrohlich ein steiler Felsen auf. Man kann in einen imaginären Raum hineinfahren, und auch das ist *wirkliches* Reisen, weil man alle Bindungen löst. Schau dich um. Nichts mehr ist zwischen dir und dem Wetter, den Gerüchen, der Farbe des Himmels. Alles prägt sich unmittelbar deinem Bewußtsein ein, als ob es sich über dem Fahren in frisch gegossenen Beton verwandelt hätte. Und diese Eindrücke werden bleiben, offenbar sogar für immer, so daß du dich noch nach Jahren mit fast erschreckender Genauigkeit daran erinnerst.

Die Kälte kann tief in die Knochen kriechen – und im Fall von Franz tief in die Stahlstäbe, die hart und verwirrend unter dem Fleisch eines Schenkels zu tasten sind – Folge eines Unfalls, der sich bei einer Testfahrt mit dem Motorrad eines Kunden ereignete, und Ursache dafür, daß er hinter dem Tresen immer auf einem Stuhl hockte. Sie waren außerdem manchmal die Ursache quälender Rückenschmerzen. Wie auch immer, die Kälte kann in die Knochen kriechen und den Nacken hinunter, doch ich glaube, daß man das fast schon genießt: eine geringe Buße für all den Genuß.

Wenn man auf den Interstates mit dem Motorrad unterwegs ist, erwirbt man aus irgendeinem Grund automatisch, wenn auch nur zeitweise, Mitgliederstatus in der Brüderschaft der Trucker. Im Auto hatte ich oft das Gefühl, von den sechzehnrädrigen Ungetümen als Feind betrachtet zu werden, der auf einem Gefälle ein ärgerliches Hindernis für ordentliche 85 Meilen ist und der mit 40 die Steigung hochzuckelt. Auf dem Motorrad jedoch fühlte ich mich von den Trucks förmlich beschützt, wurde in weitem Bogen umfahren, bekam Platz zum Überholen und Blinkerzeichen. Vielleicht liegt das daran, daß viele Trucker zugleich Biker sind oder beide Fahrzeuge eher Gefährten als Gefährte sind. Oder vielleicht liegt es daran, daß jeder Freunde braucht, da draußen in der großen, schlechten Welt.

Ich liebe Fernfahrerkneipen, obwohl mir deren überhand nehmende literarische Verklärung auf die Nerven geht, weil sie zu durchsichtig ist. Wie Leuchttürme strahlen sie ein heimeliges Licht in die dunkle Anonymität der Autobahnen und wecken in uns den Wunsch, Einblick in diese Vielzahl von Lebenswegen zu nehmen, die den unseren kreuzen und ohne uns weitergehen, uns aber vielleicht irgendwie helfen könnten, unsern eigenen besser zu verstehen. Diese Männer mit ihren Cowboystiefeln und Strohhüten und dicken Gürtelschnallen, den schwarzen T-Shirts mit dem Harley-Adler, den Baseballmützen und den dicken Bäuchen – es ist so leicht, in ihnen so etwas wie eine Glaubensgemeinschaft zu sehen, ihnen eine Art primitiver Spiritualität zu unterstellen, die wir vielleicht durchschauen würden und an der wir teilhaben könnten, wenn wir uns in diesen rätselhaften Raststationen nur länger aufhalten würden, inmitten ihrer bunten Mischung aus Gebäck in Familienpackungen, Gewehren, »Wunderbäumen« mit Pin-up-Girls drauf und Plastikbechern mit auslaufsicherem Deckel. Wenn wir die Songs kennen und verstehen würden, die die Musikbox-Liste auf dem Tresen vor uns aufführt, Merle und Hank jr. und Tammy und ein paar mit Schreibmaschine nachgetragene Trucker-Songs. Wenn wir eine Ahnung hätten von den Ritualen des Duschengehens und des Flirtens mit Kellnerinnen und von den unerklärlichen Mädchen mit den Löwenmähnen und den Unterhaltungen über CB-Funk und davon, was sie in den endlosen Stunden denken, die da oben in den Führerkabinen. Aber vielleicht ist auch überhaupt nichts Geheimnisvolles daran; vielleicht ist es nur ein Job.

Eine der reizvollsten Herausforderungen am Motorradfahren – im Gegensatz zum Lkw – liegt darin, daß man mit dem auskommen muß, was in Satteltaschen oder Koffer paßt, und entdeckt, wieviel man mit diesem wenigen anfangen kann. Wie Peter Matthiesen in einem Interview über eine ähnliche Art des Vorankommens bemerkte, bringt einem das eine Entlastung von existentiellen Dimensionen: »Einer der Gründe, warum ich Boote so sehr liebe, liegt darin, daß man sich in allem auf das absolut Notwendige beschränken muß; man ist nur noch der Kapitän eines kleines Bootes, ohne Schutz, ohne Vergangenheit, ohne Hoffnungen für die Zukunft.«

Vielleicht begann das Unheil schon in grauer Vorzeit, damals, als wir seßhaft wurden und das Umherziehen – immer mit leichtem Gepäck unterwegs, weil unablässig unterwegs – und unser Jäger- und Sammlertum aufgaben. Jetzt sind wir so sehr damit beschäftigt, Dinge aufzuhäufen, uns unter Bergen von Dingen zu begraben, daß wir das flüsternde Locken des Landes, hinaus in seine Weiten zu treten, nicht mehr hören können. Bruce Chatwin sieht das so, und mit einem Großteil dessen, was er schreibt, versucht er nachzuweisen, daß die

Mauern unserer Häuser die Mauern zwischen uns und unserer wahren Berufung sind – unablässig über die Erde zu schweifen und dabei ihren Anweisungen zu folgen.

Wären wir Nomaden geblieben wie die Aborigines, hätten vielleicht auch wir uns die Fähigkeit bewahrt, zu sehen wie sie, mit Augen, die die Natur wirklich wahrzunehmen vermögen. Wie Chatwin in den *Traumpfaden* schreibt, dient das religiöse Leben der Aborigines nur einem einzigen Ziel: das Land so zu bewahren, wie es immer war und wie es sein sollte. Unser Ziel, das wir in unserer erstarrten Welt mit fortwährend nach innen gewandten Augen verfolgen, scheint genauso eindimensional: Waren anhäufen. Am Ende dieses metaphorischen Weges steht der ganz reale Drogeriegroßmarkt, glitzernd wie die Smaragdstadt von Oz und bis oben hin vollgestopft mit Hunderten billiger Erinnerungen an die Blumen der sprichwörtlichen grünen Wiese, die für ihn verschwand – Kerzen, Raumspray, Duftkissen, Parfüm, Schaumbad, Potpourri und Räucherstäbchen.

Ist diese Ironie eine Platitüde? Ist es zu spät? Ich schwanke zwischen Hoffnung und Verzweiflung. Gegenwärtig bringt sogar die erstarkende Bewegung für ein einfacheres Leben immer mehr Waren, Bücher und Zeitschriften hervor, die einem den Weg zu diesem Leben weisen sollen. Eine Möglichkeit, für die man keine Anleitung braucht, bleibt jedoch immer: eine ganz kleine Tasche zu packen und loszufahren.

Wenn man allein fährt und so ist wie ich, bleibt man allein. Eigentlich ist es so leicht, Kontakte zu knüpfen, wenn man mit dem Motorrad unterwegs ist, daß sogar meine pathologische Schüchternheit kein Hindernis mehr sein sollte, doch leider ist das nicht immer der Fall. Deshalb habe ich viel Zeit zum Nachdenken; bei sechzig Meilen pro Stunde habe ich schon großartige Gedichte verfaßt, doch sie bleiben dort zurück, über dem Asphalt schwebend, unwillig, mit nach Hause gebracht zu werden.

Wenn man zu zweit fährt, dann steht einem entweder die Fahrt seines Lebens bevor oder aber eine Kette größerer oder kleinerer Ärgernisse. Miteinander fahren ist wie miteinander tanzen, und wenn man dieselbe Musik und denselben Rhythmus im Blut hat, versteht man sich ohne Worte, ahnt jeden Halt, jeden Aufbruch, jede Laune, jedes Beschleunigen und jedes Abbremsen voraus. Wenn nicht, dann kommt man sich ständig ins Gehege, bis man völlig taub wird für die Musik. Sogar die Motorräder scheinen nicht zusammenzupassen, denn die Maschine in Führung wählt unbeirrbar genau die Reisegeschwindigkeit, bei der die nachfolgende nichts sehnlicher möchte als schalten. In diesem Fall kann man genausogut allein fahren und zum Mittagessen anhalten, wenn es einem selbst beliebt.

Wenn man alle jemals geschriebenen Country-and-Western-Songs zu einem einzigen verschmelzen würde (und das wäre ein echter Heuler, wenn Hank Williams, Roy Acuff und die Carter Family auf einmal singen würden), ließe sich der Text ungefähr folgendermaßen zusammenfassen: *Versuch' nicht, mich aufzuhalten, Süße, denn ein unsteter Mann muß umherziehen; doch wenn ich dann da draußen durch die Welt ziehe, leide ich Höllenqualen, weil ich solches Heimweh nach den grünen Hügeln der Heimat bekomme, daß ich weinen könnte.*

Das Paradoxe schreckt mich nicht mehr, nicht mehr, seit ich von zu Hause wegfahre, um schon im freudigen Augenblick des Aufbruchs dieses süße Gefühl von Heimweh zu empfinden.

Das einzige Motorradmagazin, das ich mir weiter halte, nachdem ich mit allen anderen einmal geliebäugelt habe, ist *Rider*. Das ist nicht unbedingt ein Beweis für seine Qualität – es ist zuweilen ziemlich amateurhaft, wenn auch manche Autoren recht gut schreiben –, sondern eher dafür, daß die anderen immer wieder dasselbe dröge Einerlei bringen. Die vorwiegend jungen, männlichen Redakteure dieser Verlage, die in der Nähe der besten Canyonrennstrecken Kaliforniens sitzen, sind fein raus mit all den kostenlosen Super-Duper-Maschinen, die ihnen zur Verfügung stehen, und sie wissen es. Also testen sie endlos die allerneuesten Rennröhren und schieben gelegentlich mal einen Vergleich der neuen Cruiser ein oder einen wahnsinnig aufregenden Artikel mit dem unvermeidlichen Titel »Öl für Ihr Bike: Fakt und Friktion.« (Zugegeben, das habe ich gerade erfunden.) Doch *Rider*, wenn auch immer noch Lichtjahre entfernt von der Qualität selbst der kleinsten britischen Motorradzeitschrift, gibt sich wenigstens Mühe.

So schrieb in einem Monat eine graue Eminenz namens Clement Salvadori eine Kolumne über Bücher, die sich mit dem Motorradfahren befassen. Dieses Bibliotheksregal ist relativ kurz. Doch Salvadori hatte einige interessante Titel ausgegraben, und so bat ich einen Freund, der einen Leserausweis der Mercantile Library New York besaß, dort nachzuschauen, ob er irgendeines der älteren Bücher auftreiben konnte, die ich in der Public Library nicht hatte finden können. Er kam zurück mit Robert Edison Fulton jrs. *One Man Caravan*.

Am liebsten hätte ich der Bibliothek dieses wunderschöne Buch nicht zurückgegeben.

Einen Monat später stöberte ich in einem Antiquariat in Pennsylvania herum. Ich schaue immer zuerst die Regale »Transport und Verkehr« durch, nur um mich zu vergewissern, daß dort keine Motorradbücher vor sich hinschimmeln; es kommt selten vor. Im besten Fall finde ich ein paar Werkstatthandbücher und ein oder zwei Exemplare der illustrierten Enzyklopädien, die ich schon habe. Dieses Mal jedoch war es anders. Ein Buch stand da, und zwar eines, das ich noch nicht besaß.

One Man Caravan, 1937. Mit einem Schutzumschlag. Erstausgabe. Auf dem Deckblatt vom Autor signiert.

Ich kam mir an diesem Tag arm vor, und der geforderte Preis von zwanzig Dollar schien mir zu üppig für meine bescheidene Börse. Zwei Stunden lang trug ich das Buch mit mir in dem Laden herum und sagte dann zu dem Freund, der mich begleitete, daß ich es zurückstellen würde. Er schaute mich an, als ob ich das schwachsinnige Weib sei, das ich war, nahm es mir aus den Händen und marschierte wortlos zur Kasse.

Auf dem Heimweg begann ich zu rechnen. Wenn Fulton Anfang der dreißiger Jahre zweiundzwanzig war, wie alt war er dann heute? Alt. Doch es war durchaus möglich, daß er irgendwo in der Nähe von New York lebte.

Ich rief bei Harcourt Brace an, dem Verlag, bei dem das Buch erschienen war. Im Archiv fanden sich Adressen des Autors aus den fünfziger Jahren; die letzte war eine c/o-Adresse bei einer Fluglinie auf einem Flugplatz in Connecticut. In der Gewißheit, daß er in irgendeiner Abteilung für unzustellbare Briefe landen würde, schickte ich einen Brief ins Blaue und vergaß die ganze Sache.

Doch ich werde nie vergessen, was einen Monat später, am Abend vor Silvester, geschah. Draußen herrschte klirrende Kälte, was bedeutete, daß man einen Fingerbreit von den dünnen Wänden meines Appartements die frostige Luft auf der Haut spürte; im Winter wurde ich zu einer wärmesuchenden Katze und verbrachte den Großteil der Zeit neben dem eigenwilligen alten Gasofen in der Küche, der einzigen Wärmequelle des Appartements. Ich stand an seine Warmluftschlitze gepreßt und starrte geistesabwesend zu den Fenstern, die ich mit weißen Weihnachtslichterketten geschmückt hatte, als das Telefon klingelte. Die Stimme am anderen Ende der Leitung war kräftig und klar, und sie sagte: »Hier ist Robert Fulton.«

Er lud mich ein, ihn auf seiner Farm in Connecticut zu besuchen; er würde mich an der Bahnstation abholen. Wir verbrachten zusammen einen Nachmittag, der mir völlig unwirklich und traumhaft vorkam; wir saßen in seinem Künstleratelier, einem Anbau an die umgebaute Scheune, die er mit seiner aus Frankreich stammenden Frau bewohnte. Durch das vom Boden bis zur Decke reichende Fenster fiel der Blick auf eine schneebedeckte Wiese; darauf stand ein P-51-Mustang-Kampfflugzeug aus dem Zweiten Weltkrieg, das sein Motorrad abgelöst hatte. Er zeigte mir seine Photocollagen, die Skulpturen und Brunnen, die er entworfen und auf dem Grundstück aufgestellt hatte, die Erfindungen und Sammelalben, die sein Leben nach der Rückkehr von seiner langen Motorradreise beschrieben. Er war in der Tat ein Nachkomme seines Namensvetters Robert Fulton, des Dampfschifferfinders, und hatte selbst verschiedene Erfindungen gemacht. Zu seinen Geistesprodukten gehörte ein Gerät, mit dessen Hilfe die Schützen an der Heckwaffe von Kampfflugzeugen im Zweiten Weltkrieg Schießübungen am Boden machen konnten, ohne Munition zu verschwenden; dann das Airphibian, ein Kleinflugzeug, das von einer einzigen Person innerhalb von fünf Minuten in ein Automobil verwandelt werden konnte (ein Exemplar davon befindet sich in der Sammlung der Smithsonian Institution); und schließlich seine berühmteste Erfindung: Skyhook, ein einzigartiges Verfahren, mit dem ein speziell ausgerüstetes, ansonsten jedoch ganz normales Flugzeug Personen am Boden retten kann, ohne landen zu müssen. Auf dieser genialen Erfindung hält allerdings das US-Militär den Daumen drauf.

Fulton sieht noch genausogut aus wie auf den Standphotos in seinem Buch (sein Film ist immer noch nicht fertig, aber er hat endlich mit dem Schneiden begonnen). Er saust von einem Projekt zum nächsten; sein Geist produziert Problemlösungen fast ohne bewußtes Zutun, während seine Hände schon den Prototyp bauen, der beweist, daß die Lösung funktioniert. Er schreibt und bildhauert und zeichnet, und nicht nur, daß er gerade ein Buch schreibt, er arbeitet auch gleich an einer neuen Satzmethode für den Druck.

Vor einigen Jahren brach sein Stiefsohn mit einem Freund von Paris aus auf, um Fultons große Fahrt um die Welt auf neuen Motorrädern nachzuvollziehen. Nach einiger Zeit wurden sie getrennt, und der Sohn seiner Frau kam unterwegs ums Leben, nach nicht einmal der Hälfte der Strecke.

Im Dezember überredete ich Franz dazu, in seinem Loft eine Party zu schmeißen, seine erste überhaupt. Wir wollten rote Bohnen und Reis servieren, wie wir sie bei der sonntagabendlichen Tanzfete im Tipitina's in New Orleans gegessen hatten, und die Gäste sollten Dias von ihren schönsten Motorradtouren vorführen. Ich war so nervös und derart hektisch darum bemüht, daß alles so lief, wie es sollte, daß ich kaum zum Essen kam – wohl aber zum Trinken. So endete der Abend damit, daß ich mich, immer noch in meinem Partyoutfit, in die Badewanne erbrach; zum letzten Mal hatte ich mich in meinem ersten Jahr auf der High School derart gehenlassen.

Doch Franz war kein Partytyp. Genausowenig kümmerte er sich um den orthopädischen Schuh, mit dem ich ihm in den Ohren lag; er hätte seine unterschiedlich langen Beine ausgeglichen und die schlimmen Rückenschmerzen verhütet, ganz zu schweigen von der Deformation seines Fußes. Franz würde sich auch kaum in einen anderen Menschen verwandeln, wie ich es immer noch hoffte: einen Menschen, der Bücher liebte oder der Verständnis dafür hatte, was sie einem anderen bedeuten konnten. Und ich hatte entdeckt, daß er ein Geheimnis verbarg, weniger vor mir als vielmehr vor sich selbst. Er kam mir allmählich vor wie ein Berg, den zu erklimmen ich mich zu müde fühlte. Eines Tages schleuderte er mit einer derart jähen Gewalt einen gläsernen Aschenbecher quer durch den Raum in den Ausguß, daß ich meine Sachen zusammenraffte und ging, ohne noch ein Wort zu sagen. Ein oder zwei Monate zuvor hatte er aufgehört, mich jedes Wochenende mit Blumen zu begrüßen.

Das einzige von mir, das sich immer noch bei ihm befindet, ist ein Satz handbemalter Teller aus der Provence, die ich in einem Second-Hand-Laden draußen im Villenviertel erstanden hatte. Einige Jahre später, als wir wieder miteinander sprachen, hatte ich in Philadelphia zu tun und sah im Laden vorbei, um ihn zu fragen, ob ich sie mir aus dem Loft holen könne. Er gab mir den Schlüssel, mit dem ich schon immer Schwierigkeiten gehabt hatte. Diesmal jedoch gelang es mir trotz aller Bemühungen überhaupt nicht, die Tür aufzukriegen. Ich stand davor und fummelte geschlagene fünfzehn Minuten an dem

Schloß herum, bevor ich aufgab. Er erzählte mir, einer der Teller sei ohnehin zu Bruch gegangen.

In diesem Mai beschloß ich, den Blue Ridge Parkway noch einmal hinunterzufahren. Mein Beweggrund lag – auch wenn ich mir das mit Sicherheit nicht eingestand – zum Teil darin, daß ich wußte, daß Franz seine jährliche Tour mit seinen Kumpeln plante. Ich wußte zwar, daß meine Entscheidung, die Trennung herbeizuführen, richtig gewesen war, aber insgeheim wünschte ich mir dennoch, daß er mich zurückhaben und mit mir statt mit ihnen fahren wollte, obwohl ich sicher war, daß ich ihn selbst dann zurückgewiesen hätte. Ich wollte, daß er sich genauso einsam fühlte wie ich.

Aus dem Reisetagebuch

9. Mai

Eine lange Fahrt im Regen. Und Wind. Und dann Sonne, dann stärkerer Regen. Ich stand im Eingang einer 76-Raststätte und sah zu, wie der Regen auf den Parkplatz und auf meine Maschine niederströmte. Ich entdeckte ein Leck am Kardangehäuse, konnte jedoch im Augenblick nicht mehr tun, als das Öl wegzuwischen und abzuwarten, ob es wieder auftauchen würde.

Die Fernfahrer, die durch die Doppeltür kamen und gingen, gaben in ihrer proletenhaften Art dümmliche Kommentare von sich. »Sieht nach Regen aus«, meinte ein Schlaukopf. Ein anderer schien vollends nicht mehr alle Tassen im Schrank zu haben. Als er an mir vorüberkam, während ich gerade mit meinem Regenzeug kämpfte, ließ er einen Brüller los, der mir durch Mark und Bein ging: »Laß' es regnen, Herr, laß' es regnen!«

Kotzbrocken.

Doch dann kam die Sonne heraus. Vor mir der freie Highway und überall ringsum der Frühling von Westvirginia. Plötzlich riecht es danach – ein unergründlicherer Duft als nur der Geruch sprießender Vegetation –, und ein Schluchzen steigt in meiner Kehle auf.

10. Mai

Fünfzig Meilen, nachdem ich das erste Rinnsal weggewischt hatte, hatte sich eine ebenso große Menge 90er Getriebeöl über das gesamte Antriebswellengehäuse verteilt. Also rief ich Franz vom Parkplatz des Southern-Kitchen-Restaurants aus an, wo ich gerade einen Teller Erdnußsuppe verzehrt hatte.

Vielleicht, so meinte er, hatte sich die Schutzkappe der Entlüftung mit aufgeschleudertem Straßenschmutz zugesetzt, so daß die Öffnung verstopft war und Öl durch die Dichtung der Mutter gedrückt wurde. Er empfahl mir, die Schutzkappe abzunehmen, sie zu säubern und durchzublasen, um sicherzugehen, daß sie sauber war. Lachend meinte er noch, er würde an mich denken, wie ich mit der Metallkappe zwischen den Lippen dastünde und bliese. Ich fand es grausam, mit mir zu flirten, wo er doch nichts besseres zu tun hatte, als dreihundert Meilen weit weg zu bleiben.

Ich bin jetzt weniger als zwanzig Meilen vor Floyd, meinem Übernachtungsziel. Deshalb habe ich an einem Aussichtspunkt angehalten, der so aussieht, als sei er eben der, an dem wir im Oktober haltgemacht hatten. Aber nein, er ist es nicht. Was tue ich da überhaupt? Versuche ich dieselbe Reise noch einmal zu machen, obwohl mir das doch jetzt nur wehtun kann?

Hier am Smart View (laut Reiseführer benannt nach dem »beträchtlichen« Ausblick einer Blockhütte, die hier einmal stand) hat alles die satten Farben von Postkarten aus den sechziger Jahren. Nur daß es hier wirklich so aussieht.

Unterwegs sind die Dimensionen der Dinge zuweilen klein und dann wieder so groß, daß einem unheimlich wird. Manchmal fährt man durch flaches Land und glaubt dennoch, in großer Höhe zu sein. Und bisweilen überfällt einen das Gefühl von Einsamkeit, wie hier, wo der Wind durch die Wipfel der hohen Bäume streicht und unablässig Grillen zirpen und in der Ferne das Donnern von Flugzeugen verhallt.

Nein, man sollte nie versuchen, die Uhr zurückzudrehen. Was für eine idiotische Idee, einen Auftrag für einen Artikel über Floyd anzunehmen. Gleich als ich ankam, schien es mir nur Augenblicke her, daß wir gemeinsam hier gewesen waren. Sie gab mir unser altes Zimmer.

14. Mai

In der Luft liegt ein süßer Duft, obwohl ich nicht herauszufinden vermag, woher er kommt; ich kann keine Blüten zwischen dem jungen Grün entdecken, die als Quelle in Frage kämen. Virginia ist so schön, daß es fast weh tut. Und es ist sonnig, wenn auch ein bißchen »luftig«, wie jemand im tiefen Süden an einem kühlen Tag im letzten Herbst zu uns bemerkt hatte.

Es soll mir für die Zukunft eine Lehre sein, mir für das Ende einer Fahrt ein bestimmtes Ziel vorzunehmen, statt die Rückfahrt versickern zu lassen wie einen Satz ohne Schlußpunkt. Da ich keinen zwingenden Grund hatte, die Sache hinauszuzögern und mich für viele weitere Nächte mit Essen zum Mitnehmen und meiner eigenen traurigen Gesellschaft in Motelzimmern einzuschließen, griff ich in einer plötzlichen Anwandlung zur Karte; vielleicht konnte ich es schaffen, in einem einzigen Tag nach Hause zu fahren. Doch welche Route ich auch wählte oder wie viele Stunden im Sattel ich mir zumuten wollte – es war unmöglich. Ich mußte unterwegs noch mindestens zweimal übernachten. Das kam mir so lang vor, daß ich hätte heulen können.

Sieben

Das Pflaster war schon lange durch eine Asphaltdecke ersetzt worden, und sie war nicht so naiv, zu verkennen, daß sie auf einer Maschine fuhr und daß ein Motor, mochte er auch so stark sein wie der einer Harley-Davidson, keine Eigenkraft besitzt; als sie ihm jedoch Gas gab und er seine Geschwindigkeit entfaltete, ließ sie sich mit einem solchen Rauschgefühl davontragen, daß ihr das Motorrad immer noch als der letzte Abkömmling der großen Totenpferde vergangener Jahrhunderte erschien.
André Pieyre de Mandiargues Das Motorrad

Das Quecksilber stand bei weit über erstickenden dreißig Grad, als ich den ach so herrlichen New York Thruway erreichte. Die Luft, die durch meine Nase strich, fühlte sich an wie der Rauch eines Waldbrandes. Einen Augenblick lang schien der Parkplatz der ersten Raststätte, an der ich hielt, mit den schwarzen Gummimatten ausgelegt zu sein, die man manchmal auf öffentlichen Spielpätzen findet, aber es war nur in der Hitze weichgewordener Asphalt. Ich hatte die arme Lario hart rangenommen, und insgeheim entschuldigte ich mich bei ihr und ihren luftgekühlten Zylindern, denen diese Luft kaum Kühlung gebracht haben konnte. Sie war ein edles Reittier und litt sehr. Doch heute diente das dazu, uns Linderung zu verschaffen, denn ich fuhr nach Norden, nach Norden und immer geradeaus. Wie ich mir einbildete, würden mit jeder Meile, die wir weiter in nördlicher Richtung vorankamen, die Temperaturen ein wenig sinken.

Unser Ziel – und ich brauchte fast immer ein Ziel, um mich aufs Motorrad zu setzen, weil ich in Rundfahrten keinen großen Sinn zu sehen vermochte – war ein weiteres Bikertreffen. Es fand statt in Parry Sound in Ontario, noch nördlich von Toronto, und das hörte sich schön frostig an. Wie gewöhnlich hatte ich es eilig, dorthin zu kommen, obwohl ich mir reichliche zwei Tage dafür genehmigt hatte.

Ich fand erst dann einen Grund, langsamer zu machen, als ich die Adirondack-Berge erreichte; die Bäume, die Gipfel und die angenehme Wärme machten das Fahren zur reinen Lust. Ich hielt an, um mir eine Limonade und ein Eis zu holen; die Flasche war mit einem Relief geschmückt, das Cowboys darstellte, und nichts paßte besser zu der Gegend als diese nostalgischen Erfrischungen. Allmählich ließ meine Entspannung so weit nach, wie es mir nur möglich war, wenn ich allein fuhr; auf solchen Touren mußte ich mich gewöhnlich zum Anhalten zwingen, selbst wenn meine Blase schon seit langem um Hilfe schrie oder mein Magen seine Bedürfnisse mit protestierendem Knurren anmeldete, und selbst dann noch machte ich nicht länger Pause, als es dauerte, mir ein Sandwich zu besorgen und es mit wenigen Happen draußen auf dem Bordstein zu verschlingen, wo ich mit den Vergasern der Lario in Augenhöhe sitzen konnte. Wenn ich dagegen gemeinsam mit meinem lieben Freund John fuhr (dem mit der Garage voller Motorräder und der Sprachgewandtheit, sie als charismatische Objekte zu bezeichnen), konnte mir die Zeit, gleichgültig welche Spanne, quälend lang werden. John läßt sich in krassem Gegensatz zu mir am besten durch das Wort *bedächtig* charakterisieren. Die bewunderswerte Gründlichkeit, mit der er an ein technisches Problem herangeht – zuerst ordnet er es anhand der kosmischen Karte des Universums ein, die er im Kopf trägt, wobei er es mit gebührendem Abstand durch die Lesebrille auf seiner Nasenspitze betrachtet, Selbstgespräche führt, während er sich ihm nähert, und es dann zur Probe dreht und wendet –, wird zum Problem, wenn sie der Speisekarte einer Raststätte zuteil wird. Gewöhnlich habe ich meine Serviette unterm Tisch in Fetzen zerrissen und die Fetzen in Fitzelchen, bis John sich zurücklehnt (»Aaah« sagt er dann) und seine Absicht verkündet, sich eine zweite Tasse zu Gemüte zu führen. Unter Äußerung genüßlicher Geräusche macht er sich dann daran, sie sich einzuverleiben. »Mmmm, mmmm ...« so hört sich das an. Es entspricht selten meiner Gemütslage.

Ich weiß nicht, ob mich die weiße Linie hypnotisiert, daß ich so fahre, oder ob es daran liegt, daß ich – wie mein Onkel George über mich zu sagen pflegte, als ich noch ein Kind war – Ameisen in der Hose habe. Ich glaube, ich kenne den wahren Grund.

Mein Plan sah vor, den mir unbekannten westlichen Teil des riesigen Adirondack Parks auf der Route 3 zu durchfahren, an Fort Drum vorbei, durch Watertown und weiter zum Cape Vincent, wo ich auf die Fähre nach Wolfe Island und Kanada warten wollte. Als sich eine Abenddämmerung mit gewaltigen Farben über der Landschaft ankündigte, fuhr ich weiter. Ich ließ Lake Placid hinter mir, Saranac Lake, Tupper Lake. An ihren Ufern konnte ich Motels und Ferienhäuschen liegen sehen, beschattet von Kiefern, umweht von einer leise duftenden Brise; Leute planschten an diesem warmen Juliabend im Wasser. Ich wäre gern schwimmen gegangen, um die dünne Salzschicht abzuwaschen, die meine Haut überzog. Es hätte mir gutgetan, es mir auf einer Veranda gemütlich zu machen und einfach nur dazusitzen. Ich fuhr weiter. Eine wunderschöne Übernachtungsmöglichkeit reihte sich an die andere, und jedesmal sagte ich mir: nur noch ein bißchen weiter; ein bißchen weiter kommt vielleicht etwas noch Besseres.

Ein bißchen weiter verflachte sich das Land. Die Bäume waren verschwunden. Die Ferienhäuschen auch. Die wenigen Autos, die mir begegneten, waren verrostet und groß und alt und lagen schief und tief auf der Straße, als ob ihre Besitzer noch die letzten paar Meilen aus ihnen herausholen wollten, bevor die Stoßdämpfer endgültig ihren Geist aufgaben. Die Abenddämmerung brach herein, bis schließlich die Nacht uns verschluckte. Jetzt hoffte ich, überhaupt noch ein Motel zu sehen, von einem mit Seeblick gar nicht erst zu reden. Außerdem begann es zu regnen.

Endlich. Ich wagte nicht zu hoffen, daß es die angenehmere von den zwei Arten Motels wäre, die es gibt: eines, dessen Zimmer einfach himmlich sind, ein warmes, kuscheliges, heimeliges Nest weit weg von zu Hause, aber viel besser als zu Hause, weil es ein Zuhause der Phantasie mit nichts als Bequemlichkeit ist. Öffnet man jedoch die Tür zu der anderen Sorte, vernimmt man wie ein schwaches Echo das Klatschen, mit dem die Seele im tiefsten Abgrund des Gemüts aufschlägt. Diese Zimmer machen den Eindruck eines nicht mehr benutzten Aufenthaltsraums, und sobald man das seine betritt, überzieht sich die Haut mit Verzweiflung.

So war es im Bartlett Pair Motel, und ich stellte fest, daß kein anderer Gast sich seiner Annehmlichkeiten bediente. Niemand außer mir genoß das muffige Bettzeug, das einsame »Gemälde«, ein Stück Pappe, das an die Preßspanwand genagelt war. Dies war wirklich die allerletzte Absteige.

Ungefähr um drei Uhr morgens zuckte ein Blitz taghell durch die Nacht und ließ die vergrauten Polyestervorhänge fahlweiß aufleuchten. Dann krachte ein Donner, der den Boden erbeben machte wie eine unterirdische Sprengung. Es schüttete derart, daß man glauben konnte, sich unter Wasser zu befinden. In den langen Stunden, in denen ich jetzt wachlag – allein in einem einsamen Bett in dem dämmrigen Raum, in dem sich für mich alle Hoffnungslosigkeit der Welt zu sammeln schien – hatte ich gelauscht, wie das Unwetter unerbittlich heranzog. Als schließlich der Blitz niederfuhr, kam es mir vor, als hätte ich Gesellschaft, und ich schlief endlich ein.

Am nächsten Morgen goß es immer noch. Ich stellte meine Satteltaschen nach draußen vor die Tür und sondierte die Lage von einer Stelle unter dem Vordach. Die Maschine bei diesem Regen zu beladen, würde einfach ätzend werden; ich würde meinen Helm aufsetzen müssen, nur damit mein Kopf einigermaßen trocken blieb. Plötzlich kam mir eine Idee. Ich könnte das Bike doch auf den Gehweg vor der Tür schieben; dort stünde es geschützt unter dem Vordach. Ich lief also hinaus in die Nässe und schwang mich auf die Maschine, um sie vom Hauptständer hinunterzuwippen. Ich schaffte es, sie zwei oder drei Mal vorwärts zu wuchten, bis ich merkte, daß die Öffnung in der niedrigen Betonmauer vor mir ein paar Zentimeter zu schmal für die Lario war. Ich ließ den Versuch bleiben und stieg ab, um ihr die Satteltaschen in Regen aufzulegen.

Ich trat gerade eine Sekunde später mit dem Tankrucksack durch die Tür, als mich ein jäher Schreck durchzuckte. Die Maschine lag auf der Seite. Ich rannte zu ihr hin und zog mit aller Kraft am Lenker. Ich probierte es sogar mit der Methode, die ich in einem Kurs der Motorcycle Safety Foundation gelernt hatte und mit der es angeblich sogar eine zierliche alte Dame schaffte, eine Gold Wing aufzuheben. Bei mir funktionierte sie nicht. Vor meinem entsetzten geistigen Auge – ob es nun wirklich passierte oder nicht – sah ich, wie Benzin und Getriebeöl und Batterieflüssigkeit aus Stellen heraustropfte, wo es nicht heraustropfen durfte. Ich war in heller Aufregung. Mein Bike war noch nie umgefallen. Ich blickte gehetzt um mich, und da sah ich, daß neben dem Büro ein Lieferwagen parkte – mit laufendem Motor, denn aus dem Auspuff kamen Wölkchen. Ich rannte hinüber und klopfte ans Fenster. Ein verblüffter Mann schob es zur Seite. »Mein Bike ist umgefallen!« stieß ich atemlos hervor. »Bitte, könnten Sie mir helfen?« Er saß da und verzog keine Miene. »Es ist gleich da drüben«, flehte ich, und er nickte langsam, rührte sich jedoch immer noch nicht. »Schnell!« Ich geriet in Panik. Endlich öffnete sich die Tür, und er folgte mir. Gemeinsam gelang es uns, die Maschine aufzurichten, und ich dankte dem sprachlosen Mann mehrmals, blickte ihm dabei aber nicht ins Gesicht: Ich untersuchte die Lario nach Schäden.

Auf dem linken Ventildeckel war ein leichter Kratzer und ein weiterer am Ende des Kupplungshebels, der zum Glück nicht abgebrochen war, was leicht hätte passieren können. Der Lenker schien ein wenig schief, doch alles ließ sich bewegen und funktionierte, wie es sollte. Ich schaltete die Zündung ein und drückte mit verkrampftem Bauch den Starterknopf. Die Maschine sprang so willig an wie immer und lief ganz ruhig.

Auf der Straße ging mir auf, wie das passiert war. Ich hatte das Motorrad auf der Kiesschicht über der durchgeweichten Erde, auf der es geparkt war, gerade soviel hin- und hergeschaukelt, daß es seine Standfestigkeit vollends verlor, und in der einen Sekunde, die ich im Zimmer war, kippten die paar hundert Pfund Metall und Gummi lautlos zur Seite. Eine zweite Erkenntnis dämmerte mir erst kurz vor Wolfe Island. Warum hatte der Mann so langsam reagiert?

Es war mein Fehler gewesen, und zwar in zweierlei Hinsicht. Erstens hatte ich das Wort *Bike* benutzt. Zweitens war ich eine Frau. Ergo hatte er gedacht, mir sei mein Fahrrad umgefallen, und geglaubt, ich sei nicht ganz dicht.

Das Jolly Roger Motel in Parry Sound, Ontario, gehörte zur anderen Sorte Motel, und das Chateau Marmont ließ sich mit dem Bartlett Pair vergleichen. Abgesehen davon bot der Parkplatz eine üppige Galerie farbenprächtiger Rennröhren und Café-Renner, die sich zur neunten jährlichen Sportbike Rallye hier versammelt hatten. Leitprinzip dieses Treffens ist ein augenzwinkernder Sinn für Humor mit einem Schuß kanadischer Höflichkeit. Statt diejenigen zu prämieren, die die weiteste Strecke zurückgelegt haben, oder die Teilnehmer über die Preiswürdigkeit abstimmen zu lassen, verleiht man die Cheap Awards (etwa: Ramschtrophäen), die das Kind beim Namen nennen; Moto Whiner (Motorradheulsuse) wird einem Weltklassejammerer zuteil; Smoking Toe (die rauchende Zehe) einem besonders verwegenen Heizer; Turf Luck (Rennbahnglück) einem, der sich stilvoll hinlegt, und Freshly Tuned Laurels (frisch frisierter Lorbeer) einem Bike, das sich standhaft weigert, die einfachsten Pflichten eines Motorrads zu erfüllen, beispielsweise anzuspringen. Die Menge ist frisch gewaschen und gekämmt und könnte leicht mit dem Publikum einer College-Abschlußfeier verwechselt werden. Die Leute haben sich in Schale geworfen – Lederkombis und Cordura-Anzüge – und schlendern umher, um die oft außergewöhnlichen europäischen und japanischen Sportmaschinen zu bewundern, die sowohl aus den Vereinigten Staaten als auch aus Ostkanada gekommen sind: BMWs, Ducatis, Moto Guzzis und eine oder zwei Bimotas stehen zwischen den blitzschnellen, kleinen Zweitakt-Reiskochern (was nicht abfällig gemeint ist), die in den Vereinigten Staaten aufgrund der Emissionsschutzbestimmungen nicht erlaubt sind. Am Abend geht es in die sogenannten Yamahall, wo man weiter Benzin redet und sich Videos rund um das Motorrad anschaut. Das krönende Ereignis des Wochenendes besteht in einer Dinnerfahrt um das Thirty Thousand Islands herum, vor dem Mike Maloney, Zeremonienmeister und »Leithammel« der Veranstaltung, in weiser Voraussicht kleine Holzbretter an die Fahrer verteilt, wenn sie auf den Parkplatz einfahren. Diese legen sie unter den Seitenständer, damit sie nachher nicht vor dem Anblick stehen, der sich mir vor dem Bartlett Pair geboten hatte.

Am Morgen nach meiner Ankunft stand ich früh auf, zog meine Motorradklamotten an und ging in den Frühstücksraum des Jolly Roger's. Dort wimmelte es von Motorradfahrern, alle gestiefelt und gespornt, um zum Ort des Treffens zu fahren, sobald die Frühstückseier verzehrt waren. In meiner Kehle bildete sich ein Klumpen Selbstmitleid, als ich sah, daß ich der einzige Single hier war. An den anderen Tischen saßen Grüppchen von zwei, drei oder vier Leuten, die sich angeregt unterhielten. Ich wußte sehr wohl, daß es ein ganz einfaches Mittel gegen meine Einsamkeit gab; ich brauchte nur an einem Tisch mit einem leeren Stuhl zu treten und zu fragen, ob ich mich setzen dürfe – Motorradfahrer sind gesellig und gesprächig. Doch für mich war das ungefähr so leicht wie aus einem Flugzeug in die schwindelerregende Tiefe zu springen: mir fehlte einfach der instinktive Antrieb dafür.

Ich setzte mich an den kleinsten Tisch, legte meinen Helm

auf den Stuhl gegenüber und warf einen Blick in die Karte. Die geplagte Kellnerin kam mit gezücktem Block herüber. »Ich hätte gern zwei Rühreier mit Roggentoast«, sagte ich, »und einen großen Cranberry-Saft.« Ich gab ihr die Karte zurück und hoffte, das Essen würde bald kommen, denn ich fühlte mich immer ungehaglich, wenn ich allein in der Öffentlichkeit essen mußte.

Wie es der Zufall wollte, dauerte es mit dem Essen eine Weile, und der Raum hatte sich nahezu geleert, als es kam. Doch es war kein »das«, es war ein »die«. Die Bedienung setzte behutsam einen Teller Rührei und ein Glas Saft am mir gegenüberliegenden Platz ab und ein identisches Frühstück vor mir. »Eigentlich habe ich nur Platz für eines«, sagte ich und lächelte. Sie schaute mich verblüfft an. »Es tut mir leid, Sie sind allein?« Mein Nicken bestätigte ihr das Unbegreifliche; es gab keinen Mann, auf den ich wartete, keinen Mann, dem das Motorrad gehörte. Und sie war nicht die einzige, der das leid tat.

Sollte ich jemals prüfen wollen, wie heftig ich mir an prinzipiell unlösbaren Rätseln von der Qualität »Versuch dir die Unendlichkeit vorzustellen« die Gehirnwindungen verbiegen kann, dann brauche ich mich nur an den Abend zu erinnern, als ich an einer Autobahn-Mautstation anhielt und mein Geld herausholte. Der Typ in dem Häuschen, ein junger Kerl um die Zwanzig, begann tatsächlich fast zu flennen. Schließlich stieß er ungläubig hervor: »Haben Sie dieses Motorrad ganz allein hierher gefahren?«

Sicher ist diese scharfsinnige Frage allen Motorradfahrerinnen schon mindestens einmal gestellt worden, manchmal sogar so oft, daß sie sich den Spaß machen, sich vergleichbar schlaue Antworten auszudenken: »Nein, ich habe es auf dem Kopf hergetragen.« »Haben Sie schon mal was von der unbefleckten Empfängnis gehört? Also so ähnlich hat es funktioniert.«

Zwei weitere persönliche Erlebnisse, obwohl ich noch jede Menge davon liefern könnte:

Letzte Woche fuhr ich meinen Wagen zu einer Getriebespezialwerkstatt; natürlich schlug man mir einen kompletten Austausch vor. Jedenfalls flüstere ich meiner Freundin, die mich begleitete, zu, daß der Mechaniker mit italienischem Akzent spricht. Darauf meine Freundin stolz und laut zu ihm: »Sie besitzt eine Moto Guzzi!« Der Mechaniker strahlt, beginnt von seiner Guzzi zu erzählen, die mittlerweile dreißig Jahre auf dem Buckel hat, und daß er in Chile auf einer Gilera Rennen gefahren habe. Ich streue zwischen Nicken und Fragen ein paar Informatiönchen ein und erzähle ihm ein wenig von der Lario. Er klagt, daß Teile für ältere Guzzis hier nicht zu haben seien; ich erkläre, ich könne ihm einige Adressen besorgen, wenn er wolle. Wir gehen ins Büro, wo ich einen Auftrag unterzeichne, der mich um mein noch nicht gemachtes Vermögen bringt. Ich mache eine letzte Bemerkung über meine 650er, woraufhin seine Augenbrauen sich zusammenziehen und er sagt: »*Sie* haben ein Motorrad?«

Jeden Juni errichten die Christian Motorcyclists an der Route 9 nördlich von Keene in New Hampshire neben der Straße ein Zelt, wo sie kostenlos Kaffee und Sandwiches an die Fahrer verteilen, die zu den Rennen nach Loudon unterwegs sind und nach einer langen Fahrt vielleicht Anregungsmittel, Ruhe oder Jesus brauchen. John und ich bogen von der Straße ab und hielten, um eine Pause einzulegen, und ich war gerade abgestiegen und nahm meinen Helm ab, als ein paar Typen auf mich zukamen, ebenso wie John, der seine Maschine auf der anderen Seite des Zelts geparkt hatte. Sie gingen ein paar Mal um die Lario herum, warteten, bis John uns erreicht hatte, und fragten dann ihn: »Wie findest du diese Maschine?« John lächelte kaum und erwiderte: »Ich weiß es nicht. Da müßt ihr schon sie fragen, denn ihr gehört sie.« Woraufhin die zwei John einige weitere Fragen stellten; an mich wandten sie sich nicht ein einziges Mal.

So lustig diese Episoden auch waren, sie und viele ähnliche münden nichtsdestotrotz in eine nüchternere Erkenntnis: Offensichtlich widerspricht der Anblick einer Frau auf einem Motorrad so sehr dem Üblichen, daß man(n) seinen Augen nicht mehr traut. Ich wiederum muß mich selbst packen und schütteln und fragen, in welchem Jahr wir eigentlich leben.

Es wäre aber auch egal, in welchem Jahr wir leben, da der Anteil weiblicher Motorradfahrer in Amerika von Anfang an mit sieben bis zwölf Prozent ziemlich konstant geblieben ist. Mit anderen Worten, es scheint sich in den letzten hundert Jahren nicht viel geändert zu haben. (Die aktuelle Zahl in Deutschland beträgt meines Wissens 20 Prozent, während ich den Verdacht hege, daß sie in einem Land wie Italien noch niedriger liegt als in den Vereinigten Staaten.) In derselben Tradition wie die Berichte über das »neue«, saubere Image des Motorradfahrens, die mit der Zuverlässigkeit eines Uhrwerks alle zehn oder zwanzig Jahre wiederkehren, wurde im Lauf der Jahre immer wieder einmal die Neuigkeit verbeitet, die Frauen hätten »eine der letzten Bastionen des heimlichen Machotums« gestürmt, wie es eine Zeitung unlängst ausdrückte.

Wenig hat sich geändert. Aber warum ist diese Stagnation so dauerhaft? In jedem Gespräch über Motorräder und Frauen ermutige ich meine Gespächspartner, eine Hypothese dazu aufzustellen. Mehr als einmal bekam ich zu hören: »Also ich glaube, es liegt daran, daß Motorräder schon immer als *männlich* gelten.« Diese Antwort stellt jedoch nur eine Erweiterung der ursprünglichen Frage dar. Ich möchte ja gerade wissen, warum Motorräder immer noch als Männlichkeitsattribut betrachtet werden.

Ende der sechziger Jahre beschrieb Armand M. Nicholi II., Psychiater an der Harvard Medical School, eine neue psychische Erkrankung: das »Motorrad-Syndrom«. Seine Patienten waren von Motorrädern wie besessen; ihre Gedanken oder Träume kreisten unausgesetzt darum, und sie sprachen von nichts anderem als dem unglaublichen Gefühl von Macht und Stärke, das ihnen das Fahren vermittelte. Das war, wie Nicholi meinte, symptomatisch für ihre »schwache maskuline Identifikation«. Er hatte festgestellt, daß viele von ihnen fürchteten, homosexuell zu sein, und das Motorrad zur Kompensation ihrer vermeintlich weibischen Züge benutzten.

Was hätte der gute Doktor wohl mit Andrea gemacht, die jedes Jahr durchschnittlich 20000 Meilen auf ihrer BMW zurücklegt, lieber damit als mit dem Auto zur Arbeit fährt (gegen den Wunsch ihres Mannes, der ebenfalls Motorrad fährt), und alles daran setzt, wenigstens einmal im Jahr von der Ost- zur Westküste und wieder zurück zu fahren? Oder mit Erica, die dem Motorrad – und der Geschwindigkeit – im selben Augenblick verfiel, in dem sie zum ersten Mal im Sattel saß? Das Virus ergriff nach ihrem Anfängerfahrkurs so rasch Besitz von ihr, daß sie sich bald für unbesiegbar hielt und immer schneller durch die Kurven fegte, bis nach einer Woche ihre Kawasaki KZ440 ihre maximale Schräglage erreichte und sie am Scheitelpunkt der Kurve abwarf. Mit wachsendem Respekt vor den Leistungen und Grenzen von Motorrädern ging sie von einer Guzzi V50 zu einer 750er Ducati Supersport über, und sie heizt wie der Teufel. (»Guck mal – das ist ja 'ne Tussi!« hat man verblüffte Passanten ausrufen hören.) Sie ist süchtig nach Perfektionstrainings auf der Rennstrecke und gehört häufig zu den schnelleren Fahrern in der vorwiegend männlichen Teilnehmerschaft. Sie kann sich ein Leben, das sich nicht ums Motorradfahren dreht, schlicht nicht vorstellen, genausowenig wie eine Beziehung zu einem Mann, der nicht mindestens genauso begeistert fährt wie sie, denn sie weiß genau, wer die schlechteren Karten hätte, wenn die Saison herannaht und sie zwischen Bike und Mann wählen müßte. Was würde der Doktor mit diesen oder irgendeiner der anderen Frauen anfangen – Müttern, Ehefrauen, Großmüttern, Lesben und Heterofrauen –, die sich wohl kaum ihre Männlichkeit bestätigen müssen und trotzdem den unbezähmbaren Drang haben, Motorrad zu fahren?

Was ist so bedrohlich daran, daß Frauen dieses Vergnügen für sich beanspruchen? (Zweifelsohne liegt hier die Quelle häufig zweischneidiger Komplimente. Der folgenden Bildunterschrift – in einem Motorradbuch aus den Sechzigern – unter einem eklatanten Beispiel für die Methode, Motorräder mit Hilfe spärlich bekleideter Frauen zu verkaufen, gebührt in dieser Hinsicht ein absoluter Spitzenplatz: »So manchem männlichem Ego versetzen die Fähigkeiten der Motorrad fahrenden jungen Dame von heute einen herben Schlag. Attraktive Mädchen lieben das Motorradfahren, so wie diese junge Dame auf einer Jawa.«)

Und was ist dran an einer Frau, die Motorrad fährt, das sie angeblich so sexy macht, zumindest theoretisch? Möglicherweise ist hier derselbe Faktor im Spiel, aufgrund dessen die Fixierung von Männern auf Motorräder als ein Anzeichen unterdrückter Homosexualität gewertet wird: ihr phallischer Charakter; diese harte, vorwärts stoßende Kraft unter der Gürtellinie. Wenn nun Frauen sich dieser Art Kraft bemächtigen, wird dies zwangsläufig als ein Akt des Übertretens, als Tabubruch gesehen. Sie *sollen* so etwas nicht zwischen den Beinen haben.

Zugleich gibt es etwas, das die Frau auf dem Motorrad gleich wieder kastriert, sie dieses dreisten Anhängsels beraubt: ihre durchgängige, gleichmacherische Reduktion auf ein eindimensionales Bild von Sexualität – oh Mann, ich wette, sie ist schon ganz scharf unter diesem Leder – und insbesondere das Bild der Pin-up-Kalender und der Werbung, wie sie so in ihrem Tanga über den Chrom drapiert ist und höchste Erregung mimt, so gut es in einem zugigen Atelier beim Liebkosen von Metall eben geht. Sie tut nicht *wirklich* etwas mit dieser Maschine, sie wartet auf einen Mann; sie setzt diese Kraft nicht zu ihrem eigenen Vergnügen ein, sie benutzt sie, um einem anderen Vergnügen zu verschaffen.

Auf zwei Leute, die Motorrad fahrenden Frauen Bewunderung zollen – und von diesen gibt es viele –, kommt einer, den sie verunsichern. Diese Verunsicherung kann sich in Reaktionen ausdrücken, die von einer seltsamen, gewollten Blindheit bis hin zu reizbarer Wut reichen. Ein Extrembeispiel für letzteres erlebte eine Ausländerin bei einem kleinen Motorradfahrertreffen in Deutschland. Ihr fiel auf, daß ein seltsamer Mann mit fettigen, strähnigen Haaren sie mit glitzernden Augen fixierte, als sie in der Mitte der Gruppe stand und an ihrem Teebecher nippte. Schließlich neigte er sich nach vorn, um ihr aus allernächster Nähe ins Gesicht zu starren; ihren wie vom Donner gerührten Mann, der direkt neben ihr stand, ignorierte er völlig. »Du magst wohl keine Motorräder?« befragte er sie. »Ich fahre eines«, erwiderte sie. Er beugte sich noch weiter vor, so daß sie einen Schritt zurücktrat. »Frauen können nicht fahren. Sie sind zu schwach.« »Sag' das meiner Maschine.« Er ließ nicht locker: »Muß 'ne kleine sein.« Jetzt wurde sie stocksauer. »Sie ist schnell genug.« Er versuchte zu lachen. »Schnell genug, damit du sie in den Graben setzt.« »Nicht einmal in all den Jahren, die ich fahre.« Sie wandte sich ab, fast noch mehr angewidert von sich selbst, daß sie sich überhaupt so weit mit diesem Irren eingelassen hatte. Ihr Mann meinte später, daß der Typ wohl versucht habe, sie aufzureißen. Was für eine geniale Strategie, dachte sie.

Die Werbung, das machtvollste Instrument zur Verbreitung visueller Bilder, spiegelt die Verhältnisse wider, wie sie sind, und verspricht zugleich eine hoffnungsvolle Zukunft, die erst noch kommen soll. In der Welt, die die Motorradwerbung darstellt, werden die herrschenden Verhältnisse zementiert: die Dinge sind, wie sie sind und bleiben sollen. Nur wenige Hersteller zeigen regelmäßig Frauen, die selbst eine Maschine fahren, allen voran BMW. Wenn die Firma das Standardbild präsentiert – zwei Fahrer auf einem kurvigen Landsträßchen, das sich durch eine bukolische Landschaft schlängelt –, dann ist einer von ihnen recht häufig eine Frau. BMW ging in den Vereinigten Staaten mit einer noch nicht dagewesenen Kampagne auf Kund(inn)enfang, in der ausschließlich Frauen auftraten, insbesondere die drei, die 1993 zugunsten einer Stiftung zur Bekämpfung des Brustkrebses auf bayerischem Eisen 12000

Meilen bis in die Arktis fuhren. Es ist kein Zufall (obwohl nicht klar ist, ob die Werbung der Realität vorausging oder ihr folgte), daß in den Vereinigten Staaten ein besonders hoher Anteil der Käuferinnen BMW-Kundinnen sind. (Harley kann ähnliches für sich in Anspruch nehmen; der weibliche Kundenkreis ist so groß, daß sich die Publikation eines Hochglanzmagazins mit dem Titel *Harley Women* lohnt.)

Es bleibt daher ein Rätsel, warum beispielsweise Yamaha vor einigen Jahren bei der Einführung der Seca II auf dem amerikanischen Markt – einer idealen Maschine für Frauen, die mitunter nach einem leichten, mittelstarken Motorrad, das nicht zu hoch ist, damit sie mit den Füßen noch den Boden erreichen, verzweifelt suchen müssen –, Anzeigen schaltete, auf denen ausschließlich männliche Fahrer zu sehen waren, wenn auch manchmal mit einer Sozia. Ich frage händeringend und in aller Demut: Warum schießen sich die Hersteller selber in den Fuß, statt einen unerschlossenen Markt von 50 Prozent potentieller Käufer direkt anzusprechen? Die Antwort, die ich am häufigsten zu hören bekam, enthüllt eine unappetitliche Tatsache: Die Hersteller befürchten, daß ein Modell, das Anklang bei den Frauen findet, von den Männern gemieden wird, obwohl die Erfahrungen von Harley und BMW das Gegenteil belegen. Jedenfalls muß sich die Motorradbranche, wenn der Status quo erhalten bleibt, ihr hübsches kleines Köpfchen nicht darüber zerbrechen, daß sie möglicherweise Käuferinnen abturnt, indem sie weiterhin ihre Waren unter Verwendung halbnackter Frauen anpreist.

Wenn man nach Frauen sucht, die über umfassende Mechanikerfähigkeiten sowie Energie und Ausdauer verfügen, was das Motorradfahren betrifft, dann ist Theresa Wallach eine gute erste Adresse. 1935, mit siebzehn Jahren, fuhr sie mit einer Freundin in einem Gespann von London aus los; ihr Ziel hieß Kapstadt. (Zuvor hatte sie festgestellt, wie sie schreibt, daß sie »mit aufgerissenen Augen Motorrädern statt Jungs nachschaute. Meine Eltern ... drohten mir damit, daß ich, sollte ich mich nicht einkriegen, als alte Jungfer enden würde.«) Zum Abschluß ihrer Tour bestiegen sie noch den 1183 Meter hohen Table Mountain in Südafrika, und sie waren nun die ersten Frauen, die die Sahara per Motorrad durchquert hatten.

1939 fuhr sie auf der Brooklands-Bahn eine Runde mit über 160 Stundenkilometern und erhielt als einzige jemals so geehrte Frau den Gold-Star-Preis des British Motorcycle Club. Sie fuhr zudem Trials und Scrambles mit. Bei Kriegsausbruch trat sie in eine Transportbrigade des Women's Auxiliary Territorial Service ein, wo sie ein Motorrad zugeteilt bekam und als erste Kradmelderin in den britischen Streitkräften diente. Zu einem späteren Zeitpunkt ihres Militärdienstes, jetzt bei den Royal Electrical and Mechanical Engineers, bestand sie als erste Frau die Mechanikerprüfung: »›Und wer‹, so habe ich gesagt, ›könnte schon eher über das empfindliche Händchen verfügen, das zur manuellen feinmechanischen Bearbeitung von Einspritzdüsen nötig ist?‹«

Nach der Demobilisierung machte sie sich mit ihrem Motorrad auf nach Amerika, wo sie in zweieinhalb Jahren achtzehn verschiedene Jobs hatte und 32000 Meilen fuhr. Danach beschloß sie, sich auf Dauer in den Vereinigten Staaten niederzulassen, arbeitete als Motorradmechanikerin, eröffnete dann ein Motorradgeschäft und eine Fahrschule. 1970 veröffentlichte sie *Easy Motorcycle Riding*, einen knapp gefaßten, immer noch gültigen Leitfaden für den Anfänger. Die Umschlagillustration der Taschenbuchausgabe zeigt einen Mann am Lenker und eine Frau auf dem Soziussitz.

Es erwies sich als schwierig, der Öffentlichkeit die Vorstellung nahezubringen, daß es die natürlichste Sache der Welt ist, wenn Frauen selbst Motorrad fahren – von schicklich gar nicht erst zu reden. In den ersten Jahrzehnten des Motorradsports schien die Gesellschaft sogar aufgeschlossener als heute und eher bereit, die Frauen, was die fahrerischen Leistungen betraf, als den Männern ebenbürtig zu betrachten. Schon 1897 stellten die englischen Firmen Coventry Motor und Humber Damenmodelle her; in den zwanziger Jahren pries Harley-Davidson einige Modelle als »The Woman's Outdoor Companion« (»die weiterentwickelte, frauengerechte Harley-Davidson ... Wenn Sie als Mädchen oder Frau gern draußen unterwegs sind, werden Sie Freude an der Dynamik und dem Tempo des Motorradfahrens haben«). Ebenfalls in den Zwanzigern bemühte sich der britische Kraftstoffhersteller Pratts, zur von Fahrerinnen bevorzugten Treibstoffmarke zu werden. Eine Anzeige der Firma zeigt, daß sie genau wußte, wovon sie sprach: »Was die Frage des Kraftstoffs betrifft, so geben für die motorradfahrende Dame folgende Punkte den Ausschlag: flotte Beschleunigung, Durchzug, geringer Verbrauch, saubere Verbrennung und leichtes Anspringen. Deshalb wählt sie immer Pratts Sprit.« Nun sind dies zufällig exakt die Punkte, die auch für Männer den Ausschlag geben.

Andererseits gibt es da die Geschichte von Della Crewe, einer Frau aus dem texanischen Waco, die 1915 auf ihrer nagelneuen Harley kreuz und quer durch die Vereinigten Staaten fuhr; begleitet wurde sie von ihrer Töle Trouble. Als sie sich im November im nordöstlichen Ohio befand, geriet sie in das jahreszeitlich übliche schlechte Wetter. Sie suchte Unterschlupf in einem Farmhaus, wo der wütende Farmer sie anfänglich abwies und es ihr rundheraus – und, wenn ich das überhaupt noch hinzufügen muß, in schlechter, alter Chauvinistentradition – zum Vorwurf machte, daß sie sich überhaupt draußen auf den verschneiten Straßen herumtrieb.

Die britischen Schwestern Betty und Nancy Debenham zeigen in ihrem 1928 erschienenen, außerordentlich klugen Buch *Motor-Cycling for Women: A Book for the Lady Driver, Side-Car Passenger, and Pillion Rider*, daß das allerwichtigste Zubehör in Sinn für Humor besteht (obwohl sie auch Burberry-Motorradmäntel und russische Stiefel empfehlen – außerdem im Notfall einen Schuß Whisky, in kaltes, nasses Schuhwerk gegossen). Auf ihrer Jungfernfahrt mit einem Gespann durch ländliches Gebiet mußten sie die schmerzliche Erfahrung machen, daß ein Motorrad mit Seitenwagen mehr Benzin braucht als eine Solomaschine. Sie schoben es einen Hügel hinauf und ließen sich bis in einen kleinen Weiler rollen, wo eine Frau sich bereitfand, ihnen etwas Treibstoff aus einem Kanister zu verkaufen, obwohl ihr Mann außer Haus war. Der Tank war gefüllt, sie traten den Kickstarter – und traten und traten und traten. Schließlich kam der Hausherr zurück und bekam die Geschichte von ihrem Mißgeschick zu hören. Doch nicht etwa aus dem Kanister hinter dem Schuppen? fragte er seine Frau. Der war mit überschüssigem Paraffin gefüllt! Die Debenhams leerten mühsam den Tank und füllten ihn schließlich mit richtigem Treibstoff. »Dieser Zwischenfall belegt, daß es ein großer Fehler ist, Treibstoff an irgendwelchen Höfen und Schuppen zu kaufen«, schrieben sie als Konsequenz.

Gleichermaßen reizvoll war für Frauen die aufregende Frühzeit des Autofahrens, und mehr als nur ein paar erwiesen sich als fähige Fahrerinnen. 1905 gewann Mrs. Clarence Cecil Fitler zwei Rennen am Cape May »unter lautem Jubel Tausender Zuschauer«, wie die *New York Times* schrieb. Joan Newton Cuneo, eine bekannte Rennfahrerin jener Zeit, beteiligte sich als einzige Frau am ersten Glidden Cup, einer Wettfahrt über tausend Meilen, ebenfalls im Jahr 1905. Vier Jahre später brach sie Geschwindigkeitsrekorde bei den Mardi-Gras-Rennen in New Orleans und brachte Ralph De Palma, den berühmtesten amerikanischen Rennfahrer, dabei schwer in Bedrängnis. Etwas später im selben Jahr – Zufall? – verbot die American Automobile Association Fahrerinnen und sogar Beifahrerinnen die Teilnahme an offiziellen Rennen.

Man kann sich den Ablauf kaum anders vorstellen: Da schlummert eine Organisation wie die AAA sanft vor sich hin, bis die Nachricht sie hochschreckt, daß doch tatsächlich Frauen Rennen gewinnen und es den Männern zeigen, worauf sie sich flugs auf die Hinterbeine stellt und die Frauen zu *Persona non grata* erklärt. Manchmal war das Argument zu hören, dies geschähe zum Schutz der Frauen, doch da diese niemals um Schutz gebeten hatten, sondern sich vielmehr der Konkurrenz stellen wollten, erhebt sich die Frage, wer da in Wirklichkeit geschützt werden sollte.

Wie vorauszusehen bekamen die Frauen, die an Motorradwettbewerben teilnehmen wollten, ebenfalls zu spüren, daß in den entsprechenden Zulassungsgremien die Tür-zu-Krankheit gleichermaßen grassierte. Obwohl Frauen von Anfang an zu höchsten Ehren vordrangen – beispielsweise Muriel Hind, die 1911 in England mit einer Sechs-PS-Rex erfolgreich Rennen fuhr –, folgte die leicht verzögerte Reaktion, sie von der Teilnahme auszuschließen, verdächtig oft einem Sieg dicht auf den Fersen.

Clara Wagner, die fünfzehnjährige Tochter des Motorradherstellers Wagner, erhielt 1907 eine Mitgliedskarte der Federation of American Motorcyclists. Drei Jahre später beendete sie ein 365-Meilen-Langstreckenrennen mit einer perfekten Wertung als erste. Ihr Sieg wurde umgehend anulliert, der Pokal in andere Hände übergeben. Die anderen Teilnehmer des Rennens, die ihre Leistung voll und ganz würdigten, legten zusammen und kauften ihr statt dessen einen goldenen Anhänger.

Obwohl sie jetzt schon über achtzig ist, stahl Dot Robinson allen die Schau, als sie unlängst in *She lives to ride* auftrat, einem 1994 erschienenen Dokumentarfilm über Motorradfahrerinnen. Darin schwingt sie sich auf ihre rosa Harley – mit Lippenstiftbehälter am Lenker –, um mit ihren Freundinnen zu einer Runde Golf zu fahren. Eine Gründungsfrau der Motor Maids, die immer noch in Uniform fahren – hellblaue Hemden, weiße Stiefel und passende Halstücher –, ist der lebende Beweis dafür, daß das Äußere täuschen kann, denn sie war die erste Frau, die die Jack Pine Tour bis zum Ende mitfuhr, ein berühmtes und sehr hartes 500-Meilen-Langstreckenrennen, das jährlich in Nordmichigan ausgetragen wurde. Gemeinsam mit ihrem Mann Earl stellte sie 1935 einen Querfeldeingespannrekord auf (89 Stunden) und kreuzte dann gezwungenermaßen die Klingen mit der AMA, weil diese ihr die offizielle Anerkennung ihrer Leistung verweigern wollte. Wiederum waren es ihre Konkurrenten – also diejenigen, die am besten zu würdigen wissen, was ein Sieg bedeutet –, die sich auf ihre Seite schlugen; auf ihren Vorschlag hin überschwemmten sie die Funktionäre mit einer Flut von Briefen, die sich gegen deren Standpunkt wandten, so daß sie bald einlenken mußten.

Damit diese Einstellung auf offizieller Seite nicht als schwache Erinnerung an längst vergangene Zeiten erscheint, sei hier der Fall von Gina Bovaird aufgeführt. 1980 kam sie als erste Frau unter die ersten zehn eines Rennens der American Motorcycle Association. 1971 hatten Funktionäre versucht, sie der Boxen zu verweisen, als sie in einem befreundeten Team mitarbeitete, obwohl die Geschlechterbarriere für Mechaniker schon viel früher durchbrochen worden war, nämlich von Kitty Budris, die 1969 eine AMA-Lizenz erhalten (und eine siegreiche BSA-Rennmaschine gebaut) hatte. Im Jahr darauf versuchte Bovaird an einem Rennen teilzunehmen, doch ihre Maschine wurde disqualifiziert; wie die Illustrierte *People* berichtete, war eben diese Maschine im selben Rennen im Jahr zuvor zweitplaziert worden. 1979 setzte Bovaird in Daytona mit 141,66 Meilen pro Stunde (228 Stundenkilometern) einen neuen Rekord für Ersteilnehmer, männliche und weibliche.

Daß Frauen wie Bovaird und Nancy Delgado, die gegenwärtig auf einer 125er Honda an Wettbewerben auf der AMA-Berufsfahrerstrecke teilnimmt, trotz der Hindernisse in diesem Land professionell Rennen fahren, ist der engagierten Moto-Crosserin Kerry Kleid zu verdanken. Obwohl ihr 1971 eine AMA-Profilizenz erteilt worden war, wurde diese später wieder eingezogen – noch auf der Rennstrecke – mit dem Argument, das AMA-Reglement lasse keine professionellen Rennfahrerinnen zu. Kleid mußte vor Gericht ziehen, um das zu behalten, was ihr bereits gehörte – ein beredtes Zeugnis dafür, mit welcher Vehemenz der Status quo manchmal verteidigt wird. Nun erklärte Delgado unlängst in einem Interview: »Ich bin ganz begeistert davon, daß es mehr und mehr Frauen gibt, die Rennen fahren. ... Ich glaube, daß es für viele von ihnen nötig war, daß jemand sich ein Herz faßte und als erste antrat, und jetzt sagen sie ›Ich kann das auch‹ ... Es brechen gegenwärtig Zeiten an, in der [Frauen] sich durch nichts mehr zurückhalten lassen; die einzigen, die sie aufhalten, sind [sie] selbst.«

Ich weiß kaum mehr, wie oft ich schon bei den Juni-Rennen in New Hampshire gewesen bin. Seit wir die Häuschen am Seeufer entdeckt haben, kann man sich aus den zuweilen hektischen Vergnügungen, die die Gegend bietet, ausklinken und die Ruhe genießen. Und seit ich zum ersten und letzten Mal am Animal Hill gewesen bin, dem Zeltplatz jenseits der Rennstrecke, wo Lustbarkeiten der etwas anderen Art erlaubt sind – beispielsweise Verbrennungen japanischer Motorräder oder das Hängen einer aufblasbaren Sexpuppe, vergewaltigt mit einer Whiskyflasche in jeder Körperöffnung –, weiß ich, an welchen Orten ich wahrscheinlich auf meine Kosten komme und an welchen nicht. Weirs Beach am Samstagabend gehört nicht zu ersteren.

Doch als Bob, Mike, John und Erica erklärten, sie wollten dahin, wo was los sei, konnte ich nicht gut nein sagen. Trotzdem empfand ich so etwas wie Schadenfreude, als die Zündung von Johns 500er Moto Guzzi Monza auf halbem Weg beschloß verrückt zu spielen, und das nicht zum ersten Mal. Wir fuhren auf einen Parkplatz, und während John Kabel prüfte und Isolierband von der Rolle wickelte, betrachteten wir die vorüberziehende Parade. Ein Strom vom Motorrädern rollte so langsam vorbei, daß man dem Balanciervermögen derer, die zu zweit auf superschweren Cruisern saßen, Bewunderung zollen mußte. Sie glitten unter Gejohle und Rufen vorbei, von denen manche Erica und mir galten (»Titten! Titten!«) und manche dem Mond.

Als John die Elektrik endlich wieder hingebogen hatte, fädelten wir uns wieder in den Strom ein. Nach einer weiteren Meile lief Ericas V50 heiß, und wir mußten wieder anhalten. Diesmal neben einer Menschenmenge, die einen auf dem Seitenstreifen geparkten Pritschenwagen umringte; auf der Ladefläche stand eine Batterie Scheinwerfer, die auf ein ganz gewöhnliches Stück Straße ausgerichtet waren. Dieses Arrangement lieferte jedoch den Beweis, daß man mancherorts nur eine Bühne aufzustellen braucht, und das Drama ergibt sich von selbst. Nach einigen Minuten ziemlich langweiliger Vorstellungen – Burnoutversuche und Vorzeigen nackter Brüste (»Es ist erstaunlich, was man kriegen kann, wenn man es nur verlangt«, bemerkte Bob) und Johlen und Geschrei – kam der Knaller. Mit einem gezielten Tritt auf Gas und Bremse zugleich gelang es einem Camaro-Fahrer, den Wagen einmal um sich selbst zu drehen, die Kontrolle über ihn zu verlieren und ihn auf die Leitplanke auf der anderen Straßenseite zu setzen, wo er schwankend hängenblieb. Die Menge geriet außer Rand und Band.

Wir schlugen uns schließlich bis zu unserem zweifelhaften Ziel durch. Wir parkten die Maschinen in Weirs an der Straße, ließen uns Hummerbrötchen durch das Fenster eines Kiosks reichen und suchten uns Plätze an einem Picknicktisch im Freien. Die Gehwege waren voller Biker, die lachten und aßen und sich unterhielten. Und dann fing ich an. Spielverderberin.

Meine Frage war nicht gänzlich rhetorisch: »Was ist eigentlich so wahnsinnig toll daran, einen Haufen Wind und Krach zu machen?«

John stellt die Hypothese auf, daß dahinter wohl ein aufgeblasenes Ego in Verbindung mit einem Schuß Exhibitionismus stecke; in meinen Ohren klingt das falsch, und ich halte dagegen, es sei vielmehr ein völlig unterentwickeltes Selbstwertgefühl im Spiel. Bob ißt schweigend, bis er mich schließlich fixiert und anfaucht: »Das ist der dümmste Scheiß, den ich je gehört habe.« Er reißt ein Stück aus seinem Sandwich und legt es dann unvermittelt ganz hin. Er erklärt mir, er wisse, daß ich die Aufmerksamkeit von Männern, die mich anbrüllen, liebe, genau wie all die andern Frauen hier, denn, guck doch mal, sie haben ihren Spaß, und nur darum geht es, und wenn ich das nicht genießen kann, habe ich eben Pech gehabt. Während er mit einer solchen Sicherheit daherredete, konnte ich nur noch eines denken: Mein ganzes Leben lang habe ich versucht, dieses Gefühl zu vermeiden. Es steigt in mir hoch, wenn Fremde Bemerkungen über meinen Körper machen; dann kommt es mir vor, als würde etwas mich innerlich zerkratzen, und das ist derart schmerzhaft, daß ich alles tue, um das zu vermeiden.

Viel später, als wir eines Abends in New York zusammen essen gingen, sagte Bob etwas – ich habe vergessen was, doch es sollte provozieren –, das mich prompt mit einer Hitze überflutete, als ob er einen Flammenwerfer auf mich gerichtet hätte. Ich biß die Zähne zusammen und sagte bei mir, ja, es ist falsch, was er sagt. Grundfalsch. Aber du wirst ihn davon nicht überzeugen, du wirst nur einen idiotischen Streit vom Zaun brechen und wütend nach Hause gehen. »Mann, Bob, kann ja sein, daß du recht hast«, sagte ich laut und war überrascht, daß ich nicht sofort tot umfiel, weil ich etwas beipflichtete, mit dem ich nicht einverstanden war. Nie im Leben, fügte ich sicherheitshalber für mich noch hinzu.

Doch an jenem Abend in Weirs Beach brach ich in Tränen aus.

Ich ging in eine Gallerie in Soho, um mir eine Ausstellung mit Werken von Richard Prince anzusehen. Wie üblich hatte er Photos aus den Massenmedien abphotographiert, diesmal aus einem Motorradmagazin, wahrscheinlich einem von der härteren Sorte. Grundlage seiner Arbeiten waren diese unweigerlich traurigen Aufnahmen Marke Eigenbau, die manche Typen einschicken und für die sie ihre Freundin, hindrapiert auf eine Harley, in einem grotesken Abklatsch professioneller Pornos posieren lassen. Noch einmal photographiert und zu beträchtlicher Größe aufgeblasen, wirken das grobe Korn und die schlechten Farben überwältigend.

In gewisser Hinsicht sind das ganz normale Frauen – sie haben weder vollkommene, silikongepolsterte Brüste noch makellose Modelgesichter; ihr strohiges Haar ist meist blond gefärbt und schlecht geschnitten und ihr Make-up schauerlich. Doch andererseits sind sie nicht normal: Sie machen sich zu Handlangerinnen ihrer eigenen Entwürdigung, und zuweilen sieht man das tief in ihren Augen aufschimmern, auch wenn ihr Mund lächelt und ihr Rücken sich in gespieler Ekstase wölbt.

Überwiegend ist ihnen sichtlich unbehaglich (einige der Posen sind eher akrobatische, schmerzhafte Verrenkungen), und dem Betrachter fällt eine gewisse Zögerlichkeit auf, als ob sie sich wünschten, sie könnten etwas anderes, *irgend etwas* anderes machen, um den Männern hinter den Instamatics zu Gefallen zu sein – diese selbst sind in ihrer ganzen Grobschlächtigkeit auf einigen kleineren Photos festgehalten, die zeigen sollen, wie eisenhart die Party am Wochenende war. Diese Parties wirken eigentlich wie verzweifelte letzte Bastionen, wo nur noch Ströme von Bier irgendein schreckliches Leiden wegschwemmen können. Ist es vielleicht das, welches in der Qual gipfelt, ein Bewußtsein zu haben? Das maßlose Saufen ist angesichts des Umfangs der männlichen Wampen natürlich auch eingefleischte Gewohnheit. Diese Dickschädel auf ihren amerikanischem Eisenhaufen behaupten zwar, sie könnten nach Lust und Laune zurückschlagen, sich ihre Freiheit nehmen, wie es ihnen paßt, doch man kann sich kaum einen mißtrauischer überwachten, hilfloseren, zwanghafteren Teil der Gesellschaft vorstellen. Gewiß, sie rennen – und fahren – frei herum, doch in einem verdächtig hektischen Tempo. Das spricht dafür, daß sie nicht auf ihre Freiheit zu-, sondern vor sich selbst weglaufen. Wenn dem so ist, dann besteht der Preis für den Zustand des Nicht-Bewußt-Seins, in dem sie enden, im Verzicht auf jeden Rest von Verantwortungsgefühl. Sie werden zu ewigen Kindern, Untergruppe Klassentyrann; ihr vehement verfochtenes Motto lautet »Scheiß passiert eben.« Diejenigen, die häufig den größeren Teil dieser Scheiße abkriegen, sind ihre Frauen; sie müssen sich in aller Öffentlichkeit ausziehen und so tun, als gefalle ihnen das, um die rohe Aufmerksamkeit zu erhalten, die in ihrer Welt an die Stelle von Zuneigung, Achtung und Rücksicht getreten ist.

Es lag Jahre zurück, daß ich zum ersten Mal die Panikwellen erlebt hatte, die unerklärlicherweise in den seltsamsten Augenblicken über mir zusammenschlugen – wenn ich die Blumen goß oder mich zum Essen niedersetzte. Vor meinen Augen breitete sich ein dichtes Weiß aus, mein Herz raste, Übelkeit walkte meine Eingeweide durch, und manchmal ließ mich das Gefühl, in einem Aufzug zu stecken, der Dutzende von Geschossen absackt, auf die Knie sinken. Dann stellte ich mich unter die heiße Dusche – aus irgendeinem Grund war das der einzige Ort, wo ich mich wieder etwas beruhigen konnte und wo das Sausen in meinen Ohren nachließ – und legte eine Wange an die Wand und schluchzte. Noch Jahre später kann ich mir jede Einzelheit der kleinen, weißgesprenkelten, blauen Kacheln mit dem irgendwie riechenden alten Fugenmörtel ins Gedächtnis rufen. Ich wußte nicht, was mit mir vor sich ging oder warum; ich wußte nur, daß es entsetzlich widersinnig war, eine derartige Todesangst zu spüren und gleichzeitig einen möglichst raschen Tod herbeizuflehen. Ich mußte mich zwingen, auf die Maschine zu steigen und zu fahren, genau wie ich mich manchmal zwingen mußte, die drei Blocks zum Lebensmittelladen zu gehen. Genausooft glitt die Große Angst (ich gab ihr einen eigenen Namen, denn für mich trug sie alle Züge eines eigenständigen, bösartigen Wesens) mühelos aus meinem Körper heraus und in mein Motorrad hinein. Dann hatte nicht ich ein tödliches Leiden, sondern die Lario. Sie würde bestimmt jeden Augenblick liegenbleiben, und auf keinen Fall konnte es eine harmlose Störung sein; mindestens ein durchgebranntes Ventil, ein abgerissenes Pleuel, rausgeschossene Zündkerzen, oder sie tat völlig unerklärlich keinen Mucks mehr. Wenn ich zur Hochform auflief, fuhr ich durch die wunderschöne Welt und ächzte innerlich unter der drückenden Gewißheit, daß wir beide gleich sterben würden.

Natürlich nahm etwas so Mächtiges wie die Große Angst auch mein Herz in Beschlag. Nach einer jahrelangen Phase halbkatastrophaler Beziehungen – darunter zwei wirklich schlimme Jahre, in denen ich mich abzappelte, die Liebe eines Mannes zu erringen, der ein Meister darin war, mich am ausgestreckten Arm verhungern zu lassen – rang ich mich zu dem Schluß durch, die Sache mit der Liebe abzuschreiben. Das hatte durchaus etwas Befreiendes. Ich mußte nicht mehr hoffen, bangen, sorgen. Ich mußte nicht mehr allzeit nach einem geeigneten Kandidaten Ausschau halten. Es würde einfach nicht passieren, und damit basta. Ich konnte endlich meine ganze Energie in meine Arbeit investieren – wenigstens ein Bereich, in dem ich ganz allein über mein Schicksal bestimmte.

In derselben Woche faßte ich den Entschluß, meine Karriere an allen nur erdenklichen Fronten voranzutreiben. In der Betriebsamkeit lag Freiheit. Ich telefonierte, sandte Manuskripte ein, schrieb Briefe. Einer ging an einen Schriftsteller, der bereits den Erfolg hatte, den ich mir wünschte, und zu dem ich eine lockere Verbindung unterhielt. Vielleicht konnte er mir einen Rat geben. Als ich telefonisch nachhakte, war er so freundlich, sich mit mir zu treffen. Wir vereinbarten einen Nachmittag in einem Café im East Village.

Was für eine einfache Geste.

Luc und ich heirateten im südwestlichen Massachusetts, weil wir die Feier in der ländlichen Weite genießen wollten und weil wir ein schönes altes Gasthaus mit einer Scheune im normannischen Stil gefunden hatten, in dem wir den Empfang ausrichten konnten. Ich hatte einen Mann an Land gezogen, der für mich einfach perfekt war. Doch so wie in persische Teppiche absichtlich ein Fehler hineingeknüpft wird, um nicht den Anspruch auf gottgleiche Vollkommenheit zu erheben, hatte auch er einen kleinen Webfehler: Er war kein Motorradfahrer. In dem Jahr, in dem wir frisch verliebt waren, fuhr ich viel weniger als in allen anderen zuvor, weil ich an den Samstag- und Sonntagmorgenden meist der Klettverschlußwirkung eines Bettes erlag, das einen zwingenden Grund barg, darin liegenzubleiben.

Wenn ich mich loszureißen vermochte, genoß ich immer noch, was ich auf meinen Fahrten zu sehen bekam, doch stets nagte dabei in mir das Gefühl, etwas zurückgelassen zu haben. Ich wünschte mir sehnlichst, ihn bei mir zu haben, einfach um sagen zu können: »Da drüben – guck mal!« Daneben gab es noch anderes, das mir zusetzte: Meine Mitfahrer waren fast immer Männer, und jetzt kam es mir auf einmal komisch vor, mir ein Motelzimmer mit einem anderen Mann zu teilen, auch wenn ich überhaupt nichts mit ihm hatte. Geld war jetzt unser Geld, und ich hatte Gewissensbisse, mir davon Ferien für mich allein zu genehmigen, wenn er es ablehnte, dasselbe zu tun. Immer stärker sehnte ich mich danach, wenigstens eine andere Frau in derselben Lage kennenzulernen, doch ich traf immer nur auf Frauen, die ausriefen: »Wie kannst du nur mit einem Mann liiert sein, der nicht Motorrad fährt? Ich könnte mir das nicht vorstellen.« (Ich habe nie einen Mann etwas Ähnliches äußern hören, vielleicht weil viele Männer es akzeptieren oder sogar begrüßen, wenn ihre Frauen nicht mitfahren.)

Doch die Mühlen der Zeit mahlen mit eherner Zuverlässigkeit. Nach ein paar Ehejahren schien es keine so schlechte Idee mehr, ab und an allein wegzufahren, obwohl ich diese spezielle Deckungsungleichheit unserer Interessen immer noch gern auflösen und eine andere an ihre Stelle rücken würde.

Letzten Sommer verwirklichten wir meinen zweitgrößten Wunschtraum und mieteten ein Haus auf dem Land, mitten in einer weiten, hügeligen Gegend aus Weiden und Wäldern, die steiniges, uraltes Farmland beharrlich wiederzuerorbern strebten. Ein wichtiges Motiv für diesen Traum war nicht nur das Verlangen nach Gartenarbeit und nach einer Lautwelt, die für mich reicher ist als der Radiolärm und das nächtliche Geschrei des städtischen Ökosystems, sondern auch der Wunsch, mir die quälende Prozedur sparen zu können, vor einer sommerlichen Tour erst einmal aus New York City herauszukommen: Nach einer Stunde mörderischen Verkehrs ist man erst am Bear Mountain und fegt mit einer ganzen Horde anderer Biker zum hundertsten Mal dieselben paar kurvigen Meilen entlang. Danach muß man schon rumdrehen und sich wieder durch die Stadt kämpfen. Statt dessen schwebten vor meinem geistigen Auge Visionen von leeren Landstraßen, die dort anfingen, wo meine Garagenzufahrt endete; vielleicht war diese Unfähigkeit, kleine Unbequemlichkeiten achselzuckend in Kauf zu nehmen, ein Zeichen, daß ich allmählich wirklich alt werde.

Als ich herausgefunden hatte – durch nervöse Versuche und Irrtümer, unterstützt durch willkommene gute Ratschläge –, wie ich die lange, steile, unbefestigte und sehr steinige Zufahrtsstraße hinauf- und, schlimmer noch, hinunterkam (bergauf immer schön zufahren, aber mit Gefühl; bergab langsam und IMMER NUR MIT DER HINTERRADBREMSE UM GOTTES WILLEN!), war ich da. Straßenhimmel.

Oben in Delaware County bekam der Grund, warum ich Motorräder liebe, neuen Glanz. Der Luft, durch die man fliegt, seine Form einprägen, absichtslos den Urquell des elementaren Rhythmus finden. Immer um sechs herum war das Licht perfekt, dann sagte ich tschüs, bin in einer Stunde zurück, und flog die Hügel hinab, stellte mir selber Aufgaben vor jeder Kurve, versuchte, sie rund zu durchfahren und aus ihr heraus zu beschleunigen, und rief »Muuuu«, wenn ich an Kühen vorüberkam, ein Ritual, seit ich fahre. Auch arbeitete ich daran, meinen Frieden mit einem geheimen, nicht allzu bewußten Wunsch zu machen – meinem altbekannten Bedürfnis, jemanden zu finden, der die Verantwortung für mein Motorrad und damit auch für mich übernahm –, denn ich erkannte darin eine gefährliche Aussichtslosigkeit, die zu nichts anderem führte, als ein übermächtiges Gefühl der Unfähigkeit in mir zu nähren. Ich konnte es ad acta legen, als ich endlich einige Anzeichen zur Kenntnis nahm, die sich über die Jahre hinweg angesammelt hatten und unbestreitbar bewiesen, daß niemand so allmächtig war, wie ich es immerzu hoffte, oder zumindest daß die Fähigkeiten anderer in aller Regel geringer waren, als ich erwartete, meine eigenen dagegen meist etwas größer. Diese schiefe Wahrnehmung war mir zur schlechten Gewohnheit geworden, was sich in einem Kreislauf ausdrückte, den ich mehrfach wiederholte: Ich vertraute mein Motorrad immer neuen Mechanikern an, denen ich durch die Bank ein überlegenes Wissen zuschrieb – nach dem Motto »Papa weiß alles« – und stand daneben, während sie es vermurksten und mir das dann in Rechnung stellten. Zu Hause mußte ich alles wieder richten. Mit etwas anderem mühte ich mich ebenfalls ab: eine festsitzende, aber mittlerweile viel zu rosige Erinnerung an Franz aus meinem Kopf herauszukriegen, denn der hatte da nichts mehr verloren. Mich beschlich das Gefühl, daß mein Motorrad mir erneut etwas mitteilen wollte, diesmal eine sehr alte Weisheit. Was hörte ich da? *Oh wei, Schiet*. Ja, das dachte ich mir. Wie war das eben? *Eigenes Schiff*. Ich verstehe nicht. *Kapitän*. Kapitän wer? *Sei Kapitän deines eigenen Schiffs*. Ah, danke.

Ericas leidenschaftlicher Bekehrungseifer zugunsten des Fahrtrainings auf der Rennstrecke, das sie mitgemacht hatte, hätte zu keiner Zeit auf offenere Ohren stoßen können. Erzählt hatte sie außerdem, daß Reg und Jason Pridmore – Vater und Sohn und beide Rennfahrer –, die die CLASS Motorradschulungen auf Rennstrecken erfunden hatten und leiteten, in diesem Juli im Auftrag der Women's Motorcyclist Foundation den ersten reinen Frauenkurs anbieten würden. Da fast jede Motorradveranstaltung mangels weiblicher Beteiligung ein männerdominiertes Ereignis ist, reizte mich die Möglichkeit, mich einmal nicht als Angehörige einer Minderheit zu fühlen.

Und ich wollte wissen, warum Erica und auch der bedächtige John es nicht fertigbrachten, mir etwas Genaueres als ein schwärmerisches Glücksgefühl zu vermitteln, wenn sie CLASS zu beschreiben versuchten.

Das Motto der Motorcycle Safety Foundation lautet: »Je mehr du weißt, desto besser wird es«, und CLASS hat den Spruch in eine Binsenweisheit verwandelt. Das Selbstvertrauen, das man gewinnt, wenn man genau weiß, was man von seiner Maschine sowie seinen eigenen Fähigkeiten und Grenzen zu erwarten hat, beseitigt zuverlässig diese elende Angst, die einem die Freude daran vergällen kann, sich in die Kurven zu legen, und läßt nur das Hochgefühl übrig, das sich in spontanen »Ahs« und »Ohs« ausdrückt. Wir drei hatten im vorletzten Sommer am Fortgeschrittenenkurs der MSF im Norden des Staates New York teilgenommen; wenn man Vollbremsungen und plötzliche Ausweichmanöver lernt und übt, kann man viel besser schlafen. Dies und das Erlebnis, wie ein dummes Vorurteil (dieser Pleonasmus sei mir erlaubt) ans Licht gezerrt und zermalmt wird: unsere Instruktoren waren bärtige, in Fransenleder gekleidete Harley-Fahrer, und eines ihrer Bikes hatte sogar einen »Apehanger«, einen extremen Hochbaulenker, und war mit all den Attributen ausstaffiert, die ich mit gewalttätigem Verhalten assoziierte. Ich werde niemals wieder so etwas denken, nachdem ich gesehen habe, wie Bill McGuire auf seinem auffälligen Chopper, die Arme über dem Kopf und die Füße weit nach vorn weggestreckt, auf einem so präzisen Bogen zwischen den rotweißen Pylonen hindurchfuhr, als sei er mit dem Zirkel gezogen.

Im Juli zahlte ich meine zweihundert Dollar, verpaßte der Lario neue Reifen, wie es im CLASS-Anmeldeformular verlangt wurde, und verschwand einmal mehr in Richtung Loudon, New Hampshire. Im Gegensatz zu allen anderen Fahrten dorthin war diese von der ersten Sekunde an ein Vergnügen, weil ich schon beim Aufbruch auf dem Land war. Etwa zehn Meilen vom Haus entfernt bog ich nach rechts auf die schöne Route 23 ein und blieb für hundert Meilen darauf, bis zum Massachusetts Turnpike und dem geistlosen Meilenfressen. Kurz vor der Grenze zu Massachusetts sollte ich dann in den Genuß eines Anblicks der absoluten Spitzenklasse kommen, denn die Straße klettert in vielen Windungen endlos bergan, bis mit einem Mal der Vorhang weggezogen wird und den Blick freigibt. Unter dem Betrachter hingebreitet liegt ein Rundumpanorama riesiger Ebenen, das sich am weit entfernten Horizont im Dunst verliert. Ein kleines Stück weiter fuhr ich durch Great Barrington, wo drei Jahre zuvor mein Hochzeitsprobeessen gewesen war, obwohl eigentlich gar keine Probe stattgefunden hatte. Als ich auf dem Motorrad vorüberhuschte, hatte ich das Gefühl, an mir selbst vorbeizufahren, auf ewig vorgebeugt zu meiner Mutter, um ihr einen tränennassen Kuß zu geben, auf ewig festgebannt in dem Augenblick, in dem ich mit einem ärmellosen schwarzen Top und einem durchsichtigen olivfarbenen Rock photographiert wurde.

Das Bricktower Motel in Concord gleich neben dem Highway hatten die Pridmores empfohlen. Kursteilnehmern gewährte es Rabatt; schon das genügte mir als Empfehlung. Als ich vor dem Büro vorfuhr, kam gerade eine andere Frau heraus. Bevor sie sich wieder auf ihre nagelneue BMW mit einem Nummernschild aus Michigan schwang, stellte sie sich vor; es lag auf der Hand, daß wir aus demselben Grund hier waren. Ich hätte Phyllis – so hieß sie – um den Hals fallen können, denn wenn sie mich nicht angesprochen hätte, hätte ich möglicherweise während des ganzen Aufenthaltes mit niemandem ein Wort gewechselt. Meine Dankbarkeit ist kindisch, ich weiß es, aber so bin ich eben.

Ich erhielt das Zimmer neben Phyllis, und nachdem wir beide unsere Taschen in die Zimmer getragen hatten, setzten wir uns auf den Bordstein neben unsere Maschinen (welche Wonne) und beobachteten die nächsten Ankömmlinge. Sie kamen auf ganz verschiedenen Motorrädern, wiewohl viele altgediente BMWs dabei waren, und in Pickups mit Anhängern. Es gab Cruiser und Sportmaschinen und alles Mögliche dazwischen. Für mich war dieser Anblick insofern besonders, als ich nicht wegen der technischen Wunderwerke in Verzückung geriet, sondern wegen der Menschen, die sie fuhren. Ich hatte keine Ahnung gehabt, daß ich diese mysthische Erfahrung schwesterlicher Verbundenheit so sehr vermißt hatte, wie es sich jetzt offenbarte.

Wenn sich motorradfahrende Männer treffen, reden sie praktisch pausenlos über Kleinkram wie Reifen, Leistung, Schraubertricks und variieren endlos das Thema »Als ich einmal ...«. Wenn sich motorradfahrende Frauen treffen, reden sie, wie ich in New Hampshire feststellte, über Reifen, Leistung, Schraubertricks und variieren endlos das Thema ihrer Lust an Motorrädern.

Als wir uns am folgenden Tag nach dem Unterricht am kleinen Pool des Bricktowers entspannten, die Moskitos fütterten und auf die Lieferung des Pizzabäckers und des Chinesen warteten, zählte ich vielleicht ein paar Tätowierungen mehr als in einer durchschnittlichen Stichprobe amerikanischer Frauen. Wie ich während eines geräuschvollen Abendessens in einem mexikanischen Restaurant in Concord am Abend zuvor herausgefunden hatte, waren viele der Frauen lesbisch, obwohl ich mich bei meinen Zuordnungen öfter vertat (zweifelsohne weil ich keine »Antenne« für Lesbierinnen habe, wie sich eine meiner Freundinnen ausdrückt). Diese Überrepräsentation beruhte darauf, daß zwei lesbische Clubs teilnahmen, die Sirens aus New York und die Moving Violations aus Boston. Wir übrigen bildeten eine buntscheckige, weniger klar zuzuordnende Mischung, Frauen wie ich und Phyllis, die Sozialarbeiterin an einer Schule war und gemeinsam mit ihrem Mann ebenfalls Kurse der Motorcycle Safety Foundation leitete. Ihre erste größere Motorradtour allein hatte sie hierher geführt. Eine Frau, auf einer chromblinkenden neuen Harley, war allem Anschein nach von ihrem Freund zur Teilnahme gedrängt worden, denn er schien ganz erpicht auf eine Art stellvertretender

Teilnahme. Er stand den ganzen Tag auf Abruf bereit, rannte gelegentlich herbei, um irgendwas an der Maschine zu richten oder seine Freundin anzufeuern, ganz so, als ob sie zum ersten Mal auf einer Bühne stünde. Sie wand sich vor Unbehagen wie ein Kind, dessen Eltern darauf bestehen, auf den Klassenausflug zum Jahrmarkt mitzukommen, obwohl alle anderen Kinder allein gehen dürfen. Ihre wachsende Verlegenheit war förmlich mit Händen zu greifen.

Beim Abendessen erfuhr ich, daß eine Frau Fernfahrerin war; eine andere bildete Techniker aus; eine hatte gerade angefangen, Enduro-Rennen – Langstreckengeländeprüfungen – zu fahren und zu gewinnen; wieder eine andere war sechzig, wenn sie überhaupt ein Alter hatte, und trug ihr streichholzkurz geschnittenes Haar orange, grün, blau, gelb, violett und rot gefärbt – in den Farben des Regenbogens, der symbolisch für die Forderung nach sexueller Toleranz steht und der als Aufkleber auf vielen Windabweisern und Helmen auftauchte. Mehrere Paare waren dabei, die sich viele, viele Motorräder teilten. Als ich mich zurücklehnte und einigen dieser Frauen zusah, ging mir der Gedanke durch den Kopf, daß das gemeinsame Reisen mit der Partnerin gezwungenermaßen zu einem Akt der Tapferkeit werden mußte und daß fast alle von ihnen verbale und manchmal auch körperliche Attacken erlebt hatten. Ich stellte mir vor, wie diese ganz normalen, entspannten Gesichter, die ich jetzt Enchiladas essen, Geschichten erzählen und Fragen stellen sah, sich in einer Wut und einem Schmerz verzerrten, die tief aus dem Bauch aufsteigen.

Wie sich an jenem Wochenende in New Hampshire wieder einmal erweisen sollte, hatte meine Neigung, auf einer Bordsteinkante zu sitzen und abwesend auf die Lario zu starren, manchmal durchaus praktischen Nutzen. Beispielsweise an dem Tag, an dem ich von Franz' Laden aus zu einer Besorgungsfahrt aufgebrochen war. Ich rollte auf dem Highway dahin, als plötzlich die Motorleistung abfiel. Der Tank war voll, die Benzinhähne offen; was konnte da los sein? Zum Glück kam gerade eine Abfahrt, und ich schaffte noch die halbe Abfahrt hinunter, bevor der Motor ganz abstarb. Ich ließ mich so weit wie möglich rollen und schob dann die Maschine auf den Parkplatz eines Ladens. Von dessen Münztelefon aus rief ich Franz an, und als auch ihm keine mögliche Ferndiagnose einfiel, sagte er zu mir, ich solle warten und mich nicht vom Fleck rühren.

Das tat ich denn auch auf dem Bordstein außerhalb des Ladens, und die herein- und herauskommenden Leute warfen mir konsternierte Drei-Sekunden-Blicke zu. Während ich, das Kinn in die Hände gestützt, auf das Geräusch der zu Hilfe herbeieilenden 850 wartete, starrte ich auf den Motorblock der Maschine, als ob sie mir wenigstens eines der kleineren Geheimnisse des Universums enthüllen müßte. Und das tat sie auch. Am Vormittag hatte Franz die Benzinleitungen ausgetauscht. Diese Schläuche bestehen aus einem Gummi, der exakt in dem Maße altert, wie der Ozongehalt der Luft steigt, und wie der Leser mir und den Gegenständen aus Gummi um mich herum getrost glauben darf, nimmt er dramatisch zu. Plötzlich fiel mir auf, daß die neuen Leitungen für den ziemlich knappen Raum zwischen Tank und Vergaser zu lang waren; daher waren sie abgeknickt und hatten so die Benzinzufuhr unterbrochen. Ich holte mein Schweizer Offiziersmesser hervor, schnitt ein paar Zentimeter von den Enden an den Benzinhähnen ab, und die Welt war wieder in Ordnung. Leider hatte sich Franz schon auf den Weg gemacht.

Jetzt, an diesem Freitagabend, als Phyllis und ich so dasaßen und miteinander schwatzten, blieb mein Blick an einem zehn-Cent-Stück-großen, frischen Ölfleck unter meinem Motorrad hängen. Ich mußte nicht erst meinen Finger hineintauchen, um festzustellen, daß es Getriebeöl war, ein 90er Öl mit Molybdänzusatz, so daß es stahlgrau schimmert und schmiert wie der Teufel. Als ich mich mit dem Kopf vor dem Hinterrad unter die Maschine legte, sah ich, daß es langsam aus der Stelle heraustropfte, wo die Schalthebelwelle im Gehäuse verschwindet. Scheiße. Ich hatte keine Ahnung, was das bedeutete. Doch mir mißfielen Lecks jedweder Art, insbesondere seit sich herausgestellt hatte, daß die Diagnose »Überfüllung« beim vorangegangenen – dem am Endantriebsgehäuse auf dieser letzten, ach so glücklichen Tour auf dem Blue Ridge – falsch gewesen war, denn auf einer Fahrt mit Armen zwei Monate später weigerte sich die Maschine, nach einem Ampelhalt wieder loszufahren, wie sie sollte. Wie Armen feststellte, als er sie auseinandergenommen hatte, war irgendwo Wasser in den Endantrieb eingedrungen und hatte das Schmiermittel verdrängt, so daß schließlich das Lager am Ritzel den Geist aufgegeben hatte. Und Lecks, abgesehen davon, daß sie eine schlampige Einstellung gegenüber den Maschinen verraten, drückten außerdem auf meinen ohnehin strapazierten Panikknopf.

In New Hampshire bestand allerdings wirklich Grund zur Sorge, denn am nächsten Morgen war vor dem Fahrkurs eine technische Abnahme unserer Motorräder angesetzt, um ihre Streckentauglichkeit festzustellen. Die Inspektoren würden nachprüfen, daß noch mindestens 90 Prozent vom Reifenprofil vorhanden, die Bremsbeläge nicht zu weit abgefahren und keine Lecks vorhanden waren, denn auf einer Ölspur könnte jemand einen bösen Abflug machen.

Sobald sie mich unter der Maschine auf dem Rücken liegen sahen, boten mitfühlende umstehende Frauen ihre Hilfe an. Die Namen einiger besonders erfahrener Schrauberinnen fielen. Eine von ihnen, Barbara Ann Mahoney von den Sirens, wurde herbeigerufen, um sich die Sache anzusehen. Ich erklärte, daß ich am Tag vor der Abfahrt das Getriebeöl ausgetauscht hätte; der 5000-Meilen-Ölwechsel war fällig gewesen. Also wenn es wie bei der BMW ist, sagte sie, dann liegt es wahrscheinlich an einer Dichtung für 75 Cent, die im Handumdrehen ausgewechselt ist. Sie zeigte auf die Schalthebelwelle an ihrem Motorrad, die ganz einfach seitlich ins Getriebegehäuse hineinging. Schien kein großes Problem zu sein.

Es war daher ganz natürlich, später feststellen zu müssen, daß sie bei der Guzzi an der hinteren Unterseite des Gehäuses, dicht vor der Schwinge lag und gute zwölf Stunden ziemlich komplizierten Auseinanderbauens erforderte, bis man drankam. Es würde also auf jeden Fall lecken und die Inspektion für mich zur Zitterpartie machen.

Am nächsten Morgen stolperten Phyllis und ich kurz nach Sonnenaufgang aus unseren Zimmern. Schlaftrunken überquerten wir die Straße, um uns einen Riesentopf Kaffee in einem Donutsladen einzuverleiben; danach stiegen wir in die Kluft und fuhren in dichtem Nebel los. Sie folgte mir, weil ich behauptete, den Weg zur Rennstrecke zu kennen, doch in den weißen Schwaden, den dicksten, durch die ich je gefahren war, hätte sie mit Radar wahrscheinlich mehr anfangen können. Immerhin war das haushohe Schild über dem Eingang zum New Hampshire International Speedway kaum zu verfehlen. Die Stille an diesem Ort berührte mich merkwürdig.

Wir passierten das Tor und fuhren durch den Tunnel unter der Rennstrecke hindurch, tauchten oben wieder auf und rollten durch das Tor im Windschutzzaun, der den Boxenbereich umgibt. Die Reihen der großen Unterstände – an Renntagen erfüllt von der geschäftigen Aktivität der Teams bei ihren hunderterlei verschiedenen Verrichtungen – waren alle leer, bis auf eine, und diese füllte sich mit Frauen. Bald war jede über ihr Motorrad gebeugt, entfernte die Rückspiegel und klemmte die Bremslichter ab.

Als wir schließlich alle auf Klappstühlen saßen, stellte sich Reg Pridmore vor uns hin. Er stammte aus London und hatte in den Siebzigern drei AMA-Superbike-Meisterschaften gewonnen; wir durften also annehmen, daß ihm beim Motorradfahren so leicht keiner etwas vormachte. Doch das Geheimnis des Erfolgs von CLASS – manche nahmen zwanzig- oder dreißigmal an dem Kurs teil (jedesmal für ein paar hundert Mäuse, einschließlich der Kosten für den stark erhöhten Verschleiß der Schlappen, wie Armen die oft teuren Reifen nennt) –, lag in seiner verblüffenden Fähigkeit, sein Wissen an den Mann beziehungsweise die Frau zu bringen. Sein Unterricht war gewürzt mit Humor, Prägnanz, Autorität und glasklarer Logik im richtigen Verhältnis, und wenn man ihn bei der Arbeit beobachtete, so hatte dies etwas Kulinarisches, wie bei einem Fernsehkoch. Als er die Regeln aufzählte, die verhindern sollten, daß wir uns auf der Rennstrecke gegenseitig umbrachten, tat er das ohne viel Aufhebens, aber so, daß uns ihre lebenswichtige Notwendigkeit unmittelbar einleuchtete. Er erläuterte uns die Grundprinzipien einer guten Fahrtechnik, wobei er vorrangig Wert auf Flüssigkeit legte, denn rund fahren heißt gut fahren, und übergab dann an seinen Sohn.

Im Grunde lag keine Ironie darin, daß der etwas über zwanzigjährige Jason Pridmore uns gutes Fahren – was gleichbedeutend ist mit sicherem Fahren – beibringen sollte, während sein Unterschenkel in einem dieser Gerüste steckte, die einem Science-fiction-Film entsprungen zu sein scheinen und die man lieber nicht so genau anschaut, weil einem dann zu deutlich bewußt wird, daß diese Stangen tatsächlich unter der Haut verschwinden. Es ist letztlich unmöglich, erfolgreich *und* unfallfrei Rennen zu fahren. Man kann es auch so sehen: Vermutlich würde er statt mit dem Bein in diesem Gestell von Kopf bis Fuß in einem Liegegips stecken, hätte nicht sein Vater ihn ausgebildet.

Da unsere Gruppe mit etwa vierzig Teilnehmerinnen kleiner war als üblich, boten uns die Instruktoren an, uns in einer Gruppe fahren zu lassen; sonst teilten sich die Teilnehmer nach eigener Einschätzung in eine langsame und eine schnelle auf, die abwechselnd fuhren. Sie erklärten uns, daß wir alle auf diese Weise länger fahren konnten. Ein lautes Stöhnen ging durch einen Teil des Auditoriums, und einige Frauen erhoben protestierend die Hände. Nein, teilt uns auf! riefen sie. Das waren Frauen, die nicht wollten, daß ihnen jemand im Weg war.

Sie bekamen ihren Willen, doch das bedeutete, daß die langsameren von uns zuerst fahren würden. Wir defilierten an der Boxenreihe vorbei hinaus, und da war ich – auf dem Asphalt, auf dem ich zum ersten Mal ein Schauspiel miterlebt hatte, das für mich an ein Wunder grenzte.

Anfangs schien Kurve eins viel weiter weg als gedacht, die Zielgerade vor den Tribünen nahezu endlos, doch von Runde zu Runde rückte sie näher heran. Die erste Runde war die einfachste, und danach gab es keine einfache mehr. Alle Schwachstellen meiner Fahrtechnik, die ich zehn Jahre lang erfolgreich unter den Teppich hatte kehren können, krochen hervor und brachten mich in die Bredouille. Das Herunterschalten erwies sich als mein Waterloo. Ich hatte es falsch gemacht, furchtbar falsch, all die Jahre – ich versuchte nämlich, langsamer zu werden, und glaubte so die Motordrehzahl an die des Getriebes vor dem Herunterschalten anzugleichen; ich nahm Gas ganz weg, solange ich die Kupplung gezogen hatte, und schaltete und machte mich dann auf den unvermeidlichen Ruck gefaßt, wenn das Getriebe im kleineren Gang beim Einkuppeln nun eine viel höhere Drehzahl hatte als der Motor. Dadurch verkrampfte ich unbewußt meinen Körper die ganze Zeit im vorhinein; ich hatte geglaubt, es sei schlecht für den Motor, ihn beim Herunterschalten so plötzlich hochzujagen. Binnen einer Sekunde heftete sich ein Instruktor – mein Freund und Helfer – an meine Fersen, und gleich darauf hörte ich das heisere Schreien einer Honda VFR 750 neben mir; der Instruktor hob seine linke Hand, und ich tat es ihm nach, um allen, die hinter mir herankamen, anzudeuten, daß ich nach der letzten Kurve in die Boxengasse ausscheren würde.

»Bist du draußen auf der Strecke sehr ängstlich?« fragte er mich, als wir anhielten. Nein, nicht besonders, wollte ich sagen; du solltest mich mal sehen, wenn ich mich wirklich aufrege! »Ich sehe es an deinem Rücken«, fuhr er fort. »Versuch doch, deinen Oberkörper zu entspannen und die Maschine aus dem Bauch heraus zu lenken, wie es Jason erklärt hat.«

Nach ein paar weiteren Runden wurden wir hereingerufen, und die von der schnellen Truppe – die Möchtegernrennfahrerinnen – wurden losgelassen. Untermalt vom entfernten Echo ihrer Maschinen lernten wir unsere erste Lektion: die Motordrehzahl halten und flott und flüssig herunterschalten. Auch sollten wir bei unserem nächsten Versuch daran denken, daß der Punkt, an dem die Kupplung trennt und später wieder greift, weit früher kommt, als wir glaubten – so war nur ein Bruchteil der Zeit und des Kraftaufwandes nötig, die wir bislang aufgewandt hatten, um den Kupplungshebel ganz bis an den Lenker heranzuziehen. Ich hatte einfach längst vergessen, was ich einmal gewußt hatte. Ohne groß nachzudenken, brauchte ich jetzt für jede der aufeinanderfolgenden Runden ein paar Minuten weniger, weil ich viel schneller schaltete.

So ging es den ganzen Tag lang weiter. Jede Lektion schien auf meine speziellen Schwächen zugeschnitten, und jede neue Trainingseinheit auf der Rennstrecke förderte zugleich eine weitere Schwäche zutage, der ich zu Leibe rücken mußte, was mich aber mit dem Genuß von ein wenig schräger, ein wenig schneller genommenen Kurven entschädigte. Die Schikane vor der Geraden wurde zu meinem Lieblingsstück, weil das Motorrad in dem engen S einen raschen links-rechts-Knicks hinlegte. Es funktionierte wirklich, wie es Reg sagte, auf die Maschine zu hören: Sie lotst dich nicht falsch. Wenn sie jedoch unwillig reagiert und du brauchst Gewalt in Form von Muskelkraft, dann machst du etwas verkehrt. Und die Lektion könnte schmerzhaft werden.

Die Fahrerei schlauchte mich. Doch am Nachmittag hatte ich meinen persönlichen Hinderniskurs soweit bewältigt, daß ich es bis zu einer guten Mittelposition in der Gruppe gebracht hatte: Ich wurde nicht zu oft überholt, und ich überholte selbst einige andere. Nach einer der letzten Trainingsphasen warf ich einen Blick auf die Verschleißindikatoren meiner Reifen und stellte ungläubig fest, daß ich sie über die gesamte Lauffläche genutzt hatte. Allem Anschein nach ging die Maschine in die tiefstmögliche Schräglage, bevor die Fußrasten am Boden entlangschrammten, allerdings rechts eine Idee weniger; fast jeder Fahrer hat beim Kurvenfahren eine Schokoladenseite.

Nach zwanzig oder dreißig dieser Kurse, so dachte ich mir, wäre ich wohl eine ziemlich gute Fahrerin. Fürs erste jedoch hatte ich unglaublich heftige Kopfschmerzen, die mir schier den Schädel sprengten. Nun blieb uns noch die »Graduierungszeremonie« zu absolvieren, bei der uns die Abschlußzertifikate überreicht werden sollten. Die Women's Motorcyclist Foundation bedankte sich im Gegenzug bei Reg Pridmore mit einer Ehrenplakette dafür, daß er das Risiko auf sich genommen hatte, einen Kurs nur für Frauen auszuschreiben, denn das hätte ihn einen Haufen Geld kosten können, weil die Miete für die Rennstrecke dieselbe blieb, gleichgültig wieviel Teilnehmer er für einen Kurs zusammenbrachte. Außerdem bekam er noch eine Schokoladentorte und eine leidlich wohlklingende Darbietung von »Happy Birthday«. Danach folgte eine gefühlvolle Dankesrede einer Teilnehmerin und geheilten Brustkrebspatientin, denn der Kampf gegen diese Krankheit ist eines der Ziele, die sich die Foundation auf die Fahnen geschrieben hat. Wir fühlten uns alle wie eine große, glückliche Familie – eine Familie, wie sie es nur geben kann, wenn die Mitglieder nicht miteinander verwandt sind – und platzten schier vor Stolz, als uns die Instruktoren allen Ernstes erklärten, wir seien der beste Kurs gewesen, den sie je gehabt hätten. Und deshalb hatte es auch an diesem Tag keine Unfälle gegeben. Die Instruktoren erzählten uns, daß unter den Teilnehmern immer ein paar Typen saßen, die dieselbe Liste von Vorschriften hörten wie wir, und kaum daß sie auf der Rennstrecke waren, in der Innenseite einer Kurve überholten, genau wie ein richtiger Rennfahrer, den Überholten aber im Gegensatz zu einem richtigen Rennfahrer zu Fall brachten. Außerdem meinten sie, daß wir als Gruppe deutlich mehr profitiert hätten als jede andere Teilnehmergruppe zuvor, und dies habe weitgehend daran gelegen, daß wir bei der Theorie wirklich zugehört und dann auf der Rennstrecke das umgesetzt hätten, was wir gehört hatten.

Auf dem ganzen Weg nach Hause kreisten die Worte der Pridmores in meinem Kopf wie ein Endlosband, und ich bemühte mich, das Motorrad ohne verkrampften Oberkörper zu fahren, diesen zu entspannen und die Drehzahl zu halten. Ich klopfte mir selbst auf die Schulter, bis zu dem Augenblick, wo ich es nur ums Haar vermeiden konnte, zu Autowachs zu werden, weil ich eine Linkskurve fuhr, in der ich daran zu denken vergaß, daß meine allgemeine Ungeduld mir nicht die Fähigkeit verlieh, durch Lieferwagen hindurchzuschauen.

Lange ging mir auch im Kopf herum, wie wunderbar Touren gemeinsam mit anderen Frauen wären. Dann würde mein Mann nicht mehr so leiden müssen (ich brauchte mir nur vorzustellen, was ich wohl fühlen würde, wenn er sich von mir verabschiedete, um ein Wochenende mit zehntausend anderen Frauen zu verbringen). Andererseits mußte ich auch daran denken, welche Unterstellungen und miese Anmache zwei Frauen provozieren mochten, die auf Motorrädern vor einem Motel vorfahren. Natürlich konnte ich mich irren. Vielleicht war dies letztlich wirklich die beste aller möglichen Welten.

Auch wenn man es aus dem Besuch eines der größten Motorradtreffen in den Vereinigten Staaten nicht schließen würde, auch Schwarze fahren Motorrad. Und das schon lange. Die verstorbene Bessie Stringfield, bekannt als die Motorradkönigin von Miami, die noch mit über siebzig Jahren fuhr, ist die erste schwarze Frau, die die 48 zusammenhängenden Kontinentalstaaten durchfahren hat, und das – man glaubt es kaum – in den dreißiger Jahren. Man betrachte die drittletzte Aufnahme in der amerikanischen Ausgabe von Robert Franks großem Werk *Die Amerikaner*; es hat keinen Sinn, das Photo zu beschreiben. Einfach anschauen.

Wie Schwarze und Weiße in den meisten Bereichen des amerikanischen Alltags allgemein, leben schwarze und weiße Motorradfahrer im Prinzip in getrennten Welten, die nur an der Oberfläche wie ein und dieselbe wirken. Ich habe vor kurzem einen Briefwechsel mit einem Mann names Hilton Webb jr. begonnen, der gegenwärtig in der Strafanstalt Attica einsitzt. Ich weiß nicht, warum er dort ist, und ich will es auch nicht wissen, obwohl ich den Verdacht hege, daß sich das mit der Zeit ändern wird. Sehr wohl weiß ich aber, daß er sprachgewandt ist, nachdenklich, schwarz und ein Biker. Es folgt ein Auszug aus seiner Meinungsäußerung zu diesem Thema:

> Ich bin größtenteils als GDI (goddamned independent, etwa: verdammter Individualist) unterwegs gewesen, habe jedoch auch ein paar Mal Gruppentouren ausprobiert. Zwar habe ich Sturgis gemacht und die Enduro-Geschichte, das aber solo. Wenn ich mit großen Gruppen fuhr, dann waren sie meist weiß mit mir als dem »Vorzeigeschwarzen«. Ich kann mich nur an zwei Gelegenheiten erinnern, wo ich mit schwarzen Bikern fuhr. Das war beide Male Mitte der siebziger Jahre und jeweils mit demselben Club, nämlich den South-Side-Shifters (wegen der Handhebelschaltung tief an der linken Seite ihrer gechoppten Böcke) aus East New York. [Einmal stießen wir zu] einer viel größeren Gruppe aus South Philadelphia mit dem passenden Namen Wheels of Soul. Das war das einzige Mal in meinem Leben ... wo ich mit meiner Hautfarbe auf dem Rücken einer Harley-Davidson keine Ausnahme bildete. Wir waren etwa neunzig, und wir fuhren zu Big Daddy's auf Long Island und machten das ganze Laborday-Wochenende Party... Ein schwarzer Biker in Amerika zu sein, ist offenbar nicht viel anders als ein schwarzer Mann in Amerika zu sein.
>
> Ich war in allen Ecken dieses Landes und habe festgestellt, daß der schwarze Motorradfahrer seitens eines großen Teils der Einprozenter demselben Rassismus ausgesetzt ist wie seitens derjenigen, die in Tonnen von Stahl daherfahren.
>
> Ich glaube, man wird eben schwarz geboren und muß damit leben. Die Reaktionen auf diese Hautfarbe sind subtil;

der festere Griff um die Brieftasche, der rasche Blick zur Seite, die ach so hilfsbereit herbeieilende Verkäuferin. Bei Denny's war ich nicht gern gesehen (Denny's ist ein Kettenrestaurant, gegen das der Vorwurf erhoben wird, schwarze Gäste zu diskriminieren. d. Ü.), doch wenn man einsdreiundachtzig hoch und mehr als hundertzwanzig Kilo schwer ist, behalten die Leute ihre rassistischen Einstellungen meist für sich, wenn sie nicht gerade betrunken sind und von einer Menge umgeben, die ihnen den Rücken stärkt.

Wenn ich jeder Motorradfahrerin auf der Welt ein Geschenk machen könnte, so wäre dies eine Videokassette des australischen Films *Shame* aus dem Jahr 1988. Nicht weil er künstlerisch wertvoll wäre; es ist ein Streifen mit einer mehr oder minder geschickt verpackten moralischen Botschaft, und zwar genau derselben wie der Western *Shane*, der ihm als Vorbild diente (deutsch: Mein großer Freund Shane). Nur daß die Botschaft und die Art und Weise ihrer Verkündung Motorradfahrerinnen besonders ansprechen dürfte.

Asta Caddell ist Anwältin und auf Urlaubstour mit ihrer Suzuki Katana 750. Nachdem sie eines späten Abends in den Graben gekracht ist (immer noch besser, als in die große Kreatur auf der Straße, so ihr rasches Fazit), quartiert sie sich in der nächstgelegenen Kleinstadt ein. Über mehrere Tage setzt sie ihr Motorrad wieder zusammen – wobei sie zu dem Schluß gelangt, daß die Rationalität von Maschinen im Gegensatz zu der von Menschen eine Wohltat sei – und entdeckt dabei den beunruhigenden Grund hinter dem sonderbar verschüchterten Schweigen der Frauen des Ortes und der rüpelhaften Unverschämtheit der Männer. Eine Bande Jugendlicher terrorisiert die Frauen durch planmäßige Vergewaltigungen. Der Rest folgt dem Schema »Einsame Kämpferin räumt auf«.

Der Film weist zwar eine bewunderswert feministische Tendenz auf, doch das eigentliche Geschenk an die Frauen ist sein

Vorschlag, was zu tun sei, wenn grinsende Männer mitfahren wollen. Asta Caddell zeigt mit einem Wheelie, wie frau ihnen den Gefallen tun kann.

ACHT

»Nun sag schon! Bist du auf meinem Motorrad gefahren, so daß es vom Nachttisch herunterfiel, oder nicht?«
Ralph war verdutzt. Daß der Junge erriet, was geschehen war, hatte er nicht erwartet. »Nun, man kann wohl sagen, ich bin gefahren«, gestand Ralph, während er sich die schmerzenden Muskeln rieb.
»Hab ich's mir doch gedacht!« Weder die Maus noch der Junge wunderten sich, daß sie einander verstanden. Zwei Geschöpfe, die die Liebe zum Motorrad eint, sprechen ganz automatisch die gleiche Sprache.
Beverly Cleary The Mouse and the Motorcycle

Im Laufe der letzten zehn Jahre und fünfzehntausend Kilometer auf dem Motorrad ist mir ein einziges Mal etwas wirklich Unangenehmes passiert.

Vieles, was man immer wieder tut, verbindet sich mit einer Anzahl von Ritualen, und so war es auch mit meiner alljährlichen Fahrt nach New Hampshire im Juni. Seit ich die malerische Straße, die das südliche Vermont und New Hampshire in west-östlicher Richtung durchquert, auf meiner ersten Fahrt mit Bob kennengelernt hatte, wählte ich sie entweder für die Hin- oder die Rückfahrt. Dreißig Kilometer westlich von Brattleboro und dem Connecticut River schraubt sich die Route 9 weitere 600 Meter in den Tannenwäldern in die Berge. Wenige Meilen vor der Grenze zum Green Mountain National Forest, am höchsten Punkt des Hogback Mountain, liegt ein altes Ausflugslokal. Sein Laden erinnert an eine Scheune, und dort wird nicht nur jedes Produkt verkauft, das man aus Ahornsirup herstellen kann, sondern auch jene Art von billigen »Mitbringseln« (Tomahawk aus Gummi, Highway-Bingo), die ich deshalb so liebe, weil sie zu den wenigen Dingen auf der Welt gehören, die sich seit meiner Kindheit nicht verändert haben. Im hinteren Teil des Gebäudes befindet sich außerdem eine Sammlung ausgestopfter wilder Tiere, die mich so traurig stimmten, daß ich sie mir nur einmal ansehen konnte.

Für einen Vierteldollar kannst du auf dem Aussichtspunkt durch das alte Fernglas den Blick auf die Baumwipfel der drei Staaten genießen. Oder du stellst eine Kamera mit Selbstauslöser auf den Holzzaun, der das Gelände einfaßt, läufst rasch zu deinem Begleiter an den Rand des Felsens, schmiegst dich an ihn und bekommst so eine Aufnahme von euch beiden vor dem Hintergrund des atemberaubend steil abfallenden Berghangs. Auf der anderen Seite der Straße, ein Stück hügelaufwärts, liegt das aus Felssteinen gebaute Lokal mit den großen Panoramafenstern, in dem es wunderbare Pfannkuchen gibt und das noch nicht zu einer Restaurantkette gehört – zumindest bis jetzt.

Dieser Pfichtstop liegt im Scheitelpunkt einer Haarnadelkurve, deren Ausläufer beide im Schatten der Bäume verschwinden. Da sich rechts und links von ihr die Parkplätze befinden, biegen an diesem Scheitelpunkt immer wieder Autos auf die Straße, und die Fahrer vertrauen dabei mehr oder weniger auf Gott, daß niemand um die Kurve gebrettert kommt.

Eines Tages – ich hatte meine obligatorischen Einkäufe getätigt, darunter zwei Figuren aus Ahornsirup für den Freund, der sich um meinen inzwischen geliebten Kater Bill kümmerte – saß ich auf der Lario. Ihr Vorderreifen stand auf der gelben Linie, die den Parkplatz von der Straße trennt. Ich sah nach rechts zum Ende der Kurve, ließ von links einen langsam fahrenden Kombi passieren und sah wieder nach rechts. Als beide Seiten frei waren, bog ich nach links. Mein Vorderreifen war am doppelt gezogenen Mittelstreifen angekommen, und ich wollte gerade auf die rechte Fahrspur einbiegen, als vier Sportmaschinen donnernd und schnell wie der Blitz von rechts auf mich zuschossen. Sie mußten auf dieser Kurve, die man bestenfalls mit fünfundvierzig nehmen konnte, mindestens ihre achtzig bis neunzig Stundenkilometer fahren. Instinktiv schlug ich den Lenker weiter ein, so daß ich auf dem Mittelstreifen blieb und sie die gesamte Spur für sich hatten, bis sie vorbeigezogen waren. Hätte ich ein Auto gesteuert, wären sie jetzt alle Matsch.

Noch Meilen später schlug mir das Herz bis zum Halse. Aber diese Kerle, die nichts besseres zu tun gehabt hatten, als eine uneinsehbare Kurve mit Höchstgeschwindigkeit zu nehmen, drosselten ihr Tempo jetzt auf sechzig. Selbst ich schlug auf einer langen Geraden ein höheres Tempo an. Ich konnte es mir nur so erklären, daß sie gute Laune hatten und gern den Biker kennenlernen wollten, der diesen schönen Tag ebenso genoß wie sie. Aber als ich mich vor einen von ihnen setzte, gab er plötzlich Gas und überholte mich. Ich hatte verstanden: Sie waren stinksauer und wollten ein Wörtchen mit mir reden.

Wie das lautete, konnte ich mir auch schon vorstellen: Du gottverdammtes Miststück, du hast uns dahinten beinahe ins Grab gebracht. Was hast du dir dabei gedacht, uns einfach die Vorfahrt zu nehmen?

Nun finde ich Auseinandersetzungen in etwa so angenehm, wie an einem heißen Tag mit neuen Schuhen in ein Kaugummi zu treten. Unter anderen Umständen hätte ich ihnen allerdings die Stirn geboten: Wie, um alles in der Welt, konntet ihr mit solcher Geschwindigkeit um die Kurve brettern? Wäre ich ein Volvo gewesen, würdet ihr jetzt hinten an meiner Stoßstange kleben. Schließlich kann ich beim Einbiegen nicht mehr tun, als nachschauen, daß von beiden Seiten niemand kommt, ihr Idioten!

Statt dessen wurde ich immer langsamer. Die letzten sechzig Kilometer bis zur Landesgrenze von Vermont wollte ich so trödeln, daß sie irgendwann frustriert und scharf auf den Rausch der Geschwindigkeit davonbrausten. Daß sie jedoch lange Zeit bei fünfzig blieben, wo sie eigentlich hundertzwanzig hätten fahren können, zeigte mir, wie groß ihr Ärger war. Aber irgendwann schossen sie dann doch los. Bestimmt erzählen sie noch heute die Geschichte von dem dämlichen Mädchen, das sie beinahe reingerissen hätte.

Dies ist nicht unbedingt ein Bericht, der einem das Blut in den Adern stocken läßt. Oft kommt es mir vor, als fänden andere, die ihre Motorradgeschichten gern mit ein paar blutigen Dramen würzen, meine Schilderungen enttäuschend. Doch abgesehen von dem grotesken, ätzenden Haß, der der amerikanischen Psyche innewohnt und der manchmal auf Rallyes offen zu Schau gestellt wird (etwa bei den angebotenen T-Shirts mit der Aufschrift »AIDS heilt Schwule« und »Sprich Englisch oder verpiß dich«), kann ich leider nicht damit dienen. Hingegen könnte ich in aller Ausführlichkeit beschreiben, welch eigentümliche Verhaltensweisen eine fast schon vollkommene Mini-Gesellschaft an den Tag legt, wenn sie sich um ein bestimmtes Objekt schart.

Nicht jeder Biker ist ein Engel oder ein Hell's Angel. Dennoch gibt es meiner Kenntnis nach nur zwei Gruppen, deren Mitglieder allein auf Basis einer lockeren Bekanntschaft bereit sind, dir beispielsweise den ganzen Tag bei einem Problem zu helfen, ohne eine Gegenleistung zu erwarten. Zum einen die kleine Spezies der Hundebesitzer in meiner Nachbarschaft, die jederzeit vorbeikommen, um einen anderen Hundebesitzer zu chauffieren, die alle Pläne über den Haufen werfen, um nach einem entlaufenen Liebling zu suchen, oder die einem fast Fremden Geld leihen, wenn er nur einen Hund hat. Die andere ist die weltumspannende Bruderschaft der Moto-Guzzi-Fahrer. Beide verkörpern sie die kleine Gemeinde ausschließlich vertrauenswürdiger Mitbürger, nach der wir uns alle sehnen, das Stammesleben nach dem Motto: »Einer für alle, alle für einen«, das heutzutage für die meisten von uns nur noch Wunschtraum ist. Die französischen Autoren von *Toute la Moto* beschreiben es folgendermaßen: »Als ob sich alle Leute auf der Welt ein und denselben 14er Schraubenschlüssel weiterreichten ... Wie oft haben wir von dieser Utopie geträumt? Nun, in der Motorradwelt ist sie Wirklichkeit. Nicht immer und nicht garantiert, denn wie in jeder anderen Szene gibt es auch hier Abschaum, aber sie ist Wirklichkeit.«

Ein Autor der *New York Times* beschwert sich in seiner Rezension des Dokumentarfilms *She Lives to Ride*: »Der Film zeigt diese Frauen in einem so vorteilhaften Licht, daß uns Motorradfahren fast schon als überzeugende Alternative zum Bridge- oder Canastaspielen erscheint.« Aber so ist es nun einmal! Ein Vergleich, der dem Lebensgefühl vieler Motorradfreaks so nahe kommt wie möglich, nur daß ein Pokerspiel noch treffender wäre – es erinnert eher an die Rituale, die sich in dieser Gemeinschaft eingebürgert haben, vor allem an den riskanten Einsatz, ohne den man genausogut Schiffeversenken spielen könnte.

Treu bist du, wie wir alle wissen, nur dem, der es verdient. Du kannst ein Schulkind nicht per Kommando auffordern, sein Land oder seine Eltern zu lieben, denn sonst stehst du plötzlich vor einem Roboter, der lediglich die passenden Floskeln herunterrattert. Eine Liebe, die bereit ist alles zu geben, kann nur aus dem Gefühl gegenseitiger Achtung und Wertschätzung erwachsen.

Daß es unter Motorradfahrern immer wieder zu Beweisen einer Loyalität kommt, die oft weiter geht als die Liebe zur Nation oder zur eigenen Familie, vermittelt uns einen guten Einblick in diese Gemeinschaft. Beispielsweise fühlen sich einige Biker (und nicht nur Harley-Fans) veranlaßt, sich das Firmenlogo ihrer Lieblingsmarke mit Tinte ins Fleisch stechen zu lassen. Bei anderen gilt die Treue dem Club, was zu todernsten Auseinandersetzungen (sei es in Worten oder mit Waffen) mit Außenseitern, jedoch auch zu Beweisen äußerster Großmut gegenüber anderen Mitgliedern führen kann. Dann gibt es da die Treue zum Objekt, mit dem Ergebnis, daß eine Ansammlung von mechanischen Teilen eine Zuneigung erfährt, die viele Lebewesen missen müssen. In manchen Fällen wird das Objekt sogar zum Ausstellungsstück im Wohnzimmer. Außerdem die Treue gegenüber der Idee, dem »Motorradfahren«, die sich in solchen Beweisen der Hingabe äußert, wie wir sie 1956 erlebt haben: Der siebenundzwanzigjährige Gründer des Akron Lots-A-Moshun Motorradclubs ließ sich mit seiner Motorradjacke und dem Nummernschild seiner Maschine begraben, während ihm ein langer Zug von Bikern das letzte Geleit gab. Vor und nach ihm wurde so mancher Motorradfahrer mit einem Foto der geliebten Maschine bestattet, selbst wenn sie maßgeblich mitgeholfen hatte, das Grab zu schaufeln. Es gibt eine Treue, die die Angst überspielen soll, wie etwa die hartnäckige Beteuerung, daß es am Motorradfahren nichts Unangenehmes, Ärgerliches oder Unbequemes gibt. (Schon fast verdächtig, mit welcher Hast die Biker dir das immer wieder versichern. Wenn ihr Hobby so fabelhaft ist, was macht es dann schon aus, wenn jemand ein paar Worte über seine Schattenseiten verliert? Denn als von Menschen geschaffenes Konstrukt muß es die zwangsläufig haben.)

Und dann gibt es schließlich noch die Treue, die aus Liebe erwächst.

Offensichtlich haben Geschäftsleute doch ein Herz. Oder wie sonst läßt sich erklären, daß die Motorradverkaufsausstellung, die durch die Lande zieht, gerade dann nach New York kommt, um im tiefsten Winter die dunklen Tage zu erleuchten?

Das Jacob-K.-Javits-Messezentrum klebt am Stadtrand wie ein Ferienhaus auf einer Felsklippe über dem unendlich weiten Meer. So riesig und unpersönlich konnte man wohl nur auf einem vergessenen Fleckchen Erde am Rande Manhattens bauen, das zuvor lediglich Lastwagen und Güterwaggons gesehen hatte. Weil die Ausstellung für Motorradfreaks einen Lichtblick – oder das einzige Licht überhaupt in der kalten Jahreszeit – bietet, erwartest du bei deiner Fahrt die Eleventh Avenue hinunter, auf ein wahres Märchenland zu stoßen, das Grundstück von grünschimmernden Lichtern erhellt. Doch die kahlen wuchtigen Glasquader spiegeln nur den Himmel wider, und das mehrere Straßenzüge lange und breite Areal wirkt verlassen an so einem Freitagabend im Februar.

Aber das liegt nur daran, daß sich alles Leben an einem Ort zusammenballt. Du mußt lediglich den richtigen Eingang finden oder ansonsten die lange, verlassene Treppenflucht in der Eingangshalle hinter dich bringen, bevor du in einer der mehreren hundert Ausstellungshallen durch Glasfenster auf das geschäftige Treiben blicken kannst. Eine Etage unter dir spiegelt blankgeputztes Chrom Millionen von Lichtreflexe wider. Doch dies ist es nicht, was dir einen Schauer über den Rücken jagt. Vielmehr ist es der Anblick unzähliger Motorräder auf dem Teppich dieser Halle, der dich schwindeln macht.

Tausende haben sich eingefunden, um die neuesten Modelle zu bestaunen. Zwar sehen sie meist nicht viel anders aus als die Modelle vom letzten Jahr, doch offensichtlich haben sie an die ausgefeilte Tradition der Manipulation der Kauflust ihren Tribut zahlen müssen. Angesichts einer neuen Lackierung oder der weiteren Verbesserung einer unwichtigen Spielerei (wie eine neue Spiegelform, die einen Biker gleich noch viel mehr nach böser Hornisse aussehen läßt, oder das willkürliche Ersetzen der Windschutzscheibe aus Rauchglas vom letzten Jahr durch eine abgedunkelte aus Plastik), bekommst du auf der Stelle Lust auf eine, auf genau diese Maschine! Honda, Yamaha, Kawasaki, Suzuki, Harley-Davidson haben Stände mit neuen Modellen ihrer Off-road-, Enduro- und Sportmaschinen und ihrer Cruiser und ATVs aufgebaut. Die großen Reifenmarken wie Metzeler, Avon und Dunlop zeigen Karussells mit Reifen und schimmernde Prospekte, und sogar die Hersteller von Schmiermitteln wie BelRay und Spectro haben sich eingefunden. In der Mitte der Halle zieht BMW mit einem Sattelschlepper, der so blankgeputzt ist, daß man von seinen Schmutzfängern essen könnte, die Aufmerksamkeit auf sich. Du kannst hineinsteigen und dir das ununterbrochen laufende Video von Fahrten durch idyllische Landschaften ansehen, oder du betrachtest einen Motor, der in der Mitte auseinandergesägt wurde, um das Prachtstück der »legendären deutschen Motorenbauer« zu zeigen. Auf dem Weg zum Ausgang stößt du auf in Samurai-Pose erstarrte Models, die von Hein Gericke für BMW in feinste Lederkluft gekleidet wurden.

Aber auch einheimische Aussteller sind vertreten, von Precision Leather's – einem fliegenden Händler aus Long Island mit einer Riesenauswahl von Anzügen, Jacken, Hosen, Stiefeln, Regenkombis und Handschuhen der unterschiedlichsten Qualität und Farbe, des unterschiedlichsten Gewichts und Preises – bis hin zum Herausgeber einer am Computer selbst fabrizierten kostenlosen Postille über die Motorradszene der Stadt. Ghost Motorcycles, das Geschäft in Long Island, wo ich meine vielgeliebte V50 kaufte, stellt eine Wagenladung von Klassikern und brandneuen Sondermodellen zur Schau, von uralten Harleys mit fransengeschmückten, lederbezogenen »Traktorsitzen« bis hin zu flinken, roten, neuen Ducati-Superbikes. Junge Männer mit langen Pferdeschwänzen überreden ihre Freundinnen in hautengen Lederjacken und stone-washed Jeans, hochhackige Stiefel anzuprobieren, in denen sie nur noch im Laufschritt hinter ihnen hertrippeln können. Die europäischen Stände lassen sie links liegen; sie zieht es zu den Harleys und dann in den hinteren Teil der Halle, wo gerade die Show der Trialfahrer beginnt. Sie verrenken sich die Hälse und quetschen sich in die Menge vor dem abgeteilten, dreißig Meter langen Halbrund, wo junge Männer sich bereitmachen, die Schwerkraft zu überwinden. Die Artisten stellen sich auf die Fußrasten der leichten Maschinen und fahren auf die Motorhaube eines abgewrackten Autos. Auf dem Dach verharren sie einen Sekundenbruchteil wie erstarrt, dann reißen sie das Bike um 180 Grad herum und fahren wieder hinunter. Sie schießen mit Höchstgeschwindigkeit eine Rampe hoch und setzen nach dem Sprung mit beiden Rädern wieder auf, oder sie rollen auf nur einem Rad an der gesamten Absperrung entlang.

Im Jahre 1994 bestand für ein paar Auserwählte die Sensation darin, daß Moto Guzzi zum ersten Mal seit Jahren wieder mit einem Stand auf der Messe vertreten war. Im Gegensatz zu BMWs prächtiger Schau – dem bunt bemalten Truck mit der gesamten Produktpalette von Helmen über Stiefel und Motoröl bis hin zu sieben, acht Maschinen und allem, auf das man ein Logo drucken kann – umfaßte Moto Guzzis Präsentation zwei Motorräder, ein aufgestelltes Firmenschild, kaum größer als eine Geschwindigkeitsbegrenzung am Straßenrand, und einen einzigen Regisseursstuhl für den Direktor der amerikanischen Niederlassung und dessen Stellvertreter, zufälligerweise seine Frau. Die Verkaufszahlen der italienischen Firma (die vorübergehend zu Maserati gehört hatte) bewegten sich seit einiger Zeit in der Größenordnung eines Handwerksbetriebes. Ein Händler, der mehr als zehn Bikes im Jahr verkaufte, wurde landesweit berühmt. Dank einiger neuer ausgefeilter und teurer Sportmaschinen ging es jedoch mit Moto Guzzi seit kurzem wieder aufwärts. Dazu beigetragen hat jedoch wohl auch die vielleicht eigentümlich anmutende, jedoch äußerst wirksame Hartnäckigkeit der Guzzi-Fans. Selbst wenn Moto Guzzi ab sofort kein einziges Bike mehr an unsere Küsten schickte, würde es auch noch im nächsten Jahrhundert Guzzis auf unseren Straßen geben, jedenfalls so viele, daß die Leute auch dann noch stehenblieben und fragten: »Mensch, was für ein Fabrikat ist das denn?«

Carlo Guzzi wohnte in einer Kleinstadt nördlich von Lecco, die sich vom Ufer des Comer Sees in die angrenzenden Berge erstreckt. Kurz vor Ausbruch des Ersten Weltkriegs konzipierte Guzzi ein Motorrad, das, wie er meinte, mit den Fehlern und Unzulänglichkeiten der zeitgenössischen Zweiräder aufräumte. Als er sich der neugegründeten, noch von einem Hauch der Romantik umwehten italienischen Luftwaffe anschloß, stieß er auf zwei Männer, die dazu beitragen sollten, daß aus seinem Konzept ein marktfähiges, verkäufliches Modell wurde: Giorgio Parodi, Sproß einer Genueser Familie von Werftenbesitzern, und Giovanni Ravelli, der sich bereits bei Motorradrennen einen Namen gemacht hatte. Guzzi war davon überzeugt, daß sie alles hatten, was man brauchte, um eine neue Typenreihe zu realisieren. Doch in den letzten Kriegstagen, kurz vor Beginn ihrer gemeinsamen Arbeit, kam Ravelli bei einem Flugzeugabsturz ums Leben. Um sein Angedenken zu wahren, entschieden sich die beiden verbleibenden Partner für den Adler der Luftwaffe als ihr Firmenzeichen.

In den zwanziger Jahren hinterließen die Guzzis auf den Rennstrecken Italiens und Europas einen nachhaltigen Eindruck. Nach solchen Auftritten kehrte Carlo Guzzi immer wieder ans Reißbrett zurück oder arbeitete an seinem Testmotor, in den er Kolben und Zylinder jeder Größe einbauen konnte. 1928 konstruierte er ein Motorrad mit komplett gefedertem Rahmen (zu diesem Zeitpunkt war die Hinterradaufhängung noch ein ungelöstes Problem). Carlos Bruder Guiseppe ging mit dieser Maschine auf große Testfahrt an den Polarkreis; daher ihr Spitzname Norge. 1928 entstand auch der Prototyp zu einer langen Reihe von Motocarri – halb Motorrad, halb Lastwagen, eines der vielen Mehrzweckgefährte, die die Firma herstellte. Sie alle, die Motorroller, die Mopeds, und auch eine Konstruktion, deren vordere Hälfte aus einem Motorrad und deren hintere aus einem Panzer auf Ketten bestand, halfen der Firma über die wirtschaftlich schlechten Jahre.

Größere Bekanntheit gewann der Name Guzzi 1935 durch die spektakulären Gewinne der Junior und Senior Trophy von Manx. Daß man sich für den Iren Stanley Woods als Fahrer entschieden hatte, erwies sich als kluge Wahl, denn im Gegensatz zu den italienischen Piloten kannte er den Kurs wie im Schlaf.

1934 galt Moto Guzzi als der bedeutendste Motorradfabrikant Italiens, und die kleine Werkstatt in Mandello del Lario war zu einer großen Fabrik mit 700 Arbeitern ausgebaut worden. Zu diesem Zweck hatte man sich in La Grigna hineingebohrt, einem Berg, der auf dem Werksgelände aufragt. Im Zweiten Weltkrieg belieferte die Fabrik in Mandello das italienische Heer mit mehr als achttausend Motorrädern, dem Alce (»Elch«) und dem Trialce (einem Dreirad). Obwohl Carlo Guzzi dafür berühmt war, daß er jede Lira dreimal umdrehte, leistete er sich 1950 einen Luxus, über den bis dahin nur wenige Firmen aus der Motorrad- oder Autobranche verfügten: einen kompletten, dreißig Meter langen Windkanal mit einer von einem 310-PS-Motor angetriebenen Dreiblattschraube. (Wieder mußte La Grigna dafür Opfer bringen.) Zum ersten Mal war man nicht nur von theoretischen Berechnungen abhängig, sondern konnte wissenschaftlich untersuchen, wie das Design Fahrverhalten und Geschwindigkeit einer Maschine beeinflußten. Dies führte 1954 zu der Konstruktion der ersten »aerodynamischen« Rennmaschine, die rasch bei praktisch allen anderen Rennställen Nachahmer fand. Eine zugleich futuristisch und mittelalterlich anmutende Verkleidung wurde um die vordere Hälfte des Motorrads gelegt, so daß nur wenige Zentimeter Reifen sichtbar waren. Was man dadurch an Geschwindigkeit gewann, ging jedoch auf Kosten der Sicherheit, und 1957, als sich Moto Guzzi offiziell aus dem Renngeschäft zurückzog, wurden diese Verkleidungen verboten.

Dieser Schritt bedeutete auch das vorzeitige Ende einer noch heute bewunderten Maschine aus der Rennabteilung der Firma, mit querliegendem V8. Sie verfügte über glatte 75 PS, mit denen sie jedes Rennen für sich entschieden hätte, wäre sie je zum Einsatz gekommen. Doch mit Ausnahme der reichen MV Agusta waren die großen italienischen Konstrukteure zu der Erkenntnis gelangt, daß das Renngeschäft mittlerweile zu viel kostete. Die positiven Auswirkungen auf das Marketing standen in keinem Verhältnis mehr zu den Ausgaben. Sie unterzeichneten ein Abkommen und traten von der Bühne ab. (Zu diesem Zeitpunkt konnte Moto Guzzi, wie Mick Walker in seinem Buch *Italian Motorcycles* schreibt, folgendes für sich verbuchen: 14 Weltmeisterschaften, 134 Geschwindigkeitsrekorde, 47 italienische Meisterschaften, 55 nationale Titel, 11 Gewinne der Manx TTs und alles in allem 3327 internationale Siege in allen möglichen Klassen.)

Seit dem Jahre 1936 arbeitete bei Moto Guzzi mit Giulio Cesare Carcano ein Ingenieur, der heute von all jenen, die die unauslöschliche Schönheit einer Rennmaschine wie der V8 bewundern, als Genie angesehen wird. Als die Firma im Zuge einer branchenweiten Krise in der Mitte der sechziger Jahre Konkurs anmelden mußte, verlor auch er seinen Posten. Bevor Carcano entlassen wurde, machte er Moto Guzzi jedoch noch ein Geschenk: einen 90 Grad V-Zweizylinder-Motor, der ursprünglich in den Fiat 500 eingebaut werden sollte. Statt dessen konstruierte man damit ein Motorrad, das ganz an den Bedürfnissen der Polizia Stradale ausgerichtet war: Es war die V7, eine 700-Kubik-Maschine mit Kardanantrieb.

Aber auch auf dem US-Markt der späten sechziger Jahre fand das Modell Anklang, und in Form von Tourenmaschinen wie der California, Eldorado und Ambassador trägt es noch heute manch stolzen Besitzer durch die Lande. Der Designer Lino Tonti verbesserte Rahmen und Motor und präsentierte 1971 der staunenden Öffentlichkeit ein neues Modell: die V7 Sport. Sie war klein und gefährlich, butterweich zu fahren, und selbst geparkt sah sie aus, als würde man nie wieder anhalten, wenn man erst einmal losgefahren war. In den folgenden Jahren baute man nach dem gleichen Konzept eine Serie kleinerer Twins, darunter die V50 mit 500 Kubik, die 1977 vorgestellt wurde.

In den Vereinigten Staaten trat 1984 ein ehemaliger Zahnarzt in Erscheinung, der für Moto Guzzi auf Langstreckenrennen einen privaten Werbefeldzug führte. Er gewann auf seiner Maschine den Landeswettbewerb und konnte diesen Erfolg im darauffolgenden Jahr wiederholen. Zwar war das Konzept des V-Zweizylinder-Motors noch nicht so ausgereift wie bei den japanischen Maschinen, doch der Doktor hatte richtig erkannt, wie klaglos diese Maschine Mißhandlungen verschmerzte.

Darüber hinaus rechnete er sich gewisse Chancen in den damals als »Battle of the Twins » (später Pro-Twins und dann Super-Twins) bekannten Geschwindigkeitsrennen aus, die eingeführt wurden, als die Zwei- mit den Vierzylinder-Maschinen nicht mehr mithalten konnten.

John Wittner – allgemein bekannt als Dr. John – nahm sein Anliegen sehr, sehr ernst. Er prüfte, verbesserte, testete, überdachte, entwarf und testete erneut nahezu jedes der mehreren hundert Teile an seiner Rennmaschine, bis auf seinem Konto Ebbe herrschte. Er entwickelte ein neues Chassis und tunte den Motor bis zum Gehtnichtmehr. Schließlich waren die letzten Fehlerteufel ausgetrieben, und Guzzi gewann 1987 die Twin-Rennen.

Die Erfolge dieser privaten Bemühungen (zu denen viele kleinere Beiträge aus den Taschen der Mitglieder des National Owners Club gehörten) blieben der italienischen Firmenzentrale nicht verborgen. Heute wohnt Dr. John – ein so angenehmer und bescheidener Mann, wie man ihn im Kreise der wahrhaft fanatischen Motorradkonstrukteure sonst kaum findet – unweit von Mailand in der Nähe der Fabrik in Mandello del Lario und spricht immer besser Italienisch.

Einige Auszüge aus Beiträgen und Briefen, veröffentlicht in den *Moto Guzzi National Owners Club News*:

Mindestens zwei meiner Guzzis segneten das Zeitliche, und jetzt habe ich eine 67er V700 ins Auge gefaßt. Von Harley-Fahrern muß ich mir einen Haufen Mist anhören, bis sie schließlich auf einer Eldorado sitzen und erfahren, daß ich für 500 $ eindreiviertel Bike kriege, während sie im Geschäft regelmäßig das 20fache zahlen. Natürlich mußte ich einige hundert Stunden an der Maschine schrauben, aber das hätte ich an einer neuen Harley bestimmt auch getan, wenn ich eine hätte. Ich fühle mich erst dann wohl, wenn ich ganz genau weiß, wie alles funktioniert, das ist wohl mein wunder

Punkt. Harley-Fahrer verstehen einfach nicht, wieviel Spaß es mir macht, Teile von einem VW, Fiat oder einem Kodak-Dia-Projektor in mein Bike einzubauen. Sie heißt bei ihnen inzwischen schon Franken-Guzzi. In gewisser Weise spiele ich Gott. Ich lasse sie auferstehen und gestalte sie nach meinem eigenen Bilde. Und weil ich mich als Individuum sehe, ist auch mein Bike absolut einzigartig. (Peter Cushman, Worcester, Massachusetts)

Kommen wir also zu jener exzentrischen Gruppe von Bikern, deren Herz an Maschinen aus dem stiefelförmigen Land im Süden Europas hängt. Sicher habt ihr sie schon im Dunkeln herumschleichen sehen, diese ölbeschmierten Gestalten in einer alten AGV-Kombi, die aus den Jahren von Jimmy Carters Präsidentschaft stammt. Die Sorte, die an einer brandneuen ZX1100 vorbeisieht, nur um einen Blick auf den klapprigen Lambretta-Roller zu erhaschen, der dahintersteht. Der Typ mit dem T-Shirt, auf dem zu lesen ist: »Habe Benzin im Bauch und Pasta im Tank«, der eine Vierzylinder-Maschine links liegen läßt, es sei denn, es steht »Bimota« auf dem Tank. (Nolan Woodbury, Coolidge, Arizona, »Roadworthy«)

Ich bin 65 Jahre jung – fahre Motorrad seit 1943 – mein erstes Bike war eine 1928er Harley JD (die ich gern heute noch hätte). Ich besaß Indians, Square Fours, Vincents; eigentlich jede Maschine, die in Großbritannien hergestellt wurde. Beschäftigte mich gerade mit den japanischen Fabrikaten, als mich ein Freund, der eine Moto Guzzi fuhr, auf einer unserer Fahrten überredete, die Maschinen zu tauschen. Damals hatte ich die Suche nach einem Bike, das mir ebensoviel Spaß machte wie meine Triumphs und BSAs in den Fünfzigern, fast schon aufgegeben – und dann, Mensch, Junge, wieso war ich nicht schon eher auf jene Guzzis gekommen? Die Fahrt bereitete mir soviel Vergnügen, daß ich meine Gold Wing verkaufte und mir diese Guzzi zulegte. Ich habe sogar das Rauchen aufgegeben, damit ich länger durchhalte und ein paar Jahre und Meilen mehr machen kann. (Forrest Waller jr., Streitkräfte in Übersee)

Es gibt nur wenige Motorräder, die von ihrer Konstruktion her von Natur aus schön sind: der luftgekühlte querliegende V4 (oder V6 ... WOW), bei dem der Fahrtwind durch die feinen Kühlrippen streicht und in deren anmutig wie Widderhörner geschwungenen Töpfen die Bewegung der Maschine aufgegriffen scheint ... der klassische Einzylinder, Symbol der Symmetrie, der wie ein Held aus dem Altertum die Heerscharen anführt ... und der Boxer, ein Musterbeispiel von Ausgewogenheit und Kühlung, symmetrisch wie Original und Spiegelbild. Aber die größte Schönheit ist die V-Twin mit den zwei Zylindern, die zu beiden Seiten aus dem Rahmen ragen. Die Zylinder liegen weit genug vorne, daß man der Maschine das gute Handling schon von der Optik her ansieht. Aber ich liebe nun mal Motoren, das Gefühl beim Anfassen, ihren Geruch, das Ineinandergreifen von Metall ... Ich liebe einen prächtigen Aluminiumguß, eine blankpolierte Oberfläche, das vollkommene Rund, das die Drehbank hinterläßt, die Lochmuster von Fräsen und Bohrern. Die alte Guzzi und ich kommen also bestens miteinan-der aus. (Tom Chipley, Warrenton, Virginia, »The Existential Garage«)

Also, ich habe es geschafft, 501 000 Meilen auf meinen Moto Guzzis. Bis jetzt bin ich kein einziges Mal mit einer Panne auf dem Seitenstreifen liegengeblieben.

Einmal war ich mit einem aufgeblasenen Harley-Fahrer unterwegs. Er hatte eine ziemlich neue 1200er Harley-Davidson. Er fuhr voraus und ich auf meiner 850er T-3 Polizeimaschine hinterher. Er schlug ein ziemliches Tempo an, und als wir an eine Ampel kamen, rief er mir zu: »Bin ich zu schnell?« Kaum waren wir wieder auf offener Straße, da drehte ich meine T-3 auf und zog an ihm vorbei. Kurze Zeit später war er im Rückspiegel nicht mehr zu sehen. Ich fuhr also langsamer, hielt auf dem Seitenstreifen und wartete auf ihn. Er kam heran und hielt an. Ich lachte und fragte ihn: »Bin ich zu schnell?« Er vergaß diesen Vorfall nie und erzählte seinen Freunden, Guzzis sollte man lieber aus dem Weg gehen, sie seien verdammt schnell. (Charlie Pinheiro, Hendersonville, North Carolina, »Letters from Charlie«)

Ich erinnere mich an einen Vorfall in Ruidoso, New Mexico. Dan und seine Frau Cynthia fuhren von Las Cruces zum Golden Aspen Motorradtreffen. Es waren nur vier Guzzis angemeldet, und zwei davon gehörten Dan und Cynthia. Einer der Guzzi-Fahrer hatte Pech mit seinem Vergaser-Banjo und ruinierte es hoffnungslos. Dan besorgte sich aus Cynthias Bike ein Banjo. Damit ein Guzzi-Freund nicht unnötig lange darauf warten mußte, daß Ersatzteile herangeschafft wurden, wollte er die mehrstündige Fahrt nach Las Cruces machen, ein Banjo holen und rechtzeitig vor Ende der Rallye zurückkehren. Doch ein Unglück kommt selten allein, denn als der vom Pech verfolgte Guzzi-Fahrer das Teil einbaute, ging auch dieses kaputt. Dan regte sich nicht weiter auf; er holte einfach ein neues Banjo aus der Maschine und baute es selbst ein. Dann fuhr er die ganze Strecke bis nach Hause und besorgte die nötigen Teile, damit er Cynthias Bike wieder zum Fahren bringen konnte. (Dave Shultz, Ruidoso, New Mexico)

Abgesehen von den Briefen meiner Kinder ist die »News« die einzige Post, auf die ich mich freue. (A. R. Newman, Port Hadlock, Washington)

Zum Glück gibt es den 2. Januar nur einmal im Jahr. In diesem Jahr, also 1995, stand er für meinen 46. Geburtstag. Nicht gerade ein Grund zum Feiern, aber zugleich trat ich an diesem Tag zum 30. Mal meine Geburtstagsfahrt auf dem Motorrad an. Begonnen hat diese Tradition in Cleveland, Ohio, auf der

Vespa meines Bruders. Er war in Korea und hatte sie netterweise dagelassen, und deshalb nahm ich an, ich dürfte sie fahren. Meiner Familie erzählte ich einfach, Jim hätte sie mir geschenkt. Und sie glaubten mir, warum, weiß ich heute noch nicht. Also schwang ich mich auf das häßliche Ding und fuhr, bis mir die Finger steifgefroren waren. Es war ein Fest.

Im Laufe der Zeit habe ich BMWs, BSAs, Triumphs, Harleys, Suzukis und Hondas besessen. Wenn meine eigenen Maschinen streikten oder magere Zeiten angebrochen waren, in denen ich mir kein Motorrad leisten konnte (hoffentlich nie wieder), fuhr ich die Yamahas, Harleys und Kawasakis meiner Freunde. Mal bei Regen und Schnee, durch Matsch und Dreck, mal im strahlenden Sonnenschein. Mal herrschten minus achtzehn, mal um die zwanzig Grad. Ich fuhr, wenn ich gesund war, wie ein Stier, aber auch, als ich kurz vorm Abnippeln stand. 1987 unternahm ich meine Geburtstagsfahrt auf meiner R65. Ich war gerade am Herzen operiert und erst wenige Wochen zuvor aus dem Krankenhaus entlassen worden. Zwar habe ich nie wieder so starke Schmerzen auf einer Fahrt gelitten, doch zugleich gab sie mir auch neuen Mut. Ich wußte, ich war am Leben, und das machte mich glücklich wie nie zuvor. Meine Geburtstagsfahrt führte mich entweder kurz um den Block (während eines Schneesturms, als man keine drei Meter weit sehen konnte) oder mehrere hundert furchteinflößende Meilen in die schneebedeckten Berge des nördlichen Iran, durch Kälte und auf rutschigen Straßen.

Hinten auf meinen Helm habe ich einen Sticker, auf dem geschrieben steht: »Das Motorrad ist mein Lebensretter.« Möge es noch oft so sein! (Ray Hale, Gainesville, Florida)

Das Flugzeug rollt auf die Startbahn und beschleunigt so stark, daß ich in den Sitz gedrückt werde. Für mich ist damit der unausweichliche Augenblick gekommen, an dem ich am Höllentor stehe. Ich schalte meinen Walkman ein und lasse eine Kassette mit Glenn Goulds Interpretation von Bachs

Goldberg Variationen abspielen. Die Aufnahmetechniker hatten offensichtlich Probleme, Goulds Luftholen und sein unbewußtes Summen aus der Musik herauszulöschen, und es ist der abgehackte Atem eines Menschen, der das Flugzeug in der Luft hält.

Aber auch Lucs Hand, an der ich mich so festklammere, daß sie weiß wird. So würden wir nicht in die schwarzen Fluten des Atlantik stürzen, obwohl ich das eigentlich gar nicht wissen konnte. Ich hockte die ganze Nacht auf meinem engen Sitz, während die anderen unter den blauen Decken der KLM schlummerten. Zwar war ich müde, weil ich die letzte Woche kaum geschlafen hatte, doch da es ständig auf der Kippe stand, daß sich meine Übelkeit in körperlichen Manifestationen äußerte, machte ich die ganze Nacht kein Auge zu. Wie ein Mantra sagte ich mir immer wieder vor: »Da ist die Tüte. Die kannst du nehmen, wenn es nötig ist. Da ist die Tüte.« Doch leider tat mir meine Angst nicht den Gefallen, sich auf diese deplazierte Weise zu entladen. Und die Stewardeß konnte mir weder mit Pfefferminztee noch mit Maaloxan dienen. Sieben Stunden verbrachte ich erstarrt in Übelkeit.

Irgendwann landeten wir in Amsterdam. Komischerweise war der kurze Hüpfer nach Brüssel dann nur noch ein Vergnügen; ich verspürte nicht die geringste Angst, sondern nur eine angenehme Vorfreude. Wir ließen uns nach Lüttich fahren, wo wir die folgenden Monate verbringen wollten. Ich hatte lediglich eine Reisetasche mit meiner Motorradkombi und die Telefonnummern des amerikanischen Vertreters des Moto Guzzi National Owners Club in Deutschland, David Smith, und die eines holländischen Guzzi-Fans namens Ivar de Gier dabei. Während sich mein Mann in die Recherchen zu einem Buch über sein Geburtsland vertiefte, wollte ich mir eine Maschine kaufen und damit ein paar Monate durch Europa fahren. Zwar hatte ich nicht die geringste Vorstellung, auf was ich mich da einließ, doch hielt ich mir immer wieder vor, daß dieser Zustand die Essenz des Reisens bedeutete.

(Offensichtlich hatte ich mich irgendwann, als ich nicht aufpaßte, von dem Mädchen, das nicht schnell genug in die Achterbahn steigen kann, in eine Person verwandelt, die fürchtet, sie könnte jeden Augenblick in sich zusammenkrachen.)

Undenkbar, daß ich mich anders als auf einem Bike der Geburtsstätte des Motorrads oder dem segensreichen Dunstkreis von Mandello del Lario – meiner persönlichen Variante von Lourdes – näherte. Aber die Kosten für eine Leihmaschine oder den Transport meines eigenen Bikes über den Atlantik überstiegen meine Möglichkeiten. Also hatte ich einen Sprung ins Ungewisse getan und mich der Gnade Fremder ausgeliefert: Ich wollte mir eine Maschine kaufen, sie in fahrtüchtigem Zustand halten, ohne sie mir stehlen zu lassen, und sie vor meiner Abreise wieder verkaufen.

Das stelle man sich mal vor: Du schreibst einen Brief an einen bis dahin unbekannten Menschen in einem Ort in Holland, den man nicht mal auf der Landkarte findet, und für deine Investition von einem Blatt Papier und Briefmarken im Wert von fünfundvierzig Cents erhältst du mehr als sechs Seiten Antwort – säuberlich getippt, in fast fehlerfreiem Englisch, von einem Absender, der zehn, elf Sprachen, darunter Gälisch, spricht. Darin macht er dir das Angebot, dich zu einem holländischen Motorradhändler zu begleiten, für deine Fahrkenntnisse zu bürgen, obwohl er sie nicht kennt, und dich für die Dauer der Transaktion zu beherbergen – notfalls bei seinen Eltern, wenn dein Moralempfinden das verlangt.

Ob andere ähnlich gehandelt hätten, weiß ich nicht. Ivar de Giers Namen hatte ich mir einfach aus den Guzzi-Club-News herausgepickt. Allerdings sollte David Smith de Giers Großzügigkeit noch überbieten.

Für die, wie wir meinten, ein oder zwei Nächte hatten sich Luc und ich im Holiday Inn von Lüttich ein Zimmer genommen. Aber dann warteten wir die längste Woche unseres Lebens, bis die Vormieter die von uns reservierte Wohnung räumten. In den ersten Tagen schlenderte ich durch die Stadt und dachte mit wachsendem Grauen an mein bevorstehendes Debüt auf Europas Straßen. All die kleinen Autos, die dahindüsten und immer gleich hielten, wenn ein Fußgänger an einer Kreuzung unvermutet auf die Straße trat, die sich zwischen rasenden Rollern, zweistöckigen Bussen, Fahrrädern in die Spur einreihten und aus ihr ausscherten. Und stets schien alles mühelos dahinzufließen. Straßen wanden sich und lösten sich plötzlich auf, die Kreuzungen waren gespickt mit rätselhaften Schildern, und Straßen mit Gegenverkehr hatten einen unterbrochenen Mittelstreifen, der für mich immer auf mehrspurige Einbahnstraßen hingewiesen hatte. Ich sah viele Motorräder unterwegs, doch nie irgendwo geparkte. Wohin verschwanden sie alle? Und wo sollte ich meins abstellen, wenn ich eins hatte?

Doch trotz all meiner Ängste hatte ich den Stein ins Rollen gebracht und war nun – optimal für mich – gezwungen, meine Erfahrungen im praktischen Tun zu sammeln. Ich sah mir die beiden Hilfsangebote genau an und entschied mich dann nicht für das Ivar de Giers, sondern für das von David Smith. David wollte am Wochenende aus Deutschland kommen und mich abholen, damit ich mir eine Maschine ansehen konnte, die in der Nähe seines Wohnorts zum Verkauf stand.

Ich trat in die schummrige Bar des Holiday Inn und blieb einen Augenblick stehen, bis sich meine Augen an das Dämmerlicht gewöhnt hatten. Inmitten der ein paar Dutzend Männer gab es nur einen, der David Smith sein konnte. Der mit den Guzzi-Hosenträgern, der Lederweste mit dem Sticker in Form des Motorblocks einer Ambassador und den schwarzen Lederhosen in kniehohen Stiefeln, mit grün-weiß-rot-gestreiften Schienbeinprotektoren von der Größe eines Buttertellers.

David Smith hatte siebenundzwanzig Jahre in Deutschland, Vietnam, Saudi-Arabien und wieder Deutschland bei der US-Armee gedient. Demnächst, solange er noch jung genug war, um ihn zu genießen, wollte er seinen Abschied nehmen. Sein graumeliertes Haar, das jahrelang einem strengen Reglement unterworfen war, durfte nun wachsen und fiel ihm auf die Schultern, wenn er es nicht zurückband. Alles in allem hatte er mit seinem dreieckigen Kinnbart und dem Schnauzer auf der Oberlippe eine gewisse Ähnlichkeit mit General Custer.

David wohnt in einem kleinen Ort in der Nähe des Luftwaffenstützpunkts Ramstein in einer Etagenwohnung, und seine deutsche Frau arbeitet in dem Kaufhaus der Basis als Schuhverkäuferin. In seiner Wohnung befindet sich die europäische Zentrale des Moto Guzzi National Owners Club, und obwohl sich Holländer, Engländer, Italiener, Luxemburger, Franzosen und Deutsche immer noch als eigenständige Nationen empfinden, gefällt ihnen die irreführende Bezeichnung des Clubs. Auf der Ehrenmitgliedkarte, die David mir ausstellte – Nummer 295 –, steht das Motto: »Vereint stehen wir dafür ein, anderen Guzzi-Fahrern zu helfen.« Smith, der Präsident oder eigentlich eher König der europäischen Sektion, geht mit gutem Beispiel voran. Die Fahrt auf seiner Maschine nach Lüttich hatte fast vier Stunden gedauert. Am nächsten Morgen standen wir um halb sechs auf, verzehrten in der Parkgarage des Holiday Inn im Stehen das Brot und den Käse, die er vorsorglich mitgebracht hatte, und fuhren auf seiner SPIII (einer neuen Tourenmaschine mit 1000 Kubik) nach Deutschland. Dort machten wir mit der Guzzi 650, die er für mich anvisiert hatte, eine Probefahrt, fuhren zu ihm nach Hause, tauschten die SP gegen sein Auto ein, und kehrten zurück nach Belgien. Anstatt die angebotene Übernachtungsmöglichkeit anzunehmen, machte er sich wieder auf den Weg nach Deutschland – alles in allem 1250 Kilometer an einem Tag, für mich eine bemerkenswerte Strecke, doch nicht ungewöhnlich für einen Mann, der, wie sich herausstellte, an einem ernstlichen Meilenfressertick litt. Und für diesen Gewaltakt erwartete er keinen anderen Lohn, als daß ich für meine Reise durch Europa eine nette Maschine fand.

Das erste Mal ist immer etwas ganz Besonderes. Und deshalb sind wir auch stets auf der Suche nach einem weiteren ersten Mal. Wenn etwas neu ist, kommt es dir vor, als seien dir Augen und Geruchssinn zurückgegeben. Welch ein wunderbares Abenteuer, in einem fremden Land auf dem Markt Butter zu kaufen oder zu erkunden, wie eine Münzwäscherei funktioniert. Ich entdecke mir unbekannte Rituale. Eine bestimmte Biersorte verlangt nach bestimmten Beilagen, wie in Selleriesalz getauchte Käsewürfel oder kleine Salzbrezeln. Wenn du einen Kaffee bestellst, kannst du sicher sein, daß auf der Untertasse ein Keks oder ein Stück Schokolade liegt. Der Kühlschrank in unserer Wohnung mit Blick auf die Maas und ihre Lastkähne gibt etwa alle halbe Stunde einen Ton von sich, der sich anhört wie die weiche Landung eines Raumschiffs in den Science-Fiction-Filmen der fünfziger Jahre.

Unzählige Male zuvor war ich mit dem Motorrad auf der Autobahn gefahren, doch in Europa war es wieder das erste Mal. Da die Landschaft in Deutschland so vertraut wirkt wie eine Mischung aus Vermont und Ohio, wurde ich immer wieder eingelullt, bis irgendwann eine Stimme, die ich als meine eigene erkannte, zu mir sagte: »Du bist in Deutschland!« Dann lief mir ein Schauer über den Rücken.

Ich hatte ein Bündel Banknoten geholt, meine Motorradkombi zusammengepackt und war unter mehrfachem Umsteigen mit dem Zug nach Kaiserslautern gefahren. Am Bahnhof wurde ich von David erwartet. Ursprünglich wollte er mit mir zum Stützpunkt fahren, dort mein Geld wechseln und mich die Nacht über in seiner Wohnung unterbringen. Am nächsten Tag würden wir die V65 abholen, anmelden und versichern. Doch David sah finster aus, als ich ankam. Seine Frau hatte sich in den Kopf gesetzt, wir hätten ein Verhältnis, und wollte mich nicht in der Wohnung haben. Ihm machte das mehr zu schaffen als mir, und während er sich immer wieder entschuldigte, fuhren wir mit dem Auto durch die Gegend, um für mich nach einem akzeptablen Zimmer zu suchen.

David übernahm die Verhandlungen in der Pension, denn ohne Deutschkenntnisse stand ich Geschäften in diesem Land reichlich unvorbereitet gegenüber. Das sollte ich noch bereuen, vor allem, als ich mich am folgenden Tag während eines Schneegestöbers verlief. Als ich in der Kleinstadt nach dem Weg fragen oder zumindest einen Passanten dazu bringen wollte, daß er in meine Richtung sah, fiel mir nur ein Wort ein, ein Relikt aus den alten Kriegsfilmen in meiner Kindheit: *Bitte, bitte ...*

Da hatten wir's. Es war früher Abend, und ich irrte mutterseelenallein in der Gegend von Kaiserslautern umher.

Ich ging die eine Straßenseite bis zum Ortsende und kehrte auf der anderen wieder zurück. Niemand war unterwegs. Ich, die ich sonst nach Möglichkeit jeder Begegnung auswich, wäre nun plötzlich dankbar für einen Menschen gewesen. Ich sah mich nach einer Telefonzelle um. Praktisch alle paar Häuser fand ich einen Bonbon- oder Kaugummiautomaten, doch nirgendwo ein Telefon. Dann entdeckte ich ein rotes Häuschen und lief erwartungsvoll darauf zu. Seltsamerweise stand es in einem Vorgarten. Schließlich wurde mir klar, daß es sich um eine abgebaute englische Telefonzelle handelte, die einem Liebhaber als Gartenschmuck diente.

In der Vorhalle meiner Pension gab es zwar keine Telefonzelle, dafür aber einen Zigarettenautomaten. Ich ließ fünf Mark für eine Packung springen und hatte damit mein Abendessen. Dann stieg ich langsam die knarzenden Stufen zu meinem engen Zimmer mit der ausgeleierten Matratze und lediglich einem Waschbecken hinauf. Ich legte mich hin und widmete mich einer Ausgabe der *Stars and Stripes,* die ich David abgeschwatzt hatte, weil ich etwas zum Lesen brauchte. Nach zehn Minuten hatte ich sie durch. Also holte ich mein Reisetagebuch hervor und machte meinen Eintrag. Dann nahm ich eine Advil. Ich sah auf die Uhr und fragte mich, wie ich hier wohl schlafen sollte. Rätselhafte Geräusche drangen durch die dünnen Wände: dumpfe Schläge, das Klappern von Schlüssseln beim Auf- und Zuschließen, Schritte auf der Treppe nach oben, Schritte nach unten und dann wieder das Auf- und Zuschließen. Irgendwann schlief ich ein, wurde jedoch mehrmals von Poltern und gedämpftem Lachen geweckt. Es war eine Pension, in der sich die Angehörigen des Stützpunkts mit ihren Freundinnen trafen.

Die Bürokratie in Deutschland ist wohl einzigartig auf der Welt. Die Beamtin, der David meinen Antrag auf Zulassung einer Maschine zur Ausfuhr vorlegte, erwies sich als nicht besonders kooperativ. Sie bedachte uns lediglich immer wieder mit einem aggressiven, verzweifelten kleinen Lächeln, und die Proteste ihres Vorgesetzten in der benachbarten Box, der uns die Papiere lieber gestern als heute gegeben hätte, beeindruckten sie nicht im geringsten. Während der mehrstündigen Prozedur wurden wir in die verschiedensten Zimmer und Gebäude geschickt, um all die launischen Götter zu besänftigen, die über die Amtsstuben herrschten. Schließlich teilte man mir mit, ich müßte Deutschland mit der Maschine noch am gleichen Tag verlassen und dürfte nicht wieder damit einreisen.

David begleitete mich die paar Kilometer bis zur Autobahn. Als er abstieg und ich an der winkenden Gestalt vorbeifuhr, wurde ich von einer seltsamen Mischung aus Beklommenheit und Erregung erfaßt, als ob ich mit meinen bescheidenen Fahrkünsten vor einer schwarz klassifizierten Skipiste stünde. Aber zumindest konnte ich mich auf meine Praxis verlassen, die Spur flüssig zu wechseln und stets den rasch dahinfließenden Verkehr vor und hinter mir im Auge zu haben. Ich wollte den Motor dieser V65 aus dem Baujahr 1984 (eigentlich eine aufgezäumte V50) gut pflegen, damit ich beim späteren Verkauf so viel wie möglich damit erzielte, und 120 Stundenkilometer erschienen mir als angemessene Reisegeschwindigkeit. Ich sah in den Rückspiegel; die Straße war frei. Kaum hatte ich den Blick wieder nach vorne gewandt, da schoß ein Mercedes an mir vorbei, und genauso schnell war er auch wieder verschwunden.

Der Himmel über mir war grauschwarz, nur im Nordwesten, in meiner Fahrtrichtung, zeigten sich über dem Horizont Streifen von Blau. Nachdem ich die Autobahn verlassen hatte, setzte ich meine Fahrt unter einem grauen Wattehimmel fort. Vor mir zockelte auf der zweispurigen Straße ein Lkw dahin, und hinter mir fuhr ein Saab, der mir fast schon den Hinterreifen küßte. Blitze zuckten in zerfetzer Linie zu Boden, gefolgt von lautem Krachen, das von den Feldern zu meiner Linken widerhallte. Auf meinem Visier sammelten sich Flekken, die das Licht einfingen und die sich zu einem undurchsichtigen Film schlossen. Gleich darauf spürte ich sie auch auf meinen Handschuhen, und plötzlich stachen sie durchs Leder. Die Straße wirkte wie von einer Schicht überzogen. Bei den nadelfeinen Schlägen, die auf meine Kombi trafen, wurde mir klar, daß es nicht regnete, sondern hagelte. Hätte ich eine Schulter zum Anlehnen gehabt, hätte ich angehalten, und wäre da nicht dieser hartnäckige Saab gewesen, hätte ich meine Geschwindigkeit gedrosselt. So aber blieb mir nichts anderes übrig, als im aufgezwungenen Tempo weiterzufahren und mich nicht mit der müßigen Spekulation abzugeben, was ich tun sollte, wenn das Eis auf dem Asphalt liegenblieb. Das erste Mal ist immer etwas Besonderes.

Anders als die Amerikaner fühlen sich die Europäer nicht bemüßigt, alles möglichst groß zu machen. Amerikas schwerfällige, überdimensionale Autos werden gemeinhin damit erklärt, daß sie vergleichsweise lange Strecken überwinden müssen und daß die Vereinigten Staaten über beträchtliche Ölvorräte gebieten. Wenn man bedenkt, daß eine Tankfüllung in Europa an die sechzig Dollar kostet, wäre es eigentlich sogar billiger, die Autos mit Rotwein fahren zu lassen. Ich aber glaube, man baut in Europa auch deshalb so kleine Autos – und gesteht Motorrädern einen privilegierten Status zu –, weil man nicht einfach nur ankommen, sondern sein Ziel möglichst schnell erreichen will. Dies illustriert auch ein Blick auf den Verkehr in Europa oder das Design gewisser italienischer und deutscher Autos: Sie möchten nicht gemächlich dahinrollen, sie möchten Tempo. Und sie wollen nicht angeben, es sei denn damit, mit 170 Stundenkilometern ertappt zu werden. Sinnlos im Auto umherzufahren, ist hier kein Zeitvertreib wie in den USA, und in den mittelgroßen Städten gibt es weniger Staus, ganz einfach, weil man nicht fünfmal abbiegen und die gesamte Straße blockieren muß, um rückwärts einzuparken. Man darf auf dem Nürburgring gegen Bezahlung seine Runden drehen, und fast jeder nutzt diese Gelegenheit: Autos, Motorräder, selbst Busse und Lieferwagen. »Die Deutschen sind verrückt«, sagte ein Belgier. »Jedes Wochenende kommt dort jemand ums Leben.«

Im Klartext: Mir fallen vorwiegend, aber nicht ausschließlich, italienische Motorräder auf, weil mein erstes Motorrad ein italienisches war. Ähnlich ist es mit Border Collies, die ich liebe, weil mein Hund zu dieser Rasse gehört. Border Collies und ihre ganz besonderen Ticks faszinieren mich, und ich würde meilenweit laufen, um einem Border Collie zuzusehen. Ich bin inzwischen ein Kenner der Rasse, und obwohl sie tatsächlich über die von mir bewunderten Eigenschaften verfügt, steht eines außer Zweifel: Hätte man mir damals im Tierheim einen Labrador Retriever aus dem Zwinger geholt, könnte ich mich genauso ausführlich über die erstaunlichen Talente von Retrievern auslassen.

Da man in meiner Familie jede technische Transaktion, die über das Auswechseln einer Glühbirne hinausgeht, als Aufgabe von Experten angesehen hat, beruht meine Liebe zu Motorrädern nicht allein auf all den Produkten der Ingenieurskunst, die andere zu wahren Begeisterungsausbrüchen hinreißen. Und obwohl ich diese technikinteressierten Menschen mit einer Mischung aus Neid und faszinierter Befremdung bestaune, weil sie sich furchtlos über eine Explosionszeichnung beugen, weil sie offenbar über hellseherische Fähigkeiten verfügen und immer den richtigen Schraubenschlüssel dabeihaben (wo ist die Susan Sontag, die einen Artikel über die Erotik der perfekt ausgestatten Werkzeugtasche schreibt), entzündet sich meine Bewunderung eher am Äußeren.

Aus diesem Grunde wirken einige der heutigen japanischen Rennröhren auf mich auch eher wie den Power Rangers entsprungen, als daß sie mein ästhetisches Empfinden befriedigen. Zudem erinnern sie mich dunkel an meine diffuse Angst vor Spielzeugrobotern in meiner Kindheit. Der Ausgangspunkt für ihr Design ist offensichtlich eine Comic-Figur aus den fünfziger Jahren. Die Mammuttanks, an denen sich die Fahrer festklammern wie Münchhausen auf der Kanonenkugel, die unmöglichen breiten Hinterreifen wecken Assoziationen an einen Anblick, den ich schon immer verabscheut habe – an die aufgeblasenen, schwerfälligen Anhänger des Body-Building. Die Japaner zu fahren, macht allerdings verdammt viel Spaß!

In den italienischen Maschinen hingegen manifestieren sich meiner Meinung nach Nationaleigenschaften wie außergewöhnliche Sinnlichkeit, dickköpfige Sturheit und die Liebe zur eleganten, ja erotischen Linienführung, Eigenschaften, die der gleichen dunklen Quelle entstammen, die auch auf anderen Gebieten die Welt bereichert hat: in der Architektur, Bildhauerei, Malerei, beim Essen, bei den Möbeln und in der Mode. Allerdings haben sich in Italien auch Betrug und Bestechung etabliert – aber wer will schon Vollkommenheit?

Genau das ist es, was dem Fan an einer Moto Guzzi so gefällt. »Sie hat Charakter«, heißt es gemeinhin; eine elegante Umschreibung für: »Sie ist streitsüchtig.« Doch wenn das alles wäre, würden Guzzis nicht noch zwanzig, dreißig Jahre nach ihrer Geburt über die Straßen rollen, sondern in einem Schuppen vor sich hinrosten. Sie sind wie wir – dankbar für die außerordentlichsten Verbesserungen, doch niemals vollkommen, voller Triebkraft und Kampfgeist, in hohem Grade pflegebedürftig, doch stets bereit, sich für die Investition voll und ganz zu revanchieren. Wenn man ein Motorrad als ein Gerät definiert, auf dem man von einem Ort zum anderen fährt, dann ist eine Guzzi kein Motorrad.

Guzzis faszinieren den Mittelschichtfahrer, der nicht unbedingt Rennen fahren will, doch stets auf seiner Individualität beharrt. Die vielen Macken sorgen dafür, daß du immer wieder jemanden brauchst, und durch die relativ übersichtliche Zahl der Fangemeinde ist dafür gesorgt, daß jeder von uns irgendwann so ein Jemand ist. Ihre Fahrer sind auf Touren ausgerichtet, und »Touren« heißt »Billionen Meilen«. Guzzis locken Tüftler, für die gut nie gut genug ist, für die die notwendige Wartung eine Quelle geheimer Lust darstellt, und die einen ausgebildeten Mechaniker für eine Figur aus dem Märchenbuch halten. Bei ihnen gibt es keine Verkleidung, die die Innereien wie etwas Ekliges verbirgt, denn das Innere ist das Äußere, der Motor ist der wahre Kern und die Schönheit und ihr Siegel. Eine Guzzi vermittelt ihrem Besitzer das stolze Gefühl, anders zu sein. Und weil die Welt von einer Welle zunehmender Konformität überschwemmt wird, halten diese Leute nur noch fester zusammen.

»Die Ökonomie des Energiezeitalters hat den Handwerker durch die spezialisierte Maschine und das Fließband ersetzt und viele qualifizierte Arbeiter in Maschinenwärter verwandelt, mit dem Ergebnis, daß der Schwerpunkt nicht mehr auf Qualität, sondern auf Masse liegt. Der durchschnittliche Arbeiter in der Stadt wird aufgefordert, seinen Lohn oder sein Gehalt als Ersatz für den Stolz auf seine Arbeit und für die Befriedigung über die Beherrschung von Werkzeug und Material zu akzeptieren.« Diese Sätze aus dem in Großbritannien 1954 veröffentlichten Buch *Living the Good Life* illustrieren, was Helen und Scott Nearing zu ihrem Experiment bewogen hat. Sie lebten autark; Unterkunft und Nahrung waren fast ausschließlich das Produkt ihrer eigenen Hände Arbeit. Doch genausogut erklären sie, warum die Leute Motorräder wie Mo-

Guzzis lieben. Guzzis heilen unsere Krankheiten, entschädigen uns für das, was uns von unseren Fähigkeiten entfremdet. Sie verlangen vom einzelnen, daß er Material und Werkzeug beherrscht, so wie sie selbst ein Werkzeug sind, mit dem wir das Empfinden korrigieren, auf die eine oder andere Art zu Maschinenführern geworden zu sein.

Es gibt kaum etwas, was den Stolz auf handwerkliche Fähigkeiten mehr bestärkt als ein Motorrad, das nach Geschmack und Vorstellung seines Besitzers so verändert wurde, daß es praktisch ein Einzelstück darstellt. An diesen einzigartigen Bikes gibt es keinen Bolzen, keinen Schlauch, kein Zahnrad, die nicht geprüft, ersetzt oder nachgebaut wurden. Zum Teil beruht diese Sorgfalt auf der Tatsache, daß der Besitzer der zukünftigen Neuschöpfung – anders als bei ähnlich zeitaufwendigen Hobbys wie Gartenarbeit oder Stricken – sein Leben anvertraut. Doch mit dem Sicherheitsbedürfnis allein läßt sich der Impuls, ein Motorrad umzubauen, nicht erklären. Vielleicht entdecken die Wissenschaftler – deren Auftrag es scheint, unsere Sorgen mit einfachen, vorhersehbaren Erklärungen für die Übel der Welt zu beschwichtigen – demnächst ja ein Gen, das für das menschliche Bedürfnis zuständig ist, Dinge mit den Händen zu erschaffen. Während wir in der westlichen Welt immer seltener dazu gezwungen sind, vermittelt ein Motorrad seinem Besitzer diese stille Befriedigung, die nur entsteht, wenn man den Kreislauf von Ausprobieren, Mißlingen, froher Erwartung und Erfolg von vorn bis hinten durchlaufen hat.

Wie sich zufällig herausstellte, kaufte ich mit meiner Moto Guzzi nicht nur ein schnelles, hübsches Motorrad mit einem Jahr Garantie auf Teile und Verarbeitung. Ich erwarb mir zugleich Tausende von Freunden.

Jeder Besitzer einer Moto Guzzi in Europa könnte den Weg nach Mandello del Lario mit geschlossenen Augen fahren. David Smith legt die Strecke mehrmals im Jahr zurück, und das wohl nicht nur, um Ersatzteile zu kaufen – obwohl er in den

Vereinigten Staaten eine Sammlung reparaturbedürftiger älterer Modelle in der Garage hat, die er bei seinen Heimatbesuchen fährt. Da er jedoch erst eine Woche vor meinem geplanten Reisetermin dort gewesen war, mußte er mir für diesen Ausflug von mehreren hundert Kilometern wohl oder übel eine Absage erteilen. Statt dessen gab er mir den Namen des Leiters des Moto Guzzi Clubs in Belgien. So fuhr ich nach Antwerpen, um mit seiner Gruppe an einem Treffen teilzunehmen und Luc van Vossel kennenzulernen.

Luc VV – oder passenderweise V-Twin (= Doppel-V), obwohl ich ihn Luc der Zweite nenne – ist nach eigenen Worten »ein kleiner Beamter« bei der belgischen Eisenbahn. Zwar spricht er fließend Holländisch, Französisch und Englisch, doch er hat die Universität nicht abgeschlossen. Sein bescheidenes Gehalt reicht für eine bescheidene Wohnung und hin und wieder eine Langspielplatte, den Rest opfert er den Guzzi-Göttern. Soweit es seine Brieftasche erlaubt, besucht er Treffen in ganz Europa, und er zählt sich zum inneren Kreis, für den »die Moto Guzzi mehr ist als nur ein Bike in der Garage. Sie verschlingt fast unsere ganze Freizeit. Wir fahren sogar den einen Tag tausend Kilometer zu einem Biker-Treffen und zwei Tage später tausend Kilometer zurück.«

»Luc II.«, ein Schlawiner mit wuscheligem, blondem Haar, einem Stakkatolachen, Faible für guten Wein und Zähnen, die unbedingt einer ärztlichen Behandlung bedurften, führte die Gruppe von etwa dreißig Bikern an. Er hatte die Fünfundsiebzig-Kilometer-Route an einem kalten Wintertag sorgfältig geplant. Vorbei an der dunstverhangenen grünen flämischen Landschaft, an Kanälen und Windmühlen, alten Steinscheunen und grasenden Pferden zogen wir in einem V dahin. Keiner scherte aus, keiner testete die Seitenwände der Reifen, und wir beschränkten uns auf eine gemächliche Geschwindigkeit. Vor mir blinkten zwölf Blinker im Gleichtakt, wenn wir abbogen, und im Rückspiegel sah ich noch viele weitere Scheinwerfer. Es gab Cruiser wie die Californias mit Fahrer und Sozia, ein paar Gespanne und Kinder, die auf Vaters Rücken getragen wurden. Beim Frühstück vor der Fahrt hatte ich mich mit einer jungen Frau namens Ines unterhalten, die als Sozia bei ihrem Mann auf der BMW K1 saß (ihm gehörte außerdem noch eine Guzzi). Sie hatte nicht nur eine 750er Kawasaki Zephyr zu Hause, sondern auch ein Baby. Sie erzählte mir, sie sei bis etwa zur Hälfte der Schwangerschaft Motorrad gefahren und habe es dann ohne weiteres Nachdenken aufgegeben – für immer, wie sie ganz selbstverständlich glaubte. Doch als ihr Baby mehrere Monate alt war, überkam sie plötzlich ein glasklarer Gedanke: Ein Kind zu kriegen, muß doch nicht heißen, daß man auf sein ganzes früheres Leben verzichtet. Und da ein wesentlicher, ein angenehmer Teil ihres Lebens im Motorradfahren bestanden hatte, meinte sie, sie sei es sich selbst und in Verlängerung auch ihrem Baby schuldig, wieder zu fahren. Ihre Eltern sprangen bereitwilligst als Babysitter ein. Sie überlegte bereits, sich einen Beiwagen anzuschaffen – eine Möglichkeit, für die sich viele junge Familien in Europa entscheiden –, denn er ist wie gemacht für einen Kindersitz.

Nach der Fahrt gingen wir gemeinsam in ein Café, das wir ganz mit Beschlag belegten. Dort eröffnete mir Luc II., daß er mich gern nach Mandello begleiten würde. Er würde mit mir nach Lüttich zurückkehren und bei uns übernachten. Dann könnten wir am frühen Morgen aufbrechen, von Belgien nach Luxemburg fahren (wo wir unbedingt noch einmal tanken müßten, weil der Sprit dort billiger war), Frankreich, Deutschland (zur Hölle mit dem Einreiseverbot in meinen Fahrzeugpapieren), die Schweiz durchqueren und noch am Abend am Comer See in Norditalien eintreffen.

Mein Wecker klingelte um 5 Uhr morgens. Ich huschte auf Zehenspitzen in die Küche, damit Luc II. auf der Wohnzimmercouch noch eine halbe Stunde länger schlafen konnte. Ich setzte das Kaffeewasser auf, sah aus unserem Fenster im vierten Stock auf einen Lastkahn, der mit seiner dunklen Fracht leise auf der Maas dahintrieb, und ging dann ins Bad. In der

Badewanne saß eine Spinne, die immer wieder anfing, an der glatten Emailwand hochzuklettern, bevor sie abrutschte und ihren Sisyphusaufstieg aufs neue in Angriff nahm. Zum einen widerstrebt es mir grundsätzlich, ein Lebewesen zu töten, wenn es nicht unbedingt nötig ist, so ungern ich meine Morgentoilette auch im Beisein des Langbeiners verrichtete. Doch besonders heikel bin ich bei Omen, und eine Spinne zu töten ist eines der schlechtesten. Vor einer Fahrt müssen alle Talismane an ihrem Platz sein: Meine Armbanduhr am rechten Handgelenk, auf dem kleinen Finger der rechten Hand der Ring, den meine Mutter zum College-Abschluß bekommen und den sie mir bei der Abschlußfeier vom gleichen College geschenkt hatte, der alte Lippenstift und der zerknitterte Dollarschein in der Jackentasche. Leider weiß ich auch, daß es nichts nützt – schließlich gibt es keinen Gott, der unser Universum lenkt –, doch bisher hat es immer gewirkt. Warum also schlafende Hunde wecken?

Vorsichtig nahm ich die Spinne hoch und setzte sie hinter dem Heizkörper ab. Ich drehte die Hähne auf und eilte in die Küche, um den pfeifenden Wasserkessel von der Flamme zu nehmen. Als der Kaffee durch den Filter lief, kehrte ich ins Badezimmer zurück. Die Spinne schwamm auf dem Wasser und war reif für die letzte Ölung.

Eine Stunde später gingen wir in meine Garage, in der Lucs brandneue, knallrote 1000er Le Mans neben meiner V65 abgestellt war. Als ich die Tür öffnete, sah ich schon beim ersten Blick in dem schummrigen Raum, daß nicht alles so war, wie wir es am Abend zuvor zurückgelassen hatten. »Sieh mal, Luc«, sagte ich, »da hat jemand dein Motorrad umgestellt.«

Nicht nur umgestellt. Mit dem Auto umgefahren, wieder aufgerichtet und dann einen Zettel zurückgelassen. »Ihr Motorrad war so ungünstig geparkt, daß ich meinen Wagen nicht manövrieren konnte. Tut mir leid, es ist mir umgefallen«, stand in Französisch darauf.

Die Le Mans war auf der rechten Seite aufgeschlagen, der Zündkerzenstecker samt Kerze und der Blinker zerbrochen.

Wir hatten die Fahrt auf dreizehn Stunden veranschlagt, die sich nun weit in den Tag hinein verschieben würden. Augenblicklich blieb uns nichts anderes übrig, als zu warten, bis das Geschäft öffnete, wo wir einen Zündkerzenstecker kaufen konnten. Der Blinker sollte zusammengeflickt und später repariert werden.

Luc gab sich gefaßt und meinte, es hätte schlimmer kommen können – was es natürlich immer kann –, doch im Grunde war er wütend und bestürzt. Zwar betonte er gern seine pazifistische Einstellung, doch für diesen Kerl hätte er wohl gern eine Ausnahme gemacht.

Um neun Uhr fanden wir uns in der Werkstatt des örtlichen Italienerhändlers ein, um die Ersatzteile zu kaufen. Es dauerte eine Weile, bis wir sie eingebaut hatten. Mittlerweile waren vier Stunden verstrichen. Als wir dann endlich aufbrechen wollten und noch einmal auftankten, vergaß ich zu allem Überfluß, meinen Tankdeckel aufzuschrauben und mußte in der Schweiz einen neuen kaufen.

Wir waren auf meiner V65 zu eben jenem Mechaniker gefahren, den ich zuvor schon aufgesucht hatte, weil mein Motor rätselhafterweise öfter abstarb. Der Mann werkelte eine Weile am Motor herum und erklärte das Übel dann als behoben. Und so war ich nicht gerade erfreut, als die Maschine unterwegs mehrfach an einer Ampel ausging und sich nur schwer wieder starten ließ. Das konnte mich jedoch nicht davon abbringen, die Fahrt nach Italien fortzusetzen – nichts festigt einen einmal gefaßten Entschluß in mir so sehr wie eine Reihe wirklicher Probleme, im Gegensatz zu eingebildeten. Ein paar Stunden später, an einer Mautstelle in Lothringen, streikte die Maschine erneut, und diesmal ertönte nur ein metallisches Klicken, wenn ich auf den Starterknopf drückte. Unter brennender Sonne lösten wir die Gepäckstücke und überprüften jeden elektrischen Kontakt, den man mit dem bloßen Auge sehen konnte. Doch weder Luc noch ich hätten bei einer Mechanikerprüfung eine Chance gehabt. So schlug er vor, die Maschine anzuschieben. »Lege den zweiten Gang ein, und wenn du genug Fahrt hast und ich jetzt sage, laß die Kupplung kommen.« Kein Problem, dachte ich, schließlich hatte ich das schon oft genug gemacht und dazu noch den leichteren Part beim Ganzen. Luc setzte hinter mir all seine Kraft ein, so daß ihm der Schweiß übers Gesicht lief, und auf ging's.

Aber in Deutschland passierte es wieder, und dann noch ein paar Male, ohne daß sich der Motor wieder elektrisch starten ließ. Trotzem fuhren wir weiter in die Schweiz.

Im St.-Gotthard-Tunnel, einem von schummrigem gelben Licht erleuchteten 23 Kilometer langen Schwitzkasten voller Kohlenmonoxid, warf ich einen Blick auf die Instrumente. Die Batterielampe glühte sanft, womöglich ein Hinweis, daß sich die Batterie nicht wieder vollständig auflud. Nicht gerade ein beruhigender Gedanke, wenn du noch zwanzig Kilometer in einer Röhre vor dir hast, die für Notfälle so gut ausgerüstet ist wie eine Mautstelle.

Es war spät geworden. Wir waren noch im Sonnenschein in den Tunnel hineingefahren, doch auf der anderen Seite kamen wir immer wieder in einen Schauer oder einen Gewitterregen. Trotzdem lagen wir gut in der Zeit. Es schien immer wahrscheinlicher, daß wir es noch am gleichen Tag bis an den Comer See schaffen würden.

In der Schweiz gibt es ein Tempolimit, das von der Gendarmerie mit den neuesten Radargeräten kontrolliert wird. Mehr noch, bei einer Übertretung wird man herausgewunken und muß auf der Stelle eine Strafe zahlen. Deshalb trieben wir weder unsere Maschinen noch uns selbst zur Eile an. Vor mir entfaltete sich das Alpenpanorama wie ein Postkarten-Leporello, und ich lächelte leise: Es ist Wirklichkeit; ich bin hier.

Kurz darauf zog die Maschine nicht mehr; sie ruckelte noch heftiger, als wenn ihr das Benzin ausgegangen wäre. Reflexartig schloß ich den Hahn und öffnete ihn wieder, und der Motor kam wieder. Ein eigentümliches Gefühl, als ob man auf einer Stange balancierte und für einen Augenblick das Gleichgewicht verlöre, nur so kurz, daß man sich kaum an dieses furchtbare Erbeben unter einem erinnern kann.

Inzwischen war es so kalt geworden, daß uns der Frost unter die Kleider und in die Glieder kroch. Die Sonne war hinter die Berge getaucht, und die Postkartenidylle hatte sich in das anheimelnde Innere eines riesigen Kühlschranks verwandelt, unterstützt von den weißen Eisflächen, die zu unserer Seite endlos in die Tiefe zu stürzen schienen.

Als es das nächste Mal passierte, sprang der Motor nicht mehr an. Die Lichter auf dem kleinen Armaturenbrett verkündeten blinkend ihren Widerstand. Ich fuhr in eine Parkbucht an der Seite der Autobahn. Aber ehe ich richtig zum Stehen gekommen war, drückte ich auf den Starterknopf. Die Maschine erwachte wieder zu Leben, und wir setzten die Fahrt fort. Ein paar Kilometer später das gleiche Spiel. Wieder und wieder geschah es, wann, war nicht abzusehen. Vor Kälte und Angst zitterte ich am ganzen Leibe. Als wir von der inzwischen leeren Autobahn an eine Tankstelle fuhren, machte Luc mir neuen Mut. Die Grenze sei nur noch wenige Kilometer entfernt, sagte er, und tatsächlich sprach die Frau an der Kasse nicht Deutsch, sondern Italienisch. In eineinhalb Stunden könnten wir in Mandello sein.

Es war zehn Uhr und eiskalt. Luc rief seinen Freund von der europäischen Division des Motorradclubs in Mandello an und bat ihn, schon mal den Kaffee aufzusetzen.

Ob die V65 wohl roch, daß sie ihrem Geburtsort nahe war? Wie sonst sollte man erklären, daß sie jedesmal wieder zum Leben erwachte, wenn der Motor erstarb, und sei es mit laut protestierenden Fehlzündungen? Als wir durch das Städtchen Lecco am östlichen Ausläufer des Sees fuhren, führte sie mir das Wunder der Auferstehung praktisch jeden Kilometer vor. Einmal rollte sie direkt vor zwei Carabinieri aus, die den Eindruck machten, als wollten sie sich mich im nächsten Augenblick vorknöpfen. Aber solange wir nicht standen, schien eine resolute Drehung des Handgelenks noch Früchte zu tragen. Diesmal startete die Maschine mit einem doppelten Knall aus dem Auspuff. Die Polizisten sprangen erschrocken zurück, und wir fuhren weiter.

Als das Licht meines Scheinwerfers schließlich auf das heißersehnte Schild mit den Buchstaben MANDELLO fiel, kam ich mir vor wie ein Krüppel, der mit seinen Krücken das Matterhorn bezwungen hat.

Luc fuhr vor mir her zur Wohnung seines Freundes. Ich war in Italien, in einer Kulisse, die mich an die neorealistischen Filme erinnert. Auf dem nur von einer Glühbirne erleuchteten Treppengang hörte man aus den Wohnungen das lautstarke Keifen schwerbrüstiger Mütter, die Ehemann und Tochter ausschimpften. Paolo, den wir besuchten, hatte für uns nicht nur Kaffee gekocht, sondern auch eine Art Hühnersuppe heißgemacht. Luc und er unterhielten sich in einer Variante des Französischen, die meine Kenntnisse – ich hatte lediglich mein Schulfranzösisch vorzuweisen – überstieg, und deshalb lächelte ich viel. Luc beugte sich zu mir herüber und schärfte mir ein, von der Suppe zu nehmen, die Paolo mit soviel Stolz anbot. Nach fast zwanzig Jahren als Vegetarierin war es eine Herausforderung ersten Ranges, diese Suppe mit einem Lächeln auf den Lippen herunterzuschlucken. Um so mehr, als offensichtlich irgendwas beim Kochen schiefgegangen war. Luc zog nur einmal eine Grimasse, als Paolo nicht hinsah, aber er leerte seine Schüssel in Windeseile. Zufrieden füllte ihm sein Freund gleich wieder nach.

Um einiges nach Mitternacht machten wir uns, geführt von Paolo, auf den Weg zu unserem Hotel. Das Rücklicht seiner California war das einzige, was ich noch sah oder in mich aufnahm. Ein anderer Bewußtseinszustand hatte mich ergriffen, ein Zustand, in dem ich Dinge tat, ohne zu fühlen. Offensichtlich schlängelten wir uns durch die Straßen von Mandello, dann ging es bergauf. Immer weiter, erst eine Haarnadelkurve und dann eine zweite. Weiter bergauf. Zuletzt fuhren wir ein Stück bergab, steiler als alle vorherigen Aufstiege, und standen vor dem Hotel Al Verde. Am Morgen sah ich, daß direkt vor meinem Fenster ein feuchtgrüner Berg aufragte. Um seinen Gipfel zu sehen, mußte ich auf den Balkon gehen. Unterhalb der Bergkuppe stand eine Sennhütte aus Holz, aus deren Schornstein sich der Rauch kräuselte. Es war so malerisch, daß es sich nicht beschreiben läßt.

Doch als ich aus der Eingangstür des Hotels trat, blieb ich verdutzt stehen. War ich tatsächlich mit dem Motorrad diese Straße hinuntergefahren? Sie war so steil, daß man nur hinaufkam, wenn man ausreichend Schwung hatte.

Wir brachten zwei Tage in der Stadt zu, aßen Pizza und versuchten, durch elektrisch gesicherte Tore hindurch einen Blick auf am Berghang liegende Villen mit malerisch verwitterten Stuckfassaden zu erhaschen. Beim offiziellen örtlichen Guzzi-Händler Agostini, einem großzügigen, vornehmen Laden, unterhielten wir uns ausführlich mit der Tochter des Besitzers. Sie trug ein kamelhaarfarbenes Kaschmir-Twinset und eine Perlenkette und fuhr sich immer wieder mit der Hand durch ihr weiches Blondhaar, während sie sich darüber verbreitete, warum Motorräder immer weiblich sind. Die ihrigen waren es jedenfalls mit Sicherheit.

David Smith hatte ein Geschenk für mich zurückgelassen, als er letzte Woche hier war: die Telefonnummer von John Wittner – Dr. John. Und in der Fabrik hatte er herumerzählt, ich sei irgendeine Art Amtsträgerin, die man bevorzugt behandeln müsse. Luc staunte Bauklötze, als wir von einem italienischsprechenden Spaßvogel durch die Fabrik geführt wurden, ohne daß er sich zuvor von uns ein Beglaubigungsschreiben hatte vorlegen lassen. Er zeigte uns den berühmten Windkanal, das Museum mit den »Prototypen, die für die Entwicklung des Motorrads weltweit als richtungweisend angesehen werden«, die endlosen Reihen von Zweizylindern, die auf ihre Montage warteten, die Californias, die auf Lkws geladen wurden, und eine Quota, die man auf dem Prüfstand in die Mangel nahm. Wir erfuhren, daß in der Fabrik etwa 5500 Maschinen pro Jahr hergestellt wurden, obwohl ihre Kapazität durchaus 35000 zuließ, eine Zahl, die man auch schon erreicht hatte. Dann führte er uns in eine hohe, durch Leuchtstoffröhren erhellte Empfangshalle – de Sica läßt grüßen –, und nachdem wir kurz gewartet hatten, erschien Dr. John. Hallo, wie geht's euch?

Er lächelt ununterbrochen; er sprüht vor Energie und Tatkraft und erinnert mich aus irgendeinem Grund an eine Heuschrecke in Menschengestalt aus den Fabeln von Lafontaine. Als wir beim Mittagessen vor einem Teller Spaghetti saßen, wirkte er so locker, daß man ihm die Verantwortung, die er für die Firma trug, kaum abnahm. Er weihte uns in jede Menge Insidergeheimnisse ein, auch wenn sie oft schon kein Geheimnis mehr waren.

Meine V65 blieb tagsüber bei dem Mann, dem man in Mandello nachsagte, wahre Zauberhände zu haben, wenn er sich über die Elektrik hermachte. Ich kam mir vor wie im »Zauberer in Oz«, wenn der Blechmann blankpoliert wird und der feige Löwe seine Mähne gepudert und mit Schleifen versehen bekommt. Mit einem breiten Lächeln und einer ausholenden Bewegung des Arms erklärte er das Bike als voll und ganz genesen.

Das war es auch, bis wir wieder in die Schweiz kamen. Der endgültige Zusammenbruch erfolgte in der Nähe von Trimbach, kurz vor dem Parkplatz eines Restaurants. Aber wie das Schicksal es wollte, arbeitete dort eine junge Kellnerin, die ganz heiß darauf war, Geschichten über New York zu hören, und unbedingt einmal Manhattan sehen wollte. Mit ihrer Hilfe brachten wir die Maschine über Nacht sicher unter. Während ich auf Luc wartete, der uns ein Hotelzimmer besorgen wollte, beobachtete ich die Kühe auf der anderen Straßenseite, die große, klingende Messingglocken an einem rot eingefaßten Lederriemen um den Hals trugen. Ich hatte gedacht, sowas gibt es nur in den Reiseprospekten, aber offensichtlich mußte ich auf dieser Fahrt vieles lernen.

Man behaupte nicht, ein Motorrad hätte kein Verantwortungsbewußtsein. Von der Autobahnausfahrt, an der meine V65 ihren letzten Schnaufer tat, brauchte man nur etwa eine Viertelstunde zum Geschäft von Otto v. Arx, dem größten Guzzi-Händler der Schweiz. Sein beinahe kaufhausgroßer Laden war so sauber und aufgeräumt, daß es fast schon unheimlich wirkte. Ein italienischstämmiger Mechaniker überprüfte methodisch jeden Zentimeter Kabel am Motorrad und stieß schließlich auf einen kleinen, aber verrosteten Kontakt. Luc hatte ich zuvor gesagt, er solle ohne mich nach Hause fahren, weil er ansonsten einen Tag bei der Arbeit fehlen würde. »Wir haben in unserem Club ein Motto«, erklärte er. »Gemeinsam geht's los und gemeinsam kehren wir heim.« Wie ich später erfuhr, saß Luc jedoch auch der Fehleinschätzung auf, ich verfügte über magische Kräfte. Wenn ich etwas über ihn schrieb, würden ihm meine Worte einen Zauber verleihen, der ein Mädchen anlocken würde. Eine nette junge Frau, und nicht wieder eine, die sich als Nervenbündel entpuppte, sobald er sich in sie verliebt hatte – ein Ende seiner Pechsträhne. Wenn es danach ging, dann hatte er sie sich auf unserer Fahrt weiß Gott verdient. Nur leider konnte ich ihm keine backen.

Ein Motorrad führt dich zu dir selbst und zugleich von dir fort. Für denjenigen, der sich damit beschäftigt, symbolisiert es das Leben – abgeschlossen ist die Arbeit erst dann, wenn die Arbeit an dir selbst beendet ist. Nur dein Erfindungsreichtum, deine Zeit, deine Beharrlichkeit, deine Bereitschaft, nachzuforschen, auszubauen, zu denken und zu überdenken, setzen den möglichen Verbesserungen Grenzen. Es bietet dir eine Befriedigung, wie du sie im Leben sonst nie erfährst, denn so krank dieser Ersatzkörper werden kann, so leicht läßt er sich immer wieder reparieren.

Man spricht oft von der Ästhetik des Maschinenzeitalters,

doch Maschinen werden in der Regel nicht wegen ihrer Eigenschaften als schön empfunden, sondern weil sie uns gleichen. Wie bei unseren Göttern nehmen wir nur das wahr, was uns vertraut ist. Aber daß Maschinen so menschlich wirken, hat auch einen Haken: ihre potentielle praktische Vollkommenheit. Welcher Mensch würde sein Bild nicht gern auf solch eine Form projizieren?

Meine ständigen unbewußten Ängste, im nächsten Augenblick könnte es zu einer Katastrophe kommen, waren verflogen, sobald ich im Motorradsattel saß. Und wenn diese abartige Vorstellung vor mir Gestalt annahm, konnte ich sie wenigstens klar erkennen. Sie bot mir eine Herausforderung, lud mich ein, mich ihr gemeinsam mit meinem weißen Motorrad zum Kampf zu stellen.

Offensichtlich war ich nicht die einzige, die sich insgeheim mit dieser schändlichen Feigheit herumschlug. Ängste wie meine sind so verbreitet, daß sie eine ganze Industrie am Leben erhalten. Zahllose Bücher wenden sich an Leser, die unter unerträglicher Furcht leiden, einer Furcht, die das Leben zerstört. Und in den Büchern fand ich alle Symptome aufgelistet, so daß ich eine Diagnose stellen konnte: Panikattacken. Deine Gedanken lösen im Körper eine plötzliche Adrenalinausschüttung aus. Dieser Prozeß läuft aus dem Ruder, wird immer aufs neue ausgelöst, und du steckst fest in dem Augenblick, in dem du die Knarre zum ersten Mal auf dich gerichtet siehst.

Nicht viel anders ist es, wie ich las, bei der Zwangsneurose. Jemand, der sich unablässig die Hände wäscht oder seine Türen verrammelt, fürchtet Keime oder Einbrecher, so wie der Angstneurotiker einen Herzanfall, Krebs oder die Kontrolle zu verlieren fürchtet. Dies alles sind Anzeichen für etwas in uns, das in höchstem Maße aus dem Gefüge geraten ist. Und wie immer hat diese Angstspirale ihren Ursprung in dem grenzenlosen Bedürfnis des Ichs, zu kontrollieren, was nicht zu kontrollieren ist: den Fortlauf unseres Schicksals.

Die Bücher haben mir geholfen, und wenn ich aus den vielen

Fallgeschichten nur den abartigen Trost zog, daß andere ein Gefühl beschrieben, das ich selbst nur zu gut kannte. Auch sie hatten sich stets an der Schwelle des Todes gefühlt. Doch wenn sie noch in der Lage waren, ihre Geschichte zu erzählen, standen die Chancen für mich eigentlich nicht schlecht, daß auch ich überlebte.

Von dir fort führt dich das Motorrad mitten ins Leben. Antoine de Saint-Exupery beschreibt es folgendermaßen: »Wenn wir einen Händedruck unter Männern austauschen, wenn wir uns beim Rennen messen, wenn wir uns zusammenschließen, um einen von uns zu retten, der in Schwierigkeiten ist, wenn wir laut um Hilfe rufen – erst dann merken wir, daß wir nicht allein sind auf der Welt.«

Ein Freund aus der Schweiz erzählte mir eine traurige Geschichte aus seiner ansonsten wohlgeordneten Familie. Nachdem sein herrschsüchtiger Vater seine Mutter in einen Nervenzusammenbruch getrieben hatte, wurde die Frau mit Medikamenten ruhiggestellt. Ans Bett gefesselt und halb halluzinierend wetterte sie gegen den Mann, der sie in diesen Zustand gebracht hatte: »Deine Wünsche – immer geht es nur nach deinen Wünschen. Und was ist mit meinen? Ich möchte auf ein dickes, fettes Motorrad steigen und nach Zürich fahren!«

TRAUM IN DER NACHT DES 30. JULI 1995

Unerklärlicherweise wohne ich noch immer zu Hause bei meinen Eltern. Als nächstes befinde ich mich in einer eigenartigen Wohnung in einer sonnigen Vorortsiedlung mit geraden, rechtwinklig zueinander verlaufenden Straßen und einförmigen Gartengrundstücken. Wo bin ich? Ich höre meine Mutter sagen, wir seien nach Indianapolis gezogen. Was? Wir sind umgezogen? Warum hast du uns das nicht gesagt, uns darauf vorbereitet, so daß wir uns von unseren Freunden verabschieden und alle unsere Dinge regeln konnten? Während ich mich allmählich mit dem Gedanken vertraut mache, wird mir klar, was ich alles zurückgelassen habe und nie wiedersehen werde. Ich beginne zu weinen und schluchze dann hemmungslos. Weil ich Hilfe brauche, rufe ich einen Therapeuten an, den ich mir aus den Gelben Seiten des Telefonbuchs von Indianapolis herausgesucht habe. Doch er behandelt mich äußerst grob. Ich weine noch heftiger, stehe mutterseelenallein auf der Straße. Ein vorbeigehender Passant faucht mich angeekelt an: »Warum besorgen Sie sich keinen Therapeuten?« Protestierend entgegne ich, daß mein Therapeut, ein freundlicher Mann, zu Hause zurückgeblieben sei und ich ihn nie wiedersehen würde. (Inzwischen weine ich im Schlaf wirklich.) Doch plötzlich fällt mir etwas ein, und mein Schmerz ist wie weggewischt: Vielleicht haben sie hier ja wenigstens einen guten Guzzi-Händler!

Kaum war ich einige Wochen aus Europa zurück, da machte ich mich wieder auf den Weg nach New Hampshire. Doch irgendwie freute ich mich nicht so auf die Fahrt wie früher; sie kam mir schal und abgelutscht vor. Anscheinend mußte ich mal wieder zu neuen Ufern aufbrechen.

Als ich in der gewohnten Hitze in die Neu-England-Staaten kam, eilten meine Gedanken nach Europa. Die Erinnerung zog an mir vorbei wie die Leitplanken am Straßenrand. Ich war froh, wieder auf der Lario zu sitzen – wir zwei gehörten zusammen. Doch obwohl ich mit ihr schwere Zeiten erlebt hatte, trauerte ich auch der V65 nach. Ich sah wieder vor mir, wie ihr neuer Besitzer, ein Professor der Technischen Universität von Delft, sie abgeholt hatte. Tom de Wilde und seine Frau hatten auf der Hinfahrt gewettet, welche Art von fettem Fertiggericht wir Amerikaner ihnen vorsetzen würden, erzählte Tom, als sie bei uns vor Brot und Salat, Käse und Obst saßen. Dann stieg Tom auf die Guzzi und fuhr hinter dem Wagen seiner Frau davon. Mich durchzuckte ein Stich. Ich war nach oben gerannt, hatte mich auf die Couch gesetzt und dem vermeintlichen Klang der Maschine gelauscht, der in den Straßen nachhallte. Auf der Autobahn am gegenüberliegenden Ufer der Maas konnte man in beide Richtungen unzählige Motorräder brausen sehen – und ihr Klang weckte in mir schmerzliche Erinnerungen.

Dann fiel mir der Tag ein, als wir in einer multinationalen Gruppe (ein Deutscher, ein Schweizer, ein Belgier, eine Amerikanerin und ein Pärchen aus Milton Keynes in England) ein Motorradmuseum in der kleinen deutschen Stadt Otterbach besuchten. Wir bewunderten die schönen, alten Maschinen von Aermacchi bis Zündapp, doch ich glaube, ebensosehr beeindruckte uns die Tatsache, daß sie in einer ehemaligen Kirche untergebracht waren. Für uns war sie damit nach wie vor ein Ort der Lobpreisung.

Ich dachte an meine erste Fahrt in einem Beiwagen, zu der mich ein schicker junger Holländer bei einem Guzzi-Treffen – gleichfalls in Deutschland – eingeladen hatte. Normalerweise war der Beiwagen für sein rosiges, rundes Baby reserviert und der Soziussitz für seine Frau. Die Vorstellung, sie könnte nach der Geburt des Kindes mit dem Motorradfahren aufhören, tat er spöttisch ab; schließlich hatten sie auf dem Motorrad geheiratet. Für die Dauer der Fahrt ins Blaue allerdings fühlte ich mich wie in einem Auto-Scooter, der den Weg zum Jahrmarkt nicht fand.

Während ich die Meilen hinter mir ließ und Loudon immer näherkam, wurde mir plötzlich etwas klar: Meine unerträglichen und unerklärlichen Ängste hielten mich gepackt, seit ich Motorrad fuhr, denn sie waren das erste Mal aufgetreten, als Tad sich von mir getrennt hatte. Motorrad und Angst gehörten seit zehn Jahren zu meinem Leben, führten eine Koexistenz, ließen sich nur mit Gewalt voneinander lösen, schlossen sich in den dunklen Sphären meines Bewußtseins wieder zusammen und konnten dann nur durch eine besondere Art des Nachdenkens auseinandergerissen werden. Auf einem Bike, dachte ich, fahre ich auf eine vermeintlich furchterregende Zukunft zu, benutze dafür jedoch ein Mittel, das für mich nicht mit den geringsten Ängsten verbunden ist. Welch ein Wahnsinn!

Aber eigentlich auch nicht. Motorradfahren ist gefährlich Motorradfahren bringt Tempo in dein Leben. Es ist etwas, auf das du dich freust, und etwas, was du erst nach einem Moment des Zögerns tust – und beides zur gleichen Zeit. Es ist etwas, an dem du arbeitest, und für mich auch etwas, dem du dich hingibst. Schließe deine Augen, wenn du dich heute abend schlafen legst, denke ich. Du wirst von dieser Fahrt träumen.

Nachwort

Ich liebe es, auf verbotenen Meeren zu fahren und an barbarischen Küsten zu landen.
Melville, Moby Dick

Mit dem Motorrad reist du ohne großen Ballast – gewiß einer der großen Vorteile des Bikens. Du trägst nur bei dir, was du im Magen hast, was in deinem Rucksack steckt und was außer dem Werkzeug und der Regenkombi – was man früher oder später braucht, besonders das Isolierband – in den Tankrucksack paßt.

Irgendwann wirfst du entnervt deine Handschuhe zu Boden. Etwas ist kaputt. Doch zugleich verspürst du eine eigentümliche Erleichterung: Du mußt es reparieren. Du entdeckst, daß du auch deinen Grips mitgebracht hast, jenen eingerosteten Mechanismus, der nach altmodischen Prinzipien funktioniert. Wenn du zusiehst, wie sich die Kurbelwelle dreht, die Kette über die Zahnräder gleitet, wie Hebel und Kolben sich auf und ab bewegen. Dann kannst du für einen kurzen Augenblick vergessen, daß wir in einer Welt leben, in der elektronische Impulse, die du nicht fühlst, und glänzende Gehäuse, die sich nicht öffnen lassen, dominieren. Du wirst zum Sammler und Jäger, wie die Götter es dir zugedacht haben. Verbeiße dich mit

Haut und Haaren, sagt dir das stumme Motorrad, mach schon und probiere, ob der Flaschenverschluß, der da auf dem Boden liegt, irgendwie von Nutzen ist. Dies alles erkennst du natürlich erst im nachhinein, wenn du wieder ein, zwei Nächte in deinem Bett geschlafen hast, in dem du der dunklen Straße draußen so fern bist, daß du am liebsten weinen würdest. Ja, diese Erkenntnis kommt viel später, und vielleicht auch nicht einmal in Form einer Erkenntnis, sondern als Gefühl der Erleichterung, das direkt an deine Seele rührt. Später am Lagerfeuer erzählst du von deinem verzweifelten Frust und dem Schweiß, den du vergossen hast, und wenn die anderen lachen und mitfühlend nicken, lachst auch du – als sei es nicht dir selbst zugestoßen, sondern jemand anderem, einer Figur aus einem Buch.

Wenn du den richtigen Winkel zur Sonne hast, rast neben dir auf der Straße dein Schatten dahin. Die dunkle Form ist dein Haar, das hervorweht, eine fließende Verkörperung des Lichts auf dem Asphalt. Ein faszinierender Anblick, doch für dich nicht dasselbe, als wenn du dein Bild im Spiegel betrachtest. Dies ist fast schon eine Fremde, eine rätselhafte, gesichts- und vielleicht sogar furchtlose Person.

Wenn alles richtig läuft, kannst du dich aus dem Sattel erheben, auf die Fußrasten stellen, und es kommt dir vor, als würdest du vom Luftstrom getragen. Der Geruch der Landschaft, eines Vororts oder der Gestank eines Industriegebiets treffen dich ebenso unvermittelt wie sie sich wieder auflösen. Du bist umfangen von unheimlichen Dingen – verrottender Kürbis, Müll, Straßensalz, Louisiana-Moos im feuchten Wind, ein Gestank, als würden unter dem schmutziggelben Himmel von Newark Millionen Reifen brennen, der Duft von Tannen und Muschelschalen. Einige Gerüche haben nicht einmal einen Namen. Nicht die Hälfte davon würdest du im Auto wahrnehmen, selbst wenn alle Fenster geöffnet sind. An diesem Wochenende hatte ich vier Meilen lang den Geruch der brennenden Zigarette in der Nase, die aus dem Fenster des Pritschenwagens vor mir gehalten wurde. Einige Gerüche sagen dir sogar, daß du zu dicht auffährst.

Temperatur und Luft sind so unterschiedlich, als würdest du in Zeitlupe durch eine Flucht von Zimmern schreiten, überraschend und vielseitig wie die Pracht in Versailles. Du fährst durch eine laue Sommernacht, und über der Landschaft hängt ein feuchtes Dunstkissen, das nach Heu und schwerer Erde riecht. Plötzlich umfängt dich ein kühler Schwall, der sich in einer verborgenen Senke vor dir festgesetzt hat. Du schüttelst dich, dann läßt du ihn hinter dir und tauchst wieder in die liebkosende, warme Hülle ein. Ein heraufziehendes Gewitter erkennst du an der plötzlichen Luftveränderung, an der beklemmenden Schwüle, in die du getragen wirst, bevor andere sie spüren und wahrnehmen. Motorradfahren ist etwas, das zwischen dir und der Straße schwebt. Oder vielmehr geht es darum, die Straße möglichst nahe an dich heranzurücken, sogar über das Fahrzeug hinauszuwachsen, das dich die Straße überhaupt erst spüren läßt. In gewissem Sinn geht es also darum, die Straße in bestimmter Weise an dir vorüberziehen zu lassen.

Manchmal fühlst du dich auf deinem Motorrad einsamer als an irgendeinem festen Ort. Wenn du dich in deiner Wohnung einschließt oder auch wenn du auf einer Lichtung auf halber Strecke zum Berggipfel stehenbleibst, besteht immer die Möglichkeit, daß dich jemand aufspürt. Es kann jemand anrufen; jemand sieht dich vom Flugzeug aus oder kommt zufällig deines Weges. Zwar suche ich ständig nach möglichen Verstecken, doch wo sonst als auf dem Motorrad ist man wirklich vor Entdeckung sicher? Auf einem Bike bist du stets von Menschen umgeben – die Insassen eines Autos eineinhalb Meter neben dir –, doch niemand kann dich wirklich erreichen. Du verständigst dich mit Handzeichen mit den Freunden, die dich begleiten, aber sprechen kannst du nicht. Es erspart dir die Last der Worte. Heutzutage gibt es so wenig Ungestörtheit, daß dir diese Gewißheit wie ein kostbares letztes Refugium vorkommt, auch wenn du inzwischen vergeblich nach einem Ort auf der Welt suchst, der nicht von Häusern im Landhausstil oder Zufahrtstraßen zu einem Großmarkt verschandelt wird. Dein Helm sorgt dafür, daß sich deine Gedanken nicht verflüchtigen. Sie können sich nur zentimeterweit von deinem Kopf entfernen und umschwirren den Schädel wie Tausende kleiner eingesperrter Sandfliegen.

Doch nie kannst du deine Einsamkeit so sehr genießen wie wenn es regnet. Manchmal macht es Spaß, in der Wohnung zu sitzen und die weichen, weißen Regentropfen aufs Dach oder ans Fenster klopfen zu hören. In deinem hellen, trockenen Refugium wird dir mit Genugtung bewußt, wie nah und doch wie fern das Unwetter ist. Die schützenden Wände erscheinen dir als Teil von dir, eine Fortsetzung deiner Haut. Auf dem Motorrad sind die Hauswände zusammengeschrumpft zu der dünnen Schicht deiner Regenkluft. Doch obwohl die Wassertropfen daraufprasseln, ist es drinnen gemütlich. Du fühlst ihren Aufprall auf deinem Körper, doch du spürst sie nicht und kommst dir vor wie im sicheren Hafen – ein Paradox, denn nichts ist so gefährlich wie eine Fahrt im Regen.

Daß ein Autoreifen unter dir rutscht, ist nicht gerade angenehm, aber wenn du ein einigermaßen geübter Fahrer bist, kannst du den Wagen wieder unter Kontrolle bringen. Das sieht jedoch ganz anders aus, wenn du nur zwei Reifen unter dir hast. Als ich bei einem Freund als Sozia durch die malerische Landschaft Süddeutschlands fuhr, konnte ich die vorbeihuschenden Bilder in dem sicheren Gefühl in mich aufnehmen, daß er als Fahrer so sicher war wie man nur sein konnte. Wir nahmen die Kurven in Ideallinie, und die instinktive Furcht löste sich in dem Gefühl der Lust auf, sie gemeistert zu haben. Doch dann überzog ein feiner Nieselregen die Straßen mit einem feuchten Schimmer, und alles war wie verwandelt. Auf meinem Sitz spürte ich es das erste Mal, jenes sanfte seitliche Wegrutschen, und zunächst glaubte ich, es mir eingebildet zu haben. Doch als ich meinen Freund beim nächsten Halt fragte, ob ich mich vielleicht nur getäuscht hatte, wurde er weiß im Gesicht. So stieg ich bei einem anderen Mitglied der Gruppe auf, der zwar nicht mehr Fahrpraxis, dafür aber einen Hinterreifen mit besserem Profil hatte. Mein Gottvertrauen kehrte zurück, obwohl es mittlerweile in Strömen regnete. Als wir unter dem Blätterdach dahinfuhren, spürte ich das Bier, das ich mir gegönnt hatte, um mich darüber hinwegzutrösten, nur Beifahrerin zu sein. Als nächstes merkte ich, daß ich meine Arme hochriß. Jeder Muskel war angespannt. Im Bruchteil einer Sekunde war der Sitz unter mir fortgerutscht und flatterte hin und her. Aber dann war es vorüber, und wir rollten dahin wie zuvor. Wir werden nie erfahren, ob eine Flickstelle im Straßenbelag, ein Stück rutschiger Teer oder ein farbig schillernder Ölfleck auf der Wasserschicht dafür verantwortlich gewesen waren. Dennoch fahre ich gern im Regen, und sei es auch noch so unberechenbar. Es beruhigt mich, lullt mich ein. Das Rauschen des Wassers, das in kleinen Bächen vom Profil der Reifen beiseitegedrückt wird, dämpft alle anderen Geräusche. Fast jede Minute muß ich nach oben greifen und die Regenfäden fortwischen, die sich auf dem Visier gesammelt haben und mir die Sicht nehmen. Doch im nächsten Augenblick haben sich schon wieder neue gebildet. Der Atem beschlägt das Plastik von innen, und wenn du das Visier einen Spalt öffnest, um die Feuchtigkeit abziehen zu lassen, perlt der Regen auf deinen Lippen. Deine Hände in den dicken Plastik- oder Gore-Tex-Handschuhen an den Schalthebeln kommen dir merkwürdig fern vor, du fühlst dich isoliert oder aufgeblasen wie das Michelin-Männchen. Was dort draußen vor sich geht, scheint eine Million Meilen weit entfernt, obwohl es vor dir liegt und auf dich zurollt und vom Hinterreifen in anmutigem Bogen hinter dir hochgeschleudert wird. Wie immer steigen in dir Gedanken auf und sammeln sich, nur daß sie sich jetzt zu einer schützenden Decke formen. Bei Nacht wirken Gefahren und Isolation stärker auf dich ein; das Scheinwerferlicht der entgegenkommenden Autos bricht sich auf dem Visier des Helms; der Fahrtwind der vorbeifahrenden Wagen drückt dich einen Moment lang zur Seite, du kannst nichts weiter tun als den Lenker festhalten. Vielleicht beruht darin das angenehme Gefühl: es gibt keine Alternative. Das Leben ist endlich einmal einfach. Der sanfte Schimmer der erleuchteten Anzeige ist wie ein bewegliches Leuchtfeuer vor und zugleich bei mir. Das Armaturenbrett mit seinen Lämpchen kommt mir bei Dunkelheit vor wie ein winziges Raumschiff, das durch ein unbelebtes Universum von endloser Weite schwebt. Der Scheinwerfer huscht über die feuchten Blätter am Straßenrand. Was vor seinem Strahl liegt, harrt meiner Ankunft, die es für kurze Zeit zum Leben erweckt, bevor es wieder in die Dunkelheit taucht.

Mit den gedämpften Geräuschen werden die Gedanken lauter. Abgesehen von deinen Lauten hörst du irgendwo unter dir das gleichmäßige Brummen der Maschine. Das allein hält dich in der Welt verankert; ansonsten gibt es nur noch Regen.

Dieser Daseinszustand ist so friedlich, daß ich manchmal schon fast alles um mich vergesse – obwohl ich mir immer wieder vorhalte, wie gefährlich es ist, zu glauben, was man aus Bequemlichkeit gern glauben möchte. Einmal war ich an einem Sonntag gegen Mitternacht in strömendem Regen auf dem New Jersey Turnpike unterwegs. Ebenso unablässig wie der Gegenverkehr strömte mir der Regen entgegen. Für, wie mir schien, unendlich lange Zeit war ich auf meiner Spur etwa neunzig Stundenkilometer gefahren – wie es für eine Schnellstraße typisch ist. Dann mußte ich die Spur wechseln. Ich machte das gleiche wie schon hunderte Male zuvor bei Trockenheit auf dieser Straße. Doch als ich dieses Mal die Fahrbahnmarkierung und jene netten kleinen Reflektoren überquerte, die der Sicherheit der Autofahrer dienen sollen, kam ich mit dem Hinterreifen auf das Plastik, und er drehte durch – eines jener Ereignisse, die dich so unvorbereitet treffen, daß es schon scheint, als würden sie ihre eigene Ankunft ankündigen – du träumst, dein Fuß rutscht ab, und erst dann erscheint die Klippe. Ich wurde aus meiner Gedankenversunkenheit gerissen und war blind vor Angst, dann war es vorüber. Noch ein, zwei Meilen später hatte ich einen Kloß im Hals, und immer wieder trat mir vor Augen, was alles hätte passieren können. Auf dem Rest der Fahrt sah ich mich besser vor, falls man sich überhaupt vor den Gefahren des Lebens schützen kann. Bisher brachte ich es noch nicht über mich, in Gedanken alle möglichen Risikosituationen durchzuspielen, obwohl ich überzeugt bin, daß sie mir durch diese Art der Beschwörung nichts mehr anhaben können. Doch das meiste bleibt unkalkulierbar, eine Tatsache, die man besser akzeptiert als an ihr zu rütteln – und eine Weisheit, die mir das Motorrad mit jeder Umdrehung der Reifen bestätigte, wenn ich nur hinhörte.

Hört sich das alles zu elegisch an? Das soll es, und zugleich auch nicht. Eigentlich besitze ich zwei Motorräder. Einmal jenes, das in der Union Street in der Garage steht, das mit dem Leck im Endantriebsgehäuse und den abgenutzten Federbeinen vorne, die dringend neue Federn brauchen. Jenes, mit dem ich mehr als 50000 Kilometer gefahren bin, die weiße Moto Guzzi Lario mit zwei Zylindern und vier Ventilen pro Kopf, rank und schlank mit Sechzehn-Zoll-Reifen vorn und hinten und italienischroten Felgen. Wenn man alles zusammenzählt, bin ich auf ihr mehrere volle Wochen durch Regen gefahren. Jenes Motorrad, das ich endlich abbezahlt habe, das mich nach Kanada und an den Golf von Mexiko getragen hat und mich noch auf den Alaska-Highway tragen soll. Das andere ist das vollkommene Motorrad, das imaginäre Motorrad, eines, das mich verschwenderisch mit Geschenken und Lektionen überhäuft. Manchmal fürchte ich es, oft träume ich davon, und manchmal liebe ich es mit einer Wehmut, als gehörte es schon der Vergangenheit an.

Doch jetzt, im Winter, gehe ich durch die Straßen von Brooklyn und steige in den U-Bahn-Schacht. Auf dem Bahnsteig überfällt mich mit einem Mal die Erinnerung. Eine seltsame Sackgasse in einer Bergarbeiterstadt in Pennsylvania vor ein paar Jahren, in die ich eines abends geriet, als ich den Straßenschildern folgte, die mir den Weg in bekanntere Gegenden zeigen sollten. Plötzlich endete die Straße im Nichts, und ich stand vor einem verlassenen Stadtpark und einem Friedhof, der sich am Berg dahinter ausbreitete. Ich wendete und folgte den Anweisungen ein zweites Mal, um sicherzugehen, daß ich die Schilder richtig gelesen hatte. Das hatte ich wohl, doch jetzt erscheint mir mit dieser Sackgasse eine besondere Bedeutung verbunden, was mir vor diesem Augenblick in der U-Bahn-Station Seventh Avenue noch nie klargeworden war. Ich kann an nichts anderes mehr denken als an den fahlen Himmel, am Horizont der Streifen von Abendrot, die dunkel aufragenden Bäume und die Straße, die zwischen den Gräbern endet.

Oder jene Nacht, als ich durch Tennessee fuhr. Es war so dunkel, daß ich nichts sah außer dem flachen Gewölbe der Alleebäume und dem Asphalt, die mein Scheinwerfer erhellte. Die Straße schien steil in das kalte, dunkle Grün hinab zu führen, obwohl ich weiß, daß sie eben verläuft. Vor mir taucht der Kessel mit den Erdnüssen auf; weißer Dampf steigt in die Höhe, und dahinter wieder nichts als Dunkelheit. In meiner Erinnerung kommt es mir vor, als sei dieser Moment aus dem Zusammenhang gerissen, ein Moment ohne Vorläufer. Doch noch heute spüre ich die Kälte, die durch die Kleider dringt, noch heute sehe ich diesen Anblick auf mich zufliegen.

Manchmal überkommen mich diese seltsam fließenden Bilder mitten am Tage, wenn ich meinen üblichen Tätigkeiten nachgehe, und ich verliere mich in diesem Meer willkührlich auftauchender Erinnerungen. Doch die einzigen Gedanken dieser Art stammen immer aus der Welt des Motorradfahrens, und nichts sonst kann es mit der Bedeutung dieser Empfindungen aufnehmen. Jeder einzelne Augenblick meiner 50000 Kilometer scheint in einem inneren Archiv verstaut, und gelegentlich wirbelt ein Windstoß die eine oder andere Karteikarte auf. Dann ist sie plötzlich da, dringt ins Bewußtsein, geisterhaft begleitet von dem Geruch, der in der Luft lag, und der Temperatur, die herrschte – dem Parfum der Vergangenheit. Und die Düfte der Zukunft erwarten mich auf der Straße.

Danksagung

Seit ich Motorrad fahre und seit ich mit der Arbeit an diesem Buch begonnen habe, haben mir die verschiedensten Menschen auf unterschiedlichste Weise geholfen. Einige müssen namenlos bleiben, so wie jene in Europa, die eines abends ans Telefon gingen und sich, obwohl sie die Amerikanerin am anderen Ende der Leitung nicht kannten, über eine Distanz von Hunderten von Meilen mit dem technischen Problem beschäftigten, mit dem sie liegengeblieben war. Ihnen mein herzlicher Dank.

Namentlich bekannt sind mir Franz Nachod, Armen Amirian, Luc van Vossel, David Smith und Ivar de Gier. Sie alle waren mit ihrer Hilfe für mich da, und ihnen sei hiermit gedankt. Nicht unerwähnt bleiben sollen auch John Wittner, Robert Fulton, Hilton Wegg jr., Bob Nevola, Bud Greenberg, Frank Wedge vom Moto Guzzi National Owners Club, Kees Visser, Scott Emmons, Erica Smith, Peter Dervis, Julie Cramer, Bob Sweeny und Ronald Hand, die mir immer wieder zur Seite standen, wenn ich beim Motorradfahren oder beim Bücherschreiben oder beidem Probleme hatte. Besonderer Dank gilt meinen Schwiegereltern Denise und Lucien Sante, die mein Motorrad in ihrer Garage beherbergten, und in deren Haus ich stets wärmstens empfangen werde, ob ich nun mit dem Schraubenschlüssel vor der Tür stehe oder nicht. Dankbar ich ich außerdem Chris Felver und Erica Lansner – beide Photographen und gute Freunde.

Ein besonderer Platz in dieser Aufzählung gebührt John Leffler. Er stand mir mit unendlichem Großmut als Freund und technischer Berater zur Seite; darüber hinaus hat er das Manuskript gelesen und mich davor bewahrt, mich öffentlich zu blamieren. Sollten noch Fehler in diesem Buch zu finden sein, so sind sie ein Beweis für meine Hartnäckigkeit.

Brooks Alderson und Peter Schjeldahl sind zwei Menschen, denen eine unerschütterliche Freundlichkeit im Blut zu liegen scheint, wie ich unzählige Male erfahren habe. Besonders danken möchte ich Peter für den kongenialen englischen Untertitel, ein weiterer Beweis, daß er im wahrsten Sinne des Wortes Poet ist. Bei Colin Harrison von der Zeitschrift *Harper's*, die Teile dieser Arbeit bereits früher veröffentlicht hat, stehe ich tief in der Schuld. Ohne seine Anteilnahme, seine harte Arbeit und die Unterstützung durch Lewis Lapham wäre dieses Buch nie zustandegekommen (das heißt, es hätte nie das Interesse eines Verlegers gefunden). Menschen mit ihrer Offenheit, Intelligenz und Güte findet man selten unter Redakteuren. Außerdem danke ich Wendy Lesser von der *Threepenny Review*, daß sie damals einen Artikel von mir publizierte und der entmutigten Autorin auf diese Weise neuen Mut machte.

Mein Verlag W. W. Norton hat das Glück, mit Amy Cherry eine hervorragende Lektorin zu besitzen. Mit ihrer Begeisterung und ihrem Einfühlungsvermögen schuf sie ein ideales Umfeld für mein wachsendes Werk, und durch ihre Feinabstimmung verbesserte sie es maßgeblich. Für ihre Ermutigungen und ihren Einsatz kann ich ihr nicht genug danken.

Gedankt sei auch den Mitarbeitern der Abteilung »Prints

and Photographs« der Library of Congress, die mir gutgelaunt halfen.

Vor allem aber danke ich meinen Eltern. Ich empfinde eine solche Hochachtung vor ihrer Klugheit, ihrer Lebensart und ihren Fähigkeiten, daß ich oft gebetet habe, eine Spur jener Gaben, die sie so einzigartig machen, möge in diesem Buch sichtbar werden.

Polly Hanson, meine Freundin, war oft mein Rettungsanker, wenn ich am Schreibtisch saß und auch sonst. Ich bin froh, daß es sie gibt.

Wie sehr ich Bob Alvarez, Arlette Man, Liz Smith und besonders Linda Krause zu danken habe, läßt sich kaum ausdrücken. Jeder für sich und als Gruppe sind sie eine Bereicherung meines Lebens, und daß ich dieses Buch fertigstellen konnte, verdanke ich auch ihnen und unserer gemeinsamen Arbeit.

Mein Mann Luc Sante hat mich auf dieser Reise begleitet – wenn nicht auf zwei Rädern, dann zumindest im Geiste. Wenn ich mich mal wieder über mein Unvermögen ärgerte, die Karte zu lesen, nahm er sie mir sanft aus der Hand und drehte sie um. Er machte mir Mut weiterzugehen. Und er war das Heim, in das ich immer gern zurückkehre. Dieses Buch und alles andere sonst ist für ihn.